普通高等教育系列教材

网页设计与制作教程

（HTML+CSS+JavaScript）

第2版

刘瑞新　张兵义　主编

机械工业出版社

本书面向网页制作的读者，采用全新流行的 Web 标准，以 HTML 技术为基础，由浅入深、完整详细地介绍了 HTML5、CSS3 及 JavaScript 网页制作内容。本书把介绍知识与实例制作融于一体，以光影世界网站（包括主页、栏目页、内容页、后台管理等页面）作为案例讲解，配以家具商城网站的实训练习，两条主线互相结合、相辅相成，自始至终贯穿全书。本书采用案例驱动的教学方法，以案例为引导，结构上采用点面结合，引导读者学习网页制作、设计、规划的基本知识以及项目开发、测试的完整流程。

本书适合作为高等学校、职业院校计算机及相关专业或培训班的网站开发与网页制作教材，也可作为网页制作爱好者与网站开发维护人员的学习参考书。

本书配套授课电子教案，需要的教师可登录 www.cmpedu.com 免费注册，审核通过后下载，或联系编辑索取（微信：15910938545，电话：010-88379739）。

图书在版编目（CIP）数据

网页设计与制作教程：HTML+CSS+JavaScript / 刘瑞新，张兵义主编.
—2 版. —北京：机械工业出版社，2017.10（2022.8 重印）
普通高等教育系列教材
ISBN 978-7-111-58035-5

Ⅰ. ①网… Ⅱ. ①刘… ②张… Ⅲ. ①超文本标记语言－程序设计－高等学校－教材②网页制作工具－高等学校－教材 Ⅳ. ①TP312②TP393.092

中国版本图书馆 CIP 数据核字（2017）第 227457 号

机械工业出版社（北京市百万庄大街 22 号 邮政编码 100037）
策划编辑：和庆娣　　责任编辑：和庆娣
责任校对：张艳霞　　责任印制：李　昂

北京捷迅佳彩印刷有限公司印刷

2022 年 8 月第 2 版 · 第 11 次印刷
184mm×260mm · 19 印张 · 462 千字
标准书号：ISBN 978-7-111-58035-5
定价：55.00 元

电话服务　　网络服务
客服电话：010-88361066　　机 工 官 网：www.cmpbook.com
010-88379833　　机 工 官 博：weibo.com/cmp1952
010-68326294　　金 书 网：www.golden-book.com

机工教育服务网：www.cmpedu.com

前　言

随着国家信息化发展策略的贯彻实施，信息化建设已进入了全方位、多层次推进应用的新阶段。作为高校的学生，不仅要具备一般的信息处理能力，更应该具备较高的信息素养。本书是根据面向21世纪培养高技能人才的需求，结合高等院校学生的学习特点，依据高等教育培养目标的要求开发的教材。

本书主要围绕Web标准的三大关键技术（HTML5、CSS3和JavaScript）来介绍网页编程的必备知识及相关应用。传统方式制作的网页内容与外观交织在一起，代码量大，难以维护。而Web标准的最大优点是采用HTML5+CSS3+JavaScript将网页内容、外观样式及动态效果彻底分离，从而可以大大减少页面代码，更便于分工设计、代码重用。其中，HTML负责网页结构，CSS负责网页样式及表现，JavaScript负责网页行为和功能。本书采用全新流行的Web标准，通过简单的“记事本”工具，以HTML技术为基础，由浅入深，详细地介绍HTML、CSS、JavaScript的基本知识及常用技巧。

本书全面系统地介绍了网页制作、设计、规划的基本知识以及网站设计、开发的完整流程。本书采用“模块化设计、任务驱动学习”的编写模式，首先展示案例的运行结果，然后详细讲述案例的设计步骤，循序渐进地引导读者学习和掌握相关知识点。本书以网站建设和网页设计为中心，以实例为引导，把介绍知识与实例设计、制作、分析融于一体。结构上采用点面结合，以光影世界网站作为案例讲解，配以家具商城网站的实训练习，两条主线互相结合、相辅相成，自始至终贯穿全书。本书所有例题、习题及上机实训均采用案例驱动的讲述方式，并配备运行效果图，能够有效地帮助读者理解所学习的理论知识，系统全面地掌握网页制作技术。本书在每章之后附有大量的实践操作习题，并给出习题答案，供读者在课外巩固所学的内容。

本书共分12章，主要内容包括网页设计与制作基础、编辑网页元素、网页布局与交互、CSS样式基础、CSS盒模型、Div+CSS布局页面、使用CSS修饰网页元素、使用CSS修饰链接与列表、使用CSS制作导航菜单、网页行为语言——JavaScript、光影世界前台页面和光影世界后台管理页面。

本书由刘瑞新、张兵义主编，其中刘瑞新编写第1～3章，张兵义编写第4和5章，吕振雷编写第6和7章，殷莺编写第8和9章，马海洲编写第10和11章，第12章及资料的收集整理等由李颖、刘克纯、翟丽娟、韩建敏、李建彬、徐维维、刘大学、陈周、骆秋容、徐云林、缪丽丽、刘大莲、彭守旺、庄建新、彭春芳、崔瑛瑛、庄恒、杨丽香、杨占银、马春锋、孙洪玲、王如雪、曹媚珠、陈文焕、刘有荣、李刚、孙明建、李索完成。全书由刘瑞新教授统稿。

由于编者水平有限，书中难免有疏漏和不足之处，敬请广大读者指正。

编　者

目　录

第1章 网页设计与制作基础

网页设计与制作是一门综合技术，涉及商业策划、平面设计、程序语言和数据库等。在网站的开发过程中网页设计与制作可分为策划、前台和后台 3 个部分，分别由不同的专业人员来完成。本书将通过案例来介绍如何完成网页前台的设计与制作。

1.1 网页与网站的概念

万维网（World Wide Web，WWW）是 Internet 上基于客户/服务器体系结构的分布式多平台的超文本超媒体信息服务系统，它是 Internet 最主要的信息服务，允许用户在一台计算机上通过 Internet 读取另一台计算机上的信息。

网页（Web Page）是存放在 Web 服务器上供客户端用户浏览的文件，可以在 Internet 上传输。网页是按照网页文档规范编写的一个或多个文件，这种格式的文件由超文本标记语言创建，能将文字、图片、声音等各种多媒体文件组合在一起，这些文件被保存在特定计算机的特定目录中。几乎所有的网页都包含链接，可以方便地跳转到其他相关网页或是相关网站。

根据侧重点的不同，网站（Web Site，也称站点）定义为已注册的域名、主页或 Web 服务器。网站由域名（也就是网站地址）和网站空间构成。网站是一系列网页的组合，这些网页拥有相同或相似的属性并通过各种链接相关联。所谓相同或相似的属性，就是拥有相同的实现目的、相似的设计或共同描述相关的主导体。通过浏览器，可以实现网页的跳转，从而浏览整个网站。

如果在浏览器的地址栏中输入网站地址，浏览器会自动链接到这个网址所指向的网络服务器，并出现一个默认的网页（一般为 index.html 或 default.html），这个最先打开的默认页面就称为“主页”或“首页”。主页（Homepage）就是网站默认的网页，通常指用户进入网站后所看到的第一个页面；而网页是指 Internet 中所有可供浏览的页面，两者的概念不同。对于整个网站来说，主页的设计至关重要，如果主页精致美观，就能体现网站的风格、特点，容易引起浏览者的兴趣，反之，则很难给浏览者留下深刻的印象。

1.2 Web 标准

大多数网页设计人员都有这样的体验，每次主流浏览器版本的升级，都会使用户建立的网站变得过时，此时就需要升级或者重新建网站。同样，每当新的网络技术和交互设备出现时，设计人员也需要制作一个新版本来支持这种新技术或新设备，例如，支持手机上网的 WAP 技术。类似的问题举不胜举，这是一种恶性循环，是一种巨大的浪费。

解决这些问题的方法就是建立一种普遍认同的标准来结束这种无序和混乱，在 W3C（W3C.org）的组织下，Web 标准开始建立（以 2000 年 10 月 6 日发布 XML 1.0 为标志），并在网站标准组织（WebStandards.org）的督促下推广执行。

1.2.1 Web 标准的概念

Web 标准不是某一种标准，而是一系列标准的集合。网页主要由 3 部分组成：结构

（Structure）、表现（Presentation）和行为（Behavior）。对应的标准也分为 3 类：结构化标准语言主要包括 XHTML 和 XML，表现标准语言主要为 CSS，行为标准主要包括对象模型 W3C DOM、ECMAScript 等。这些标准大部分由 W3C 起草和发布，也有一些是其他标准组织制定的标准，如 ECMA（European Computer Manufacturers Association）的 ECMAScript 标准。

1．结构化标准语言

（1）HTML

HTML 是 HyperText Markup Language（超文本标记语言）的缩写，来源于标准通用置标语言（SGML），它是 Internet 上用于编写网页的主要语言。

（2）XML

XML 是 The eXtensible Markup Language（可扩展标记语言）的缩写，目前推荐遵循的标准是 W3C 于 2000 年 10 月 6 日发布的 XML1.0。和 HTML 一样，XML 同样来源于 SGML，但 XML 是一种能定义其他语言的语言。XML 最初设计的目的是弥补 HTML 的不足，以强大的扩展性满足网络信息发布的需要，后来逐渐被用于网络数据的转换和描述。

（3）XHTML

XHTML 是 The eXtensible HyperText Markup Language（可扩展超文本标记语言）的缩写，目前推荐遵循的标准是 W3C 于 2000 年 10 月 6 日发布的 XML1.0。XML 虽然数据转换能力强大，完全可以替代 HTML，但面对成千上万已有的站点，直接采用 XML 还为时过早。因此，在 HTML 4.0 的基础上，用 XML 的规则对其进行扩展，得到了 XHTML。

2．表现标准语言

CSS 是 Cascading Style Sheets（层叠样式表）的缩写。W3C 创建 CSS 标准的目的是以 CSS 取代 HTML 表格式布局、帧和其他表现的语言。纯 CSS 布局与结构式 HTML 相结合能帮助设计师分离外观与结构，使站点的访问及维护更加容易。

3．行为标准

（1）DOM

DOM 是 Document Object Model（文档对象模型）的缩写。根据 W3C DOM 规范，DOM 是一种与浏览器、平台和语言相关的接口，通过 DOM 用户可以访问页面其他的标准组件。简单理解，DOM 解决了 Netscape 的 JavaScript 和 Microsoft 的 JScript 之间的冲突，给予 Web 设计师和开发者一个标准的方法，来解决站点中的数据、脚本和表现层对象的访问问题。

（2）ECMAScript

ECMAScript 是 ECMA（European Computer Manufacturers Association）制定的标准脚本语言（JavaScript）。目前，推荐遵循的标准是 ECMAScript 262。

1.2.2 建立 Web 标准的优点

由于存在不同的浏览器版本，Web 开发者常常需要为多版本的开发而艰苦工作。对于开发人员和最终用户而言，在开发新的应用程序时，浏览器开发商和站点开发商应当遵守共同的标准。Web 标准可确保每个人都有权利访问相同的信息，可以缩短网站开发和维护的时间。

建立 Web 标准的优点如下。

- 提供最大利益给最多的网站用户。
- 确保任何网站文档都能够长期有效。

● 简化代码，降低建设成本。
● 让网站更容易使用，能适应更多不同用户和更多网络设备。
● 当浏览器版本更新或者出现新的网络交互设备时，确保所有应用能够继续正确执行。

1.2.3 理解表现和结构相分离

了解了 Web 标准之后，本节将介绍如何理解表现和结构相分离。在此以一个实例来详细说明。首先必须先明白一些基本的概念：内容、结构、表现和行为。

1．内容

内容就是页面实际要传达的真正信息，包含数据、文档或图片等。注意这里强调的“真正”，是指纯粹的数据信息本身，不包含任何辅助信息，如图 1-1 所示的诗歌页面等。

登鹳雀楼 作者：王之涣 白日依山尽，黄河入海流。欲穷千里目， 更上一层楼。

图 1-1 诗歌页面

2．结构

可以看到上面的文本信息本身已经完整，但是难以阅读和理解，必须将其格式化，把其分成标题、作者、段落和列表等，如图 1-2 所示。

3．表现

虽然定义了结构，但是内容还是原来的样式没有改变，例如标题字体没有变大，正文的颜色也没有变化，没有背景，没有修饰等。所有这些用来改变内容外观的东西，称之为“表现”。下面是对上面文本用表现处理过后的效果，如图 1-3 所示。

登鹳雀楼
作者：王之涣
•白日依山尽，
•黄河入海流。
•欲穷千里目，
•更上一层楼。

图 1-2 诗歌的结构

图 1-3 诗歌的表现

4．行为

行为是对内容的交互及操作效果。例如，使用 JavaScript 可以使内容动起来，可以判断一些表单提交，进行相应的一些操作。

所有 HTML 页面都由结构、表现和行为 3 个方面内容组成。内容是基础层，然后是附加上的结构层和表现层，最后再对这 3 个层做些“行为”。

1.3 HTML 语法基础

HTML 是一种通用的用于建立网页文件的排版语言，使用这样的语言代码，可以将网页的文字、图片或数据等信息进行分类、排版，最终呈现给浏览者。虽然现在有许多所见即所得的网页制作工具，但是这些工具生成的代码仍然是以 HTML 为基础的，学习 HTML 代码对设计网页非常重要。

1.3.1 HTML 简介

HTML 主要负责将网页内容进行格式化，使内容更具逻辑性。它通过标记符号来标记要显示的网页中的各个部分。浏览器在阅读网页文件时，根据不同标记符来解释和显示其标记的内容。HTML 文档属于纯文本文件，用 HTML 的语法规则建立的文档可以运行在不同操作系统的平台上。

HTML 最早源于 SGML，它由 Web 的发明者 Tim Berners-Lee 和其同事 Daniel W.Connolly 于 1990 年创立。在互联网发展的初期，互联网由于没有一种网页呈现技术的标准，所以多家软件公司就合力打造了 HTML 标准，其中最著名的就是 HTML 4，这是一个具有跨时代意义的标准。HTML 4 依然有缺陷和不足，人们仍在不断地改进它，使它更加具有可控制性和弹性，以适应网络上的应用需求。2000 年，W3C 组织公布发行了 XHTML 1.0 版本。

XHTML 1.0 是一种在 HTML 4.0 基础上优化和改进的新语言，它的可扩展性和灵活性将适应未来网络应用更多的需求。不过 XHTML 并没有成功，大多数的浏览器厂商认为 XHTML 作为一个过渡化的标准并没有太大必要，所以 XHTML 并没有成为主流，而 HTML 5 便因此孕育而生。

HTML 5 的前身名为 Web Applications 1.0，由 WHATWG 在 2004 年提出，于 2007 年被 W3C 接纳。W3C 随即成立了新的 HTML 工作团队，团队包括 AOL、Apple、Google、IBM、Microsoft、Mozilla、Nokia、Opera 以及其他数百个开发商。这个团队于 2009 年公布了第一份 HTML 5 正式草案，HTML 5 将成为 HTML 和 HTMLDOM 的新标准。

1.3.2 HTML 语法结构

每个网页都有其基本的结构，包括 HTML 文档的结构、标签的格式等。HTML 文档包含 HTML 标签和纯文本，它被 Web 浏览器读取并解析后以网页的形式显示出来，所以 HTML 文档又称为网页。

HTML 语法主要由标签、属性和元素组成，其语法结构：

<标签 属性 1="属性值 1" 属性 2="属性值 2" …>元素的内容</标签>

1．标签

标签（tag，也称标记）是用一对尖括号“<”和“>”括起来的单词或单词缩写，它是 HTML 文档的主要组成部分。每个标签都有特定的描述功能，HTML 文档就是通过不同功能的标签来控制 Web 页面内容的。

各种标签的效果差别很大，但总的表示形式却大同小异，大多数都成对出现。在 HTML 中，通常标签都是由开始标签和结束标签组成的，开始标签用“<标签>”表示，结束标签用“</标签>”表示。

例如，一级标题标签<h1>表示：

```
<h1>网页制作与制作</h1>
```

需要注意以下两点。

1）每个标签都要用“<”（小于号）和“>”（大于号）括起来，如<p>，<img>，以表示这是 HTML 代码而非普通文本。注意，“<”“>”与标签名之间不能留有空格或其他字符。

2）标签也有不用</标签>结尾的，称为单标签。例如，换行标签

2．属性

属性在开始标签中指定，用来表示该标签的性质和特性。通常都是以“属性名="值"”的形式来表示，用空格隔开后，还可以指定多个属性，并且在指定多个属性时不用区分顺序。

例如，一级标题标签<h1>有属性 align，align 表示文字的对齐方式，表示：

```
<h1 align="left">学习网页制作</h1>
```

3．元素

元素指的是包含标签在内的整体，元素的内容是开始标签与结束标签之间的内容。没有内容的 HTML 元素称为空元素，空元素是在开始标签中关闭的。

例如，以下代码片段所示：

```
<h1>学习网页制作</h1>        <!--该 h1 元素为有内容的元素-->
<hr/>                        <!--该 hr 元素为空元素，在开始标签中关闭-->
```

1.3.3 HTML 语法规范

页面的 HTML 代码书写必须符合 HTML 规范，这是用户编写拥有良好结构文档的基础，这样的文档可以很好地工作于所有的浏览器，并且可以向后兼容。

1．标签的规范

1）标签分单标签和双标签，双标签往往是成对出现，所有标签（包括空标签）都必须关闭，如
、<img/>、<p>…</p>等。

2）标签名和属性建议都用小写字母。

3）多数 HTML 标签可以嵌套，但不允许交叉。

4）HTML 文件一行可以写多个标签，一个标签也可以分多行写，但标签中的一个单词不能分两行写。

5）HTML 源文件中的换行、回车符和空格在显示效果中是无效的。

2．属性的规范

1）并不是所有的标签都有属性，如换行标签就没有。

2）属性值都要用双引号括起来。

3．代码的缩进

HTML 代码并不要求在书写时缩进，但为了文档的结构性和层次性，建议初学者使用标记时首尾对齐，内部的内容向右缩进几格。

1.3.4 HTML 文档结构

HTML 文档是一种纯文本格式的文件，文档的基本结构：

```
<!doctype html>
<html>
  <head>
    <meta charset="gb2312" />
    <title>文档标题</title>
```

```
    </head>
    <body>
      网页内容
    </body>
</html>
```

1．HTML 文档标签<html>…</html>

HTML 文档标签的格式：

```
<html> HTML 文档的内容 </html>
```

<html>处于文档的最前面，表示 HTML 文档的开始，即浏览器从<html>开始解释，直到遇到</html>为止。每个 HTML 文档均以<html>开始，以</html>结束。

2．HTML 文档头标签<head>…</head>

HTML 文档包括头部（head）和主体（body）。HTML 文档头标签的格式：

```
<head> 头部的内容 </head>
```

文档头部内容在开始标签<html>和结束标签</html>之间定义，其内容可以是标题名或文本文件地址、创作信息等网页信息说明。

3．文档编码

HTML 文档使用 meta 元素的 charset 属性指定文档编码，格式如下：

```
<meta charset="gb2312" />
```

为了能被浏览器正确解释并通过 W3C 代码校验，所有的 HTML 文档都必须声明它们所使用的编码语言。文档声明的编码应该与实际的编码一致，否则就会呈现为乱码。对于中文网页的设计者来说，用户一般使用 GB2312（简体中文）。

4．HTML 文档主体标签<body>…</body>

HTML 文档主体标签的格式：

```
<body>
  网页的内容
</body>
```

主体位于头部之后，以<body>为开始标签，</body>为结束标签。它定义网页上显示的主要内容与显示格式，是整个网页的核心，网页中要真正显示的内容都包含在主体中。

1.4 网页结构

网页结构即网页内容的布局，布局是否合理直接影响页面的用户体验及相关性，并在一定程度上影响网站的整体结构。

从页面布局的角度看，一个页面的布局类似一篇文章的排版，需要分为多个区块，较大的区块又可再细分为小区块。块内为多行逐一排列的文字、图片、超链接等内容，这些区块一般称为块级元素；而区块内的文字、图片或超链接等一般称为行级元素，如图 1-4 所示。

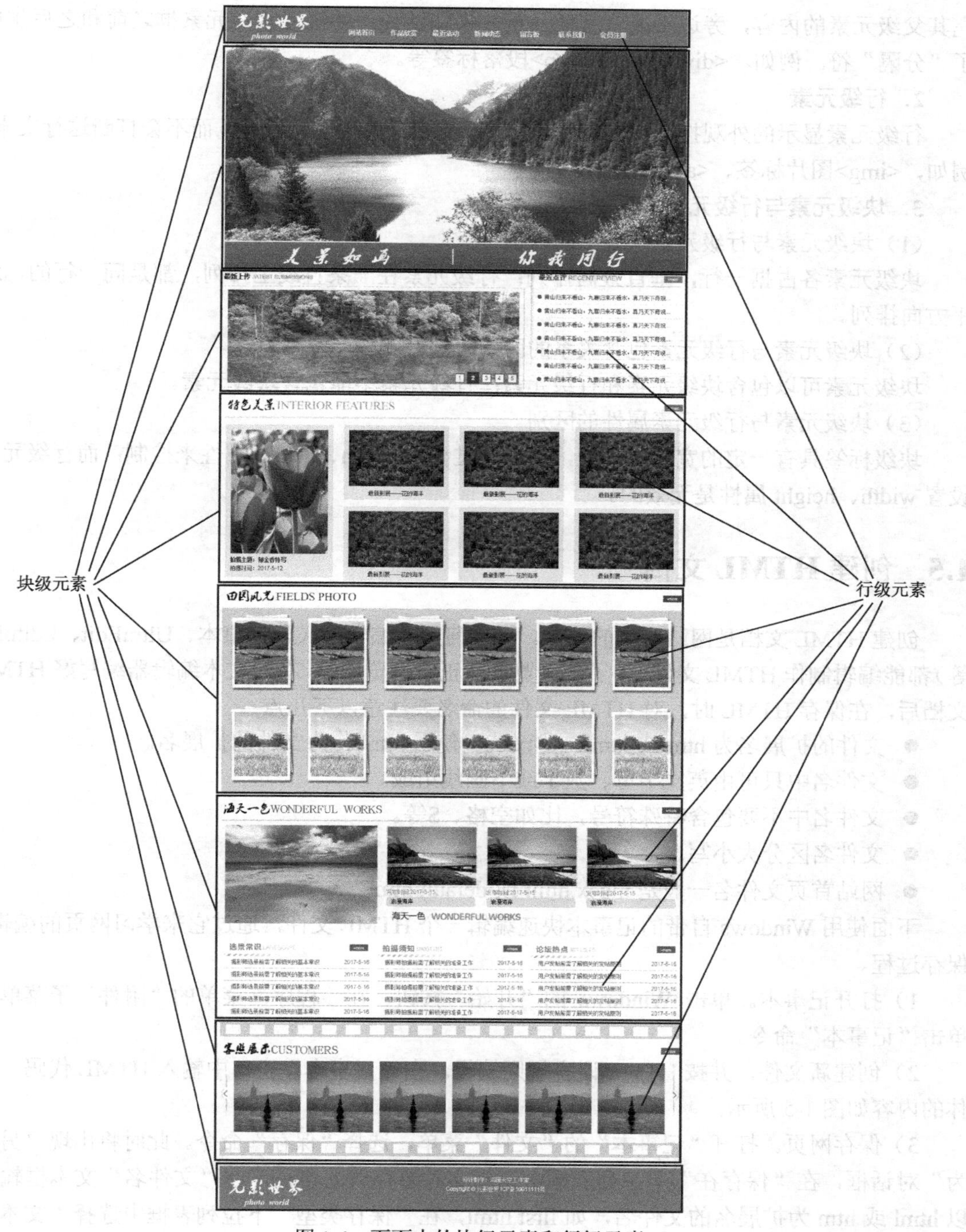

图 1-4　页面中的块级元素和行级元素

页面的这种布局结构，其本质上是由各种 HTML 标签组织完成的。HTML 标签分为块级标签和行级标签（也可以称为块级元素和行级元素）。

1．块级元素

块级元素显示的外观按“块”显示，生成一个元素框，具有一定的宽度和高度。它会填充其父级元素的内容，旁边不能有其他元素。换句话说，块级元素在元素框之前和之后生成了“分隔”符。例如，<div>块标签、<p>段落标签等。

2．行级元素

行级元素显示的外观按“行”显示，在一个文本行内生成元素框，而不会打断这行文本。例如，<img>图片标签、<a>超链接标签等。

3．块级元素与行级元素的区别

（1）块级元素与行级元素外观上的区别

块级元素各占据一行，垂直方向排列；行级元素在一条直线上排列，都是同一行的，水平方向排列。

（2）块级元素与行级元素包含关系的区别

块级元素可以包含块级元素和行级元素；行级元素不能包含块级元素。

（3）块级元素与行级元素属性的区别

块级标签具有一定的宽度和高度，可以通过设置 width、height 属性来控制；而行级元素设置 width、height 属性是无效的。

1.5　创建 HTML 文档

创建 HTML 文档是网站制作的基础。用任何文本编辑器（如记事本、UltraEdit、Editplus 等）都能编辑制作 HTML 文件。为了使浏览器能正常浏览网页，在用文本编辑器编写好 HTML 文档后，在保存 HTML 时，对 HTML 文件的命名要注意以下几点：

- 文件的扩展名为 htm 或 html，建议统一使用 html 作为文件的扩展名。
- 文件名中只可由英文字母、数字或下画线组成。
- 文件名中不要包含特殊符号，比如空格、$等。
- 文件名区分大小写。
- 网站首页文件名一般是 index.html 或 default.html。

下面使用 Windows 自带的记事本快速编辑一个 HTML 文件，通过它来学习网页的编辑、保存过程。

1）打开记事本。单击 Windows 的“开始”按钮，在“程序”菜单的“附件”子菜单中单击“记事本”命令。

2）创建新文件，并按 HTML 语言规则编辑。在“记事本”窗口中输入 HTML 代码，具体的内容如图 1-5 所示。

3）保存网页。打开“记事本”的“文件”菜单，选择“保存”命令。此时将出现“另存为”对话框，在“保存在”下拉列表框中选择文件要存放的路径，在“文件名”文本框输入以 html 或 htm 为扩展名的文件名，如 first.html，在“保存类型”下拉列表框中选择“文本文档（*.txt）”项，如图 1-6 所示。最后单击“保存”按钮，将记事本中的内容保存在磁盘中。

4）在“计算机”相应的存盘文件夹中双击 first.html 文件启动浏览器，即可看到网页的显示结果。

网页在浏览后会有不满意的地方，此时可重新在“记事本”中打开该文件进行修改。修改后，选择“文件”菜单中的“保存”命令。如果浏览器没有关闭，要在浏览器中看到修改后的效果，不必重新打开该文件，直接单击浏览器工具栏上的“刷新”按钮即可。

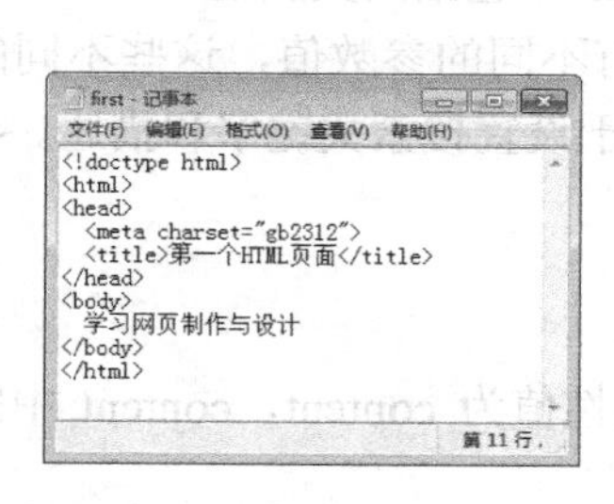

图 1-5　创建 HTML 文档

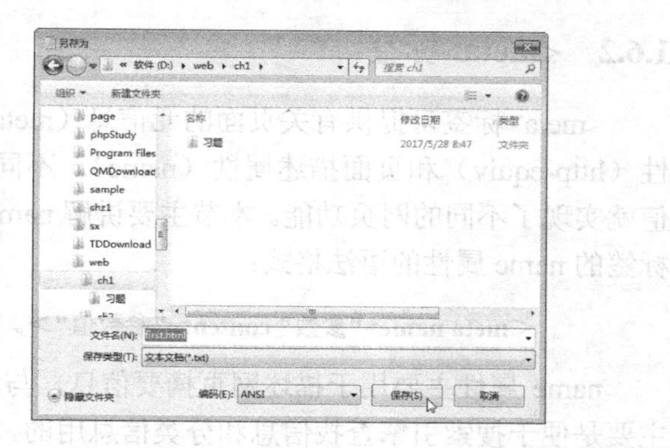

图 1-6　“记事本”的“另存为”对话框

如果希望将该网页作为网站的首页（主页），当浏览者输入网址后就显示该网页的内容，可以把这个文件设为默认文档，文件名为 index.html。

1.6　页面摘要信息

在网页的头部中，通常存放一些介绍页面内容的信息，例如：页面标题、页面描述、关键词、页面大小、日期、更新日期和网页快照等。其中，页面标题及页面描述称为页面的摘要信息。如果希望自己发布的网页能被百度、谷歌等搜索引擎搜索，那么在制作网页时就需要注意编写网页的摘要信息。

摘要信息的生成在不同的搜索引擎中会存在比较大的差别，即使是同一个搜索引擎也会由于页面的实际情况而有所不同。一般情况下，搜索引擎会提取页面标题标签中的内容作为摘要信息的标题，而描述则常来自页面描述标签的内容或直接从页面正文中截取。

下面讲解用于设计页面摘要信息的两个标签。

1.6.1　<title>标签

<title>标签位于<head>与</head>中，用于标示文档标题，但文本内容不会出现在网页中，而是出现在大多数浏览器的左上角。如果文章没有标题，读者就必须通过阅读部分内容才能了解其主题。对于网页来说，必须有标题来归纳其要点。网页的标题能给浏览者带来方便，如果浏览者喜欢该网页，将它加入书签中或保存到磁盘上，标题就作为该页面的标志或文件名。另外，使用搜索引擎时显示的结果也是页面的标题。

<title>标签位于<head>与</head>中，用于标示文档标题，其格式如下：

```
<title> 标题名 </title>
```

例如，搜狐网站的主页，对应的网页标题：

```
<title>搜狐</title>
```

打开网页后，将在浏览器窗口的标题栏显示“搜狐”网页标题。在网页文档头部定义的标题内容不在浏览器窗口中显示，而是在浏览器的标题栏中显示。尽管文档头部定义的信息很多，但能在浏览器标题栏中显示的信息只有标题内容。

1.6.2 <meta>标签

<meta>标签可提供有关页面的元信息（meta-information），包括两大属性：HTTP 标题属性（http-equiv）和页面描述属性（name）。不同的属性又有不同的参数值，这些不同的参数值就实现了不同的网页功能。本节主要讲解 name 属性，用于设置搜索关键字和描述。<meta>标签的 name 属性的语法格式：

```
<meta name="参数" content="参数值">。
```

name 属性主要用于描述网页摘要信息，与之对应的属性值为 content，content 中的内容主要是便于搜索引擎查找信息和分类信息用的。

name 属性主要有两个参数：keywords 和 description。

1．keywords（关键字）

keywords 用来告诉搜索引擎网页使用的关键字。例如，国内著名的搜狐网，其主页的关键字设置如下：

```
<meta name="keywords" content="搜狐,门户网站,新媒体,网络媒体,新闻,财经,体育,娱乐,时尚,汽车,房产,科技,图片,论坛,微博,博客,视频,电影,电视剧"/>
```

2．description（网站内容描述）

description 用来告诉搜索引擎网站主要的内容。例如，搜狐网站主页的内容描述设置如下：

```
<meta name="Description" content="搜狐网为用户提供 24 小时不间断的最新资讯搜索、邮件等网络服务。内容包括全球热点事件、突发新闻、时事评论、热播影视剧、体育赛事、行业动态、生活服务信息，以及论坛、博客、微博、我的搜狐等互动空间。" />
```

当浏览者通过百度搜索引擎搜索“搜狐”时，就可以看到搜索结果中显示出网站主页的标题、关键字和内容描述，如图 1-7 所示。

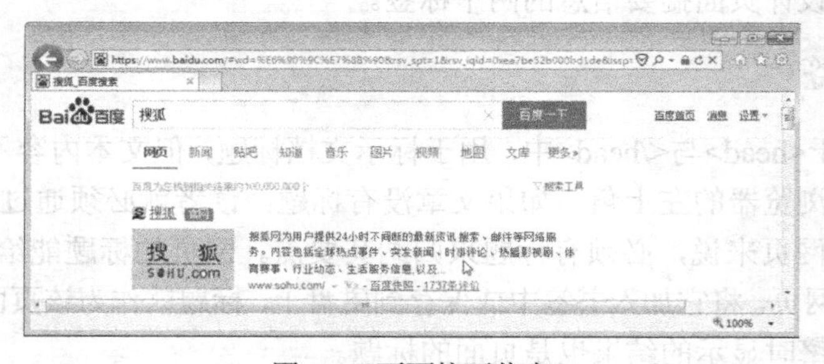

图 1-7 页面摘要信息

1.6.3 案例——制作光影世界页面摘要信息

【演练 1-1】 制作光影世界页面摘要信息，由于摘要信息不能显示在浏览器窗口中，因此这里只给出本例文件 1-1.html 的代码。代码如下。

```
<html>
<head>
```

```
    <title>光影世界</title>
    <meta name= "keywords" content= "光影世界,摄影天地,美景欣赏,旅游风光" />
    <meta name= "description" content= "光影世界是由几位热爱旅游摄影的人共同开办的。我们愿
意通过努力，结识五湖四海的朋友。" />
  </head>
  <body>
  </body>
  </html>
```

【说明】用户可以登录百度搜索引擎 http://www.baidu.com/search/url_submit.html 收录网页，以便浏览者访问到自己的网站。

1.7 注释和特殊符号

1.7.1 注释

用户可以在 HTML 文档中添加注释，增加代码的可读性，便于维护和修改。访问者在浏览器中是看不见这些注释的，只有在用文本编辑器打开文档源代码时才可见。

注释标签的格式：

```
<!-- 注释内容 -->
```

注释并不局限于一行，长度不受限制。结束标签与开始标签可以不在一行上。例如以下代码将在页面中显示段落的信息，而加入的注释不会显示在浏览器中，如图 1-8 所示。

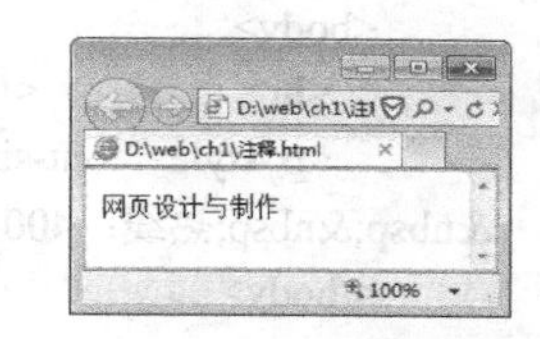

图 1-8 注释的运行结果

```
<!--这是一段注释。注释不会在浏览器中显示。-->
<p>网页设计与制作</p>
```

1.7.2 特殊符号

由于大于号“>”和小于号“<”等已作为 HTML 的语法符号，因此，如果要在页面中显示这些特殊符号，就必须使用相应的 HTML 代码表示，这些特殊符号对应的 HTML 代码称为字符实体。

常用的特殊符号及对应的字符实体见表 1-1。这些字符实体都以“&”开头，以“;”结束。

表 1-1 常用的特殊符号及对应的字符实体

特殊符号	字符实体	示 例
空格		<a href="#">家具商城</a>. 热线：400-111-1111
大于（>）	>	30>20
小于（<）	<	20<30
引号（"）	"	HTML 属性值必须使用成对的"括起来
版权号（©）	©	© Copyright 光影世界

1.8 课堂综合实训——制作家具商城页面的版权信息

【实训要求】 制作家具商城页面的版权信息，页面中包括版权符号、空格，本例文件1-2.html在浏览器中显示的效果如图1-9所示。

图 1-9 家具商城页面的版权信息

代码如下。

```
<html>
<head>
<title>版权信息</title>
</head>
<body>
  <hr>            <!--水平分隔线-->
  <p style="font-size:12px;text-align:center">Copyright &copy; 2017 家具商城 All rights reserved.   热线：400-111-1111 </p>
</body>
</html>
```

【说明】HTML语言忽略多余的空格，最多只空一个空格。在需要空格的位置，既可以用“ ”插入一个空格，也可以输入全角中文空格。另外，这里对段落使用了行内CSS样式style="font-size:12px;text-align:center"来控制段落文字的大小及对齐方式，关于CSS样式的应用将在后面的章节中详细讲解。

习题

1）制作家具商城页面的摘要信息。其中，网页标题为“家具商城-通向幸福生活的桥梁”；搜索关键字为“家具商城，供求信息，项目合作，企业加盟”；内容描述为“家具商城多年从事家具的商机发布与产品推广，始终奉行质量第一、诚信为本、客户至上的经营理念为宗旨。”

2）制作光影世界的版权信息，如图1-10所示。

图 1-10 题2图

第 2 章　编辑网页元素

网页中包含的网页元素有许多类型，本章主要讲述文本、列表、超链接、图像等内容，对于网页中包含的表格、表单等其他元素，在后续章节会逐一讲解。

2.1　文字与段落排版

本节将详细讲解在网页制作过程中，文字与段落的基本排版，进而制作出简单的网页。

2.1.1　标题标签<h#>…</h#>

在页面中，标题是一段文字内容的核心，所以总是用加强的效果来表示。标题使用<h1>至<h6>标签进行定义。<h1>定义最大的标题，<h6>定义最小的标题，HTML 会自动在标题前后添加一个额外的换行。标题文字标签的格式：

```
<h# align="left|center|right"> 标题文字 </h#>
```

属性 align 用来设置标题在页面中的对齐方式，包括：left（左对齐）、center（居中）和 right（右对齐），默认为 left。

【演练 2-1】 列出 HTML 中的各级标题，本例文件 2-1.html 在浏览器中显示的效果如图 2-1 所示。代码如下。

```
<html>
<head>
<title>标题示例</title>
</head>
<body>
  <h1>这是一级标题</h1>
  <h2>这是二级标题</h2>
  <h3>这是三级标题</h3>
  <h4>这是四级标题</h4>
  <h5>这是五级标题</h5>
  <h6>这是六级标题</h6>
</body>
</html>
```

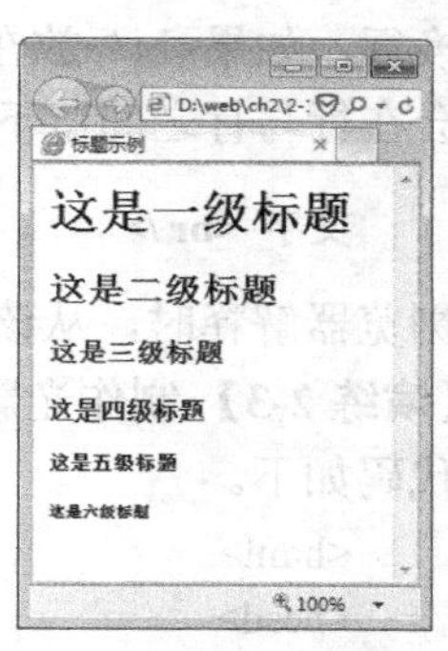

图 2-1　各级标题

2.1.2　段落标签<p>…</p>

浏览器忽略用户在 HTML 编辑器中输入的回车符，所以段落标签<p>…</p>在编辑网页的时候经常会用到，段落标签会在段落前后加上额外的空行。段落标签的格式：

```
<p align="left|center|right"> 文字 </p>
```

其中，属性 align 用来设置段落文字在网页上的对齐方式：left（左对齐）、center（居中）、right（右对齐）和 justify（两端对齐），默认为 left。格式中的“|”表示“或者”，即多项选其一。

【演练 2-2】 列出包含<p>标签的多种属性，本例文件 2-2.html 在浏览器中显示的效果如图 2-2 所示。代码如下。

```
<html>
<head>
<title>段落 p 标签示例</title>
</head>
<body>
  <p>段落元素由 p 标签定义。</p>
  <p align="left">这里是左对齐的段落。</p>
  <p align="center">这里是居中对齐的段落。</p>
  <p align="right">这里是右对齐的段落。</p>
  <p align="justify">这里是两端对齐的段落。</p>
</body>
</html>
```

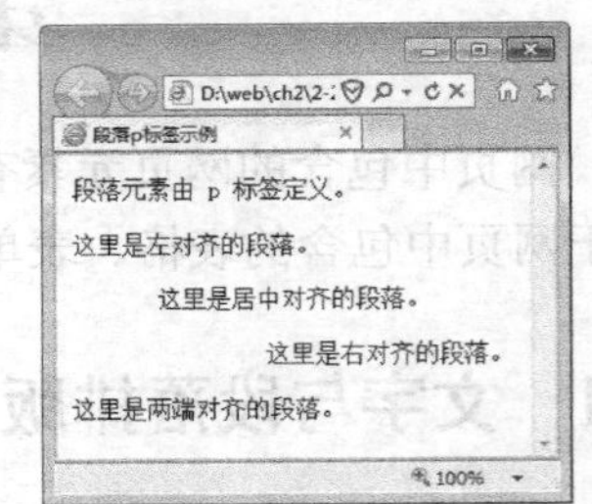

图 2-2 <p>标签示例

【说明】 由<p>标签所标识的文字，代表同一个段落的文字。不同段落间的间距等于连续加了两个换行标签
，用以区别文字的不同段落。

2.1.3 换行标签

网页内容并不都是像段落那样，有时候没有必要用多个<p>标签去分割内容。如果编辑网页内容只是为了换行，而不是从新段落开始的话，可以使用
标签。

标签将打断 HTML 文档中正常段落的行间距和换行。
放在任意一行中都会使该行换行，如果
放在一行的末尾，可以使后面的文字、图像、表格等显示于下一行，而又不会在行与行之间留下空行，即强制文本换行。换行标签的格式：

```
文字 <br />
```

浏览器解释时，从该处换行。换行标签单独使用，可使页面清晰、整齐。

【演练 2-3】 制作光影世界联系方式的页面。本例文件 2-3.html 的显示效果如图 2-3 所示。代码如下。

```
<html>
<head>
<title>br 标签</title>
</head>
<body>
  <h3>联系方式</h3>
  联系人：摄影天使<br />
  邮政编码：475000<br />
  联系地址：开封市复兴大道 3 号<br /><br />     <!--两个<br />标签相当于一个段落标签-->
  联系电话：400-111-1111 <br />
  Email: <a href="mailto:info@photo.com">info@photo.com</a><br/>
</body>
</html>
```

图 2-3 页面显示效果

【说明】用户可以使用段落标签<p>制作页面中“联系地址”和“联系电话”之间较大的空隙，也可以使用两个
标签实现这一效果。

2.1.4　水平线标签<hr/>

水平线可以作为段落与段落之间的分隔线，使得文档结构清晰，层次分明。当浏览器解释到 HTML 文档中的<hr/>标签时，会在此处换行，并加入一条水平线段。

水平线标签的格式：

```
<hr align="left|center|right" size="横线粗细" width="横线长度" color="横线色彩" noshade="noshade" />
```

其中，属性 size 设定线条粗细，以像素为单位，默认值为 2。

属性 width 设定线段长度，可以是绝对值（以像素为单位）或相对值（相对于当前窗口的百分比）。所谓绝对值，是指线段的长度是固定的，不随窗口尺寸的改变而改变。所谓相对值，是指线段的长度相对于窗口的宽度而定，窗口的宽度改变时，线段的长度也随之增减，默认值为 100%，即始终填满当前窗口。

属性 color 设定线条色彩，默认为黑色。色彩可以用相应的英文名称或以“#”引导的一个十六进制代码来表示，见表 2-1。

表 2-1　色彩代码表

色　彩	色彩英文名称	十六进制代码
黑色	black	#000000
蓝色	blue	#0000ff
棕色	brown	#a52a2a
青色	cyan	#00ffff
灰色	gray	#808080
绿色	green	#008000
乳白色	ivory	#fffff0
橘黄色	orange	#ffa500
粉红色	pink	#ffc0cb
红色	red	#ff0000
白色	white	#ffffff
黄色	yellow	#ffff00
深红色	crimson	#cd061f
黄绿色	greenyellow	#0b6eff
水蓝色	dodgerblue	#0b6eff
淡紫色	lavender	#dbdbf8

【演练 2-4】<hr/>标签的基本用法，本例文件 2-4.html 在浏览器中显示的效果如图 2-4 所示。代码如下。

```
<html>
<head>
<title>hr 标签示例</title>
</head>
<body>
```

图 2-4　<hr/>标签示例

```
    <p>光影世界最新活动<br />
    <hr color="blue"/>
    价值 9999 元的海天一色海岛游开启梦幻之旅，赶快报名哦！<br />
    </p>
  </body>
<html>
```

【说明】<hr/>标签强制执行一个简单的换行，将导致段落的对齐方式重新回到默认值设置（左对齐）。

在 HTML 中，所有<hr>标签的呈现属性可以使用，但不推荐使用，要想更灵活地控制并美化外观，需要通过 CSS 去实现。

【演练 2-5】 使用两种方法控制水平线的外观，本例文件 2-5.html 在浏览器中显示的效果如图 2-5 所示。代码如下。

```
<html>
<head>
<title>hr 标签示例</title>
</head>
<body>
  <p>通过 HTML 代码实现：</p>
  <hr noshade="noshade" color="blue"/>
  <p>通过 CSS 样式实现：</p>
  <hr style="height:2px;border-width:0;color:blue" />
</body>
<html>
```

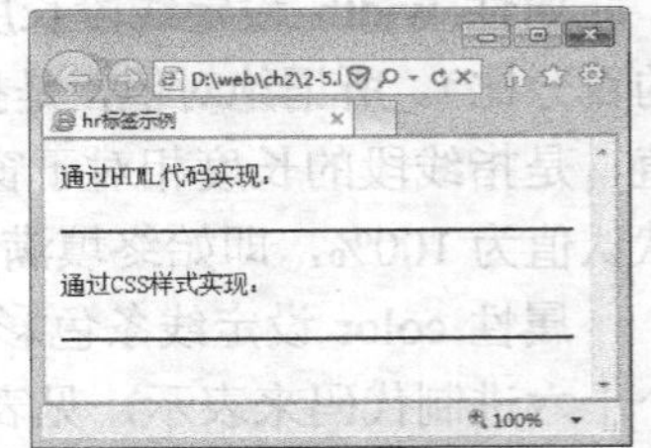

图 2-5　对比效果

【说明】代码中的 style="height:2px;border-width:0;color:blue"表示水平线为高度 2px 无边框无阴影的蓝色实线，恰好与<hr/>标签设置的显示效果一致。

2.1.5　案例——制作光影世界关于我们页面

【演练 2-6】 使用文字与段落的基本排版知识制作光影世界关于我们页面，本例文件 2-6.html 在浏览器中显示的效果如图 2-6 所示。代码如下。

```
<html>
<head>
<title>光影世界关于我们</title>
</head>
<body>
  <h1 align="center">关于我们</h1>                    <!--一级标题居中对齐-->
  <hr />                                              <!--水平分隔线-->
  <h2>服务宗旨</h2>                                    <!--二级标题-->
  <p>     尊贵的客户，您好！欢迎进入光影世界客户服务中心！客服中
心通过提高自身的品牌、形象、员工素质等综合服务水平，减少顾客消费的时间、费用、体力和精
力，使顾客获得更高的价值。</p>
  <h2>客服中心的职能</h2>                              <!--二级标题-->
  <p align="left">                                    <!--段落左对齐-->
```

```
        1. 客户调查与开发管理<br />                              <!--换行-->
            通过开展客户交流活动，了解客户各方面情况，为企业开发潜在客
    户提供依据。<br /><br />                                    <!--换行-->
        2. 客户关系管理<br />                                  <!--换行-->
            通过建众客户关系管理制度，不断改进客户服务方式，完善客户服
    务体系，巩固和加强与客户之间的联系，为企业的销售工作提供支持，进而优化企业的品牌形象。
        </p>
    </body>
    </html>
```

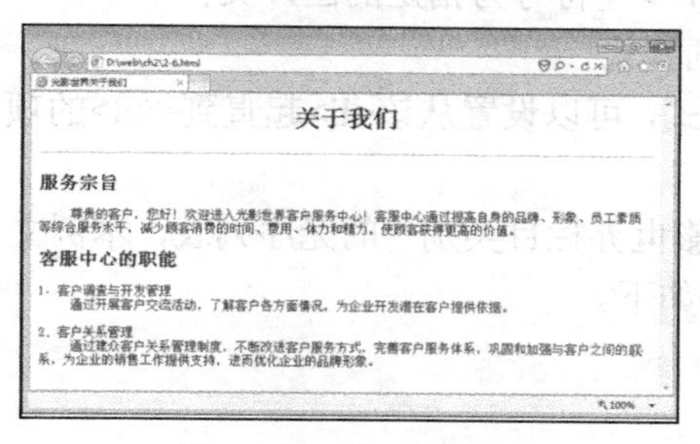

图 2-6　页面显示效果

【说明】在本例中，段落的开头为了实现首行缩进的效果，在段落标签<p>后面连续加上4个“ ”空格符号。

2.2　列表

在制作网页时，写提纲和或品种说明书经常用到列表。通过列表标记的使用能使这些内容在网页中条理清晰、层次分明、格式美观地表现出来。本节将重点介绍列表标签的使用。

列表的存在形式主要分为无序列表、有序列表、定义列表以及嵌套列表等。

2.2.1　无序列表

所谓无序列表就是列表中列表项的前导符号没有一定的次序，而是用黑点、圆圈、方框等一些特殊符号标识。无序列表并不是使列表项杂乱无章，而是使列表项的结构更清晰，更合理。

当创建一个无序列表时，主要使用 HTML 的<ul>标签和<li>标签来标记。其中<ul>标签标识一个无序列表的开始；<li>标签标识一个无序列表项。格式：

```
<ul type="符号类型">
   <li type="符号类型 1"> 第一个列表项
   <li type="符号类型 2"> 第二个列表项
     …
</ul>
```

从浏览器上看，无序列表的特点是，列表项目作为一个整体，与上下段文本间各有一行空白；表项向右缩进并左对齐，每行前面有项目符号。

<ul>标签的 type 属性用来定义一个无序列表的前导字符，如果省略了 type 属性，浏览器

会默认显示为“disc”前导字符。type 取值可以为 disc（实心圆）、circle（空心圆）、square（方框）。设置 type 属性的方法有以下两种。

1．在<ul>后指定符号的样式

在<ul>后指定符号的样式，可设定直到</ul>的加重符号。例如：

<ul type="disc">　　　　符号为实心圆点●

<ul type="circle">　　　符号为空心圆点○

<ul type="square">　　　符号为方块■

<ul img src="mygraph.gif">　符号为指定的图片文件

2．在<li>后指定符号的样式

在<li>后指定符号的样式，可以设置从该<li>起直到</ul>的项目符号。格式就是将前面的 ul 换为 li。

【演练 2-7】 制作“光影世界栏目类别”的无序列表，本例文件 2-7.html 在浏览器中显示的效果如图 2-7 所示。代码如下。

```
<html>
    <head>
    <title>无序列表</title>
    </head>
    <body>
      <h2 align="center">光影世界栏目类别</h2>
      <ul type="circle">              <!--列表样式为空心圆点-->
        <li>特色美景
        <li>田园风光
        <li>海天一色
        <li>客照展示
      </ul>
   </body>
</html>
```

图 2-7　页面显示效果

【说明】由于在<ul>后指定符号的样式为 type="circle"，因此每个列表项显示为空心圆点。

2.2.2 有序列表

有序列表是一个有特定顺序的列表项的集合。在有序列表中，各个列表项有先后顺序之分，它们之间以编号来标记。使用<ol>标签可以建立有序列表，表项的标签仍为<li>。格式：

```
<ol type="符号类型">
  <li type="符号类型 1"> 表项 1
  <li type="符号类型 2"> 表项 2
     …
</ol>
```

在浏览器中显示时，有序列表整个表项与上下段文本之间各有一行空白；列表项目向右缩进并左对齐；各表项前带顺序号。

有序的符号标识包括：阿拉伯数字、小写英文字母、大写英文字母、小写罗马数字、大写罗马数字。<ol>标签的 type 属性用来定义一个有序列表的符号样式，在<ol>后指定符号的样式，可设定直到</ol>的表项加重记号。格式：

```
<ol type="1">          序号为数字
<ol type="A">          序号为大写英文字母
<ol type="a">          序号为小写英文字母
<ol type="I">          序号为大写罗马字母
<ol type="i">          序号为小写罗马字母
```

在<li>后指定符号的样式，可设定该表项前的加重记号。格式只需把上面的 ol 改为 li。

【演练 2-8】 制作“光影世界客照展示上传文件步骤”的有序列表，本例文件 2-8.html 在浏览器中显示的效果如图 2-8 所示。代码如下。

```
<html>
<head>
<title>有序列表</title>
</head>
<body>
<h2 align="center">光影世界客照展示上传文件步骤</h2>
<ol type="1">    <!--列表样式为阿拉伯数字-->
  <li>打开上传照片的页面；
  <li>单击“上传”按钮，打开选择上传文件的对话框；
  <li>选择您要上传的照片，单击“确定”按钮；
  <li>上传成功，提示“图片已成功上传”。
</ol>
</body>
</html>
```

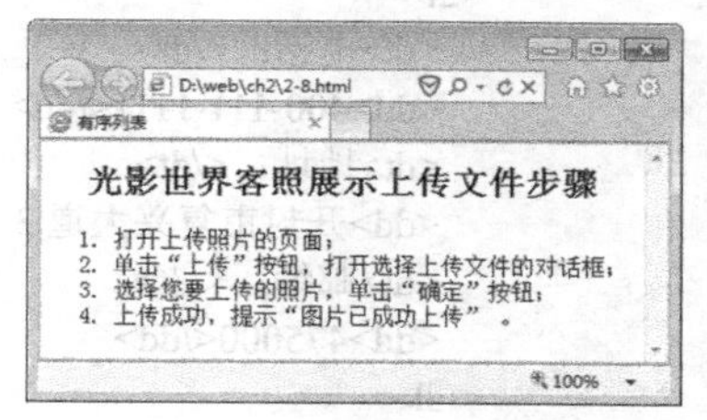

图 2-8　页面显示效果

【说明】 在<ol>后指定列表样式为阿拉伯数字，因此每个列表项显示为阿拉伯数字。

2.2.3　定义列表

定义列表又称为释义列表或字典列表，定义列表不是带有前导字符的列项目，而是一列实物以及与其相关的解释。当创建一个定义列表时，主要用到 3 个 HTML 标签：<dl>标签、<dt>和<dd>标签。用户可以使用 dl 创建自定义列表，使用 dt 和 dd 定义列表中具体的数据项。一般情况下使用 dt 定义列表的二级列表项，也可以认为是 dd 的一个概要信息，使用 dd 来定义最底层的列表项。格式：

```
<dl>
  <dt>…第一个标题项…</dt>
  <dd>…对第一个标题项的解释文字…</dd>
  <dt>…第二个标题项…</dt>
   …
  <dd>…对第二个标题项的解释文字…</dd>
</dl>
```

默认情况下，浏览器一般会在左边界显示条目的名称，并在下一行缩进显示其定义或解释。如果<dd>标签中内容很多，可以嵌套<p>标签使用。

【演练 2-9】 使用定义列表显示光影世界客服中心联系方式的页面，本例文件 2-9.html 的浏览效果如图 2-9 所示。

代码如下。

```
<html>
<head>
<title>光影世界客服中心联系方式</title>
</head>
<body>
<h2 align="center">客服中心联系方式</h2>
<dl>
  <dt>电话：</dt>
  <dd>400-111-1111</dd>
  <dt>地址：</dt>
  <dd>开封市复兴大道 3 号</dd>
  <dt>邮编：</dt>
  <dd>475000</dd>
</dl>
</body>
</html>
```

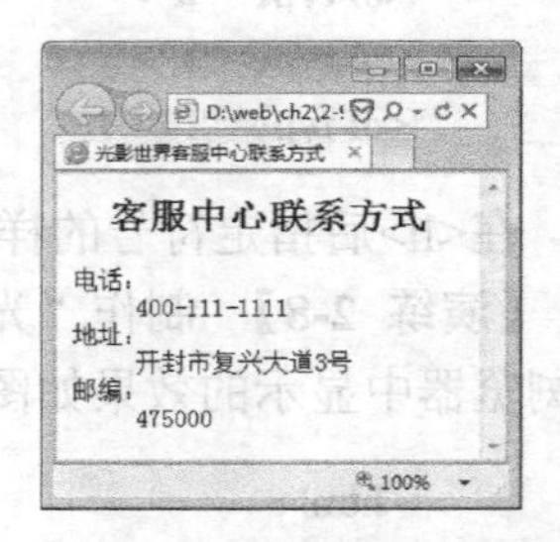

图 2-9 页面显示效果

【说明】在上面的示例中，<dl>列表中每一项的名称不再是<li>标签，而是用<dt>标签进行标记，后面跟着由<dd>标签标记的条目定义或解释。

2.2.4 嵌套列表

所谓嵌套列表就是无序列表与有序列表嵌套混合使用。嵌套列表可以把页面分为多个层次，给人以很强的层次感。有序列表和无序列表不仅可以自身嵌套，而且彼此可互相嵌套。嵌套方式可分为：无序列表中嵌套无序列表、有序列表中嵌套有序列表、无序列表中嵌套有序列表、有序列表中嵌套无序列表等方式，读者需要灵活掌握。

【演练 2-10】 制作光影世界栏目简介页面，在无序列表中嵌套无序列表和有序列表，本例文件 2-10.html 在浏览器中显示的效果如图 2-10 所示。代码如下。

```
<html>
  <head>
  <title>光影世界栏目简介</title>
  </head>
  <body>
    <h2>光影世界栏目简介</h2>
    <ul type="circle">          <!--无序列表空心圆点-->
      <li>光影世界栏目类别
        <ul type="disc">    <!--实心圆点-->
          <li>特色美景
          <li>田园风光
          <li>海天一色
          <li>客照展示
```

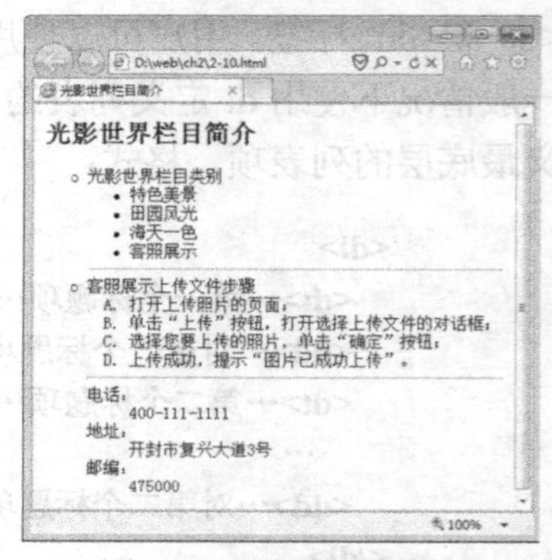

图 2-10 页面显示效果

```
            </ul>
        <hr />                         <!--水平分隔线-->
          <li>客照展示上传文件步骤
            <ol type="A">       <!-- 嵌套有序列表序号为大写英文字母-->
              <li>打开上传照片的页面；
              <li>单击"上传"按钮，打开选择上传文件的对话框；
              <li>选择您要上传的照片，单击"确定"按钮；
              <li>上传成功，提示"图片已成功上传"。
            </ol>
        <hr />                         <!--水平分隔线-->
          <dl>
            <dt>电话：</dt>
            <dd>400-111-1111</dd>
            <dt>地址：</dt>
            <dd>开封市复兴大道 3 号</dd>
            <dt>邮编：</dt>
            <dd>475000</dd>
          </dl>
        </ul>
      </body>
    </html>
```

2.3　超链接

HTML 的核心就是能够轻而易举地实现互联网上的信息访问，资源共享。HTML 可以链接到其他的网页、图像、多媒体、电子邮件地址、可下载的文件等。可以说只要浏览器能够显示的内容，都可以从一个 HTML 文件中得到。

2.3.1　超链接的基本概念

1．超链接的定义

所谓的超链接（hyperlink）是指从一个网页指向一个目标的链接关系，这个目标可以是另一个网页，也可以是相同网页上的不同位置，还可以是一个图片、一个电子邮件地址、一个文件，甚至是一个应用程序。

超链接是一个网站的精髓，超链接在本质上属于网页的一部分，通过超链接将各个网页链接在一起后，才能真正构成一个网站。

超链接除了可链接文本外，也可链接各种媒体，如声音、图像和动画等，通过它们可以将网站建设成一个丰富多彩的多媒体世界。当网页中包含超链接时，其外观形式为彩色（一般为蓝色）且带下画线的文字或图像。单击这些文本或图像，可跳转到相应位置。鼠标指针指向超链接时，将变成手形。

2．超链接的分类

根据超链接目标文件的不同，超链接可分为页面超链接、锚点超链接、电子邮件超链接等；根据超链接单击对象的不同，超链接可分为文字超链接、图像超链接、图像映射等。

3．路径

创建超级链接时必须了解链接与被链接文本的路径。在一个网站中，路径通常有 3 种表示方式：绝对路径、根目录相对路径和文档目录相对路径。

（1）绝对路径

绝对路径就是主页上的文件或目录在硬盘上真正的路径（URL 和物理路径）。例如，D:\web\index.html 代表了 index.html 文件的物理绝对路径；http://www.hao123.com/index.html 代表了一个 URL 绝对路径。

（2）根目录相对路径

根目录相对路径是指从站点根文件夹到被链接文档经过的路径。站点上所有公开的文件都存放在站点的根目录下。站点根目录相对路径以一个正斜杠（/）开始，例如，/support/tips.htm 是文件（tips.htm）的站点根目录相对路径，该文件位于站点根文件夹的 support 子文件夹中。

（3）文档目录相对路径

文档目录相对路径就是相对于某个基准目录的路径。相对路径适合于创建网站内部链接。它是以当前文件所在的路径为起点，进行相对文件的查找。

2.3.2 超链接的应用

超链接按标准的叫法称为锚，它是使用<a>标签标记的，可以用两种方式表示，一是通过使用<a>标签的 href 属性来创建超文本链接，以链接到同一文档的其他位置或其他文档中，在这种情况下，当前文档就是链接的源，href 属性的值就是 URL 的目标；二是通过使用<a>标签的 name 属性或 id 属性在文档中创建一个文档内部的书签。

1．锚点标签<a>…</a>

HTML 使用<a>标签来建立一个链接，通常<a>标签又称为锚。建立超链接的标签以<a>开始，以</a>结束。锚可以指向网络上的任何资源：一张 HTML 页面、一幅图像、一个声音或视频文件等。<a>标签的格式：

```
<a href="url" title="指向链接显示的文字" target="窗口名称">文本文字</a>
```

用户可以单击<a>和</a>标签之间的文本文字来实现网页的浏览访问，通常<a>和</a>标签之间的文本文字用颜色和下画线加以强调。

建立链接时，href 属性定义了这个链接所指的目标地址，也就是路径。如果要创建一个不链接到其他位置的空超链接，可用“#”代替 URL。

target 属性设定链接被单击后所要开始窗口的方式，有以下 4 种方式。

_blank：在新窗口中打开被链接文档。

_self：默认。在相同的框架中打开被链接文档。

_parent：在父框架集中打开被链接文档。

_top：在整个窗口中打开被链接文档。

2．指向其他页面的链接

创建指向其他页面的链接，就是在当前页面与其他相关页面之间建立超链接。根据目标文件与当前文件的目录关系，有以下 4 种写法。注意，应该尽量采用相对路径。

（1）链接到同一目录内的网页文件

格式：

```
<a href="目标文件名.html"> 热点文本 </a>
```

其中，“目标文件名”是链接所指向的文件。

（2）链接到下一级目录中的网页文件

格式：

```
<a href="子目录名/目标文件名.html"> 热点文本 </a>
```

（3）链接到上一级目录中的网页文件

格式：

```
<a href="../目标文件名.html"> 热点文本 </a>
```

其中，“../”表示退到上一级目录中。

（4）链接到同级目录中的网页文件

格式：

```
<a href="../子目录名/目标文件名.html"> 热点文本 </a>
```

表示先退到上一级目录中，然后再进入目标文件所在的目录。

【演练 2-11】 制作商城页面之间的链接，链接分别指向注册会员页和会员登录页，如图 2-11 所示。

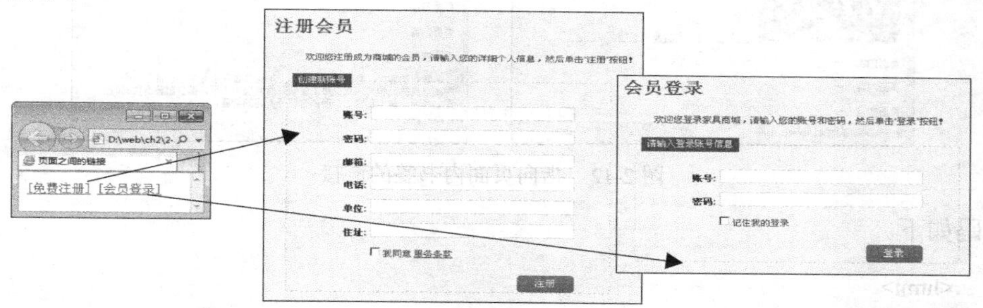

图 2-11 页面之间的链接

代码如下。

```
<html>
<head>
<title>页面之间的链接</title>
</head>
<body>
  <a href="register.html">[免费注册]</a>          <!--链接到同一目录内的网页文件-->
  <a href="login.html">[会员登录]</a>             <!--链接到同一目录内的网页文件-->
</body>
</html>
```

3．指向书签的链接

在浏览页面时，如果页面篇幅很长，要不断地拖动滚动条，给浏览带来不便。如果想要浏览者既可以从头阅读到尾，又可以很快寻找到自己感兴趣的特定内容进行部分阅读，就可以通过书签链接来实现。当浏览者单击页面上的某一“标签”，就能自动跳到网页相应的位置进行阅读，给浏览者带来方便。

书签就是用<a>标签对网页元素作一个记号，其功能类似于用于固定船的锚，所以书签也称锚记或锚点。如果页面中有多个书签链接，对不同目标元素要设置不同的书签名。书签名在<a>标签的 name 属性中定义，格式：

```
<a name="记号名"> 目标文本附近的内容 </a>
```

（1）指向页面内书签的链接

要在当前页面内实现书签链接，需要定义两个标签：一个为超链接标签，另一个为书签标签。超链接标签的格式：

```
<a href="#记号名"> 热点文本 </a>
```

即单击“热点文本”，将跳转到“记号名”开始的网页元素。

【演练 2-12】 制作指向页面内书签的链接，在页面下方的“客服中心”文本前定义一个书签“custom”，当单击光影世界顶部的“客服中心”链接时，将跳转到页面下方客服中心简介的位置处，如图 2-12 所示。

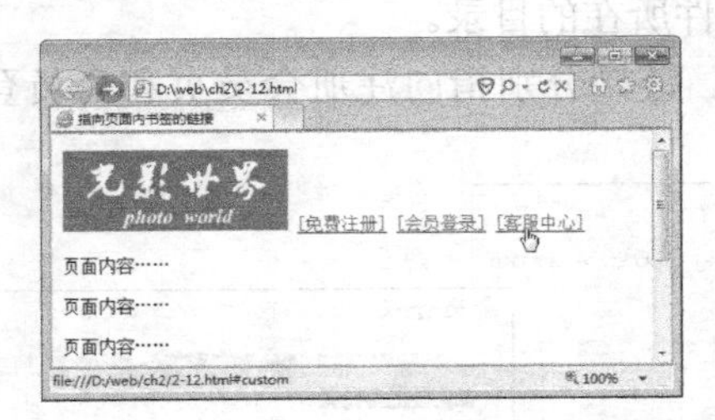

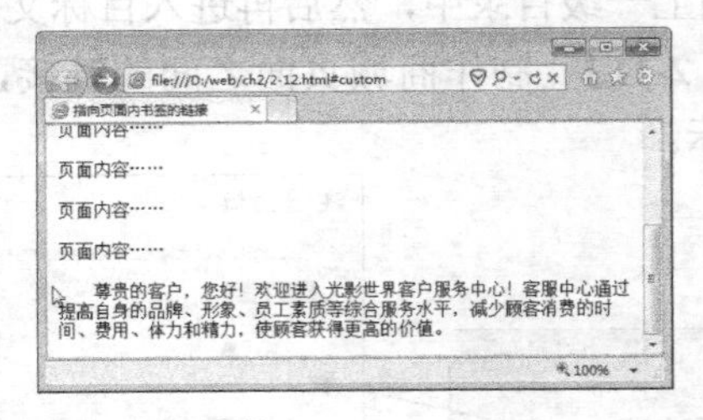

图 2-12　指向页面内书签的链接

代码如下。

```
<html>
<head>
<title>指向页面内书签的链接</title>
</head>
<body>
  <img src="images/logo.jpg">                    <!--网站 logo 图片-->
  <a href="register.html">[免费注册]</a>         <!--链接到同一目录内的网页文件-->
  <a href="login.html">[会员登录]</a>            <!--链接到同一目录内的网页文件-->
  <a href="#custom">[客服中心]</a>               <!--链接到页面内的书签 custom-->
  <p>页面内容……</p>
  <p>页面内容……</p>
  <p>页面内容……</p>
  <p>页面内容……</p>
  <p>页面内容……</p>
  <a name="custom"></a><p>    尊贵的客户，……（此处省略文字）</p>
</body>
</html>
```

【说明】在验证本例效果时，可以把浏览器缩放到只显示页面上半部分信息的大小，然后单击顶部的“客服中心”链接，就可以看到页面自动定位到下方的客服中心简介的位置处。

（2）指向其他页面书签的链接

书签链接还可以在不同页面间进行链接。当单击书签链接标题，页面会根据链接中的 href 属性所指定的地址，将网页跳转到目标地址中书签名称所表示的内容。要在其他页面内实现书签链接，需要定义两个标签：一个为当前页面的超链接标签，另一个为跳转页面的书签标签。当前页面的超链接标签的格式：

<a href="目标文件名.html #记号名"> 热点文本 </a>

即单击“热点文本”，将跳转到目标页面“记号名”开始的网页元素。

【演练 2-13】 制作指向其他页面书签的链接，在页面 info.html 的“客服中心”文本前定义一个书签“custom”，当单击当前页面 2-13.html 中的“客服中心”链接时，将跳转到页面 info.html 中客服中心位置处，如图 2-13 所示。

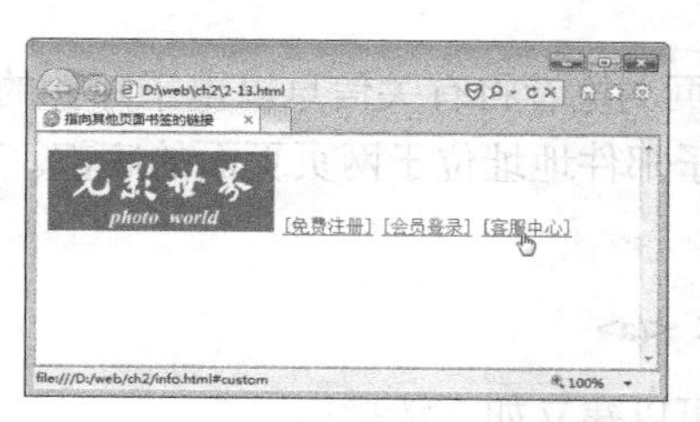

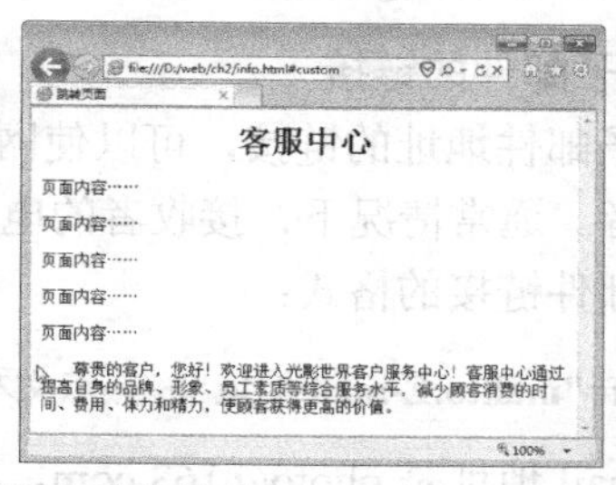

图 2-13　指向其他页面书签的链接

当前页面 2-13.html 的代码如下。

```
<html>
<head>
<title>指向其他页面书签的链接</title>
</head>
<body>
  <img src="images/logo.jpg">                 <!--网站 logo 图片-->
  <a href="register.html">[免费注册]</a>        <!--链接到同一目录内的网页文件-->
  <a href="login.html">[会员登录]</a>           <!--链接到同一目录内的网页文件-->
  <a href="info.html#custom">[客服中心]</a>     <!--链接到页面 info.html 内的书签 custom-->
</body>
</html>
```

跳转页面 info.html 的代码如下。

```
<html>
<head>
<title>跳转页面</title>
</head>
<body>
  <h1 align="center">客服中心</h1>
  <p>页面内容……</p>
  <p>页面内容……</p>
  <p>页面内容……</p>
  <p>页面内容……</p>
  <p>页面内容……</p>
```

```
<a name="custom"></a><p>    尊贵的客户，……（此处省略文字）</p>
</body>
</html>
```

4．指向下载文件的链接

如果希望制作下载文件的链接，只需在链接地址处输入文件所在的位置即可。当浏览器用户单击链接后，浏览器会自动判断文件的类型，以做出不同情况的处理。

指向下载文件的链接格式：

```
<a href="下载文件名"> 热点文本 </a>
```

例如，下载一个购物向导的压缩包文件 guide.rar，可以建立如下链接：

```
购物向导:<a href="guide.rar">下载</a>
```

5．指向电子邮件的链接

网页中电子邮件地址的链接，可以使网页浏览者将有关信息以电子邮件的形式发送给电子邮件的接收者。通常情况下，接收者的电子邮件地址位于网页页面的底部。

指向电子邮件链接的格式：

```
<a href="mailto:E-mail 地址"> 热点文本 </a>
```

例如，E-mail 地址是 photo@163.com，可以建立如下链接：

```
电子邮箱:<a href="mailto:photo@163.com">和我联系</a>
```

2.3.3 案例——制作光影世界服务向导页面

【演练 2-14】 制作光影世界服务向导的页面，本例文件包括 2-14.html、2-6.html 两个展示网页和 guide.rar 下载文件。在浏览器中显示的效果如图 2-14 和图 2-15 所示。

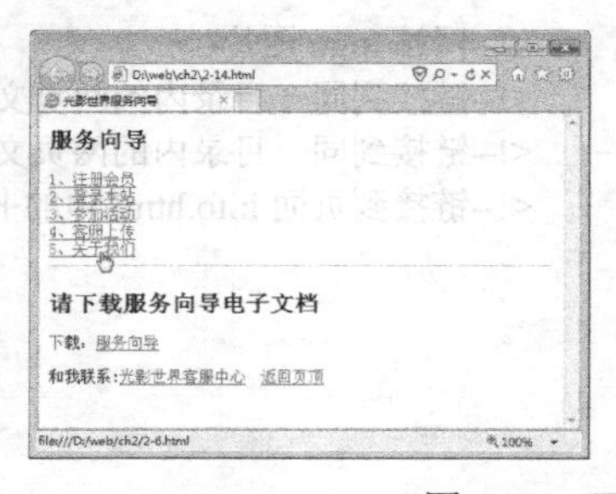

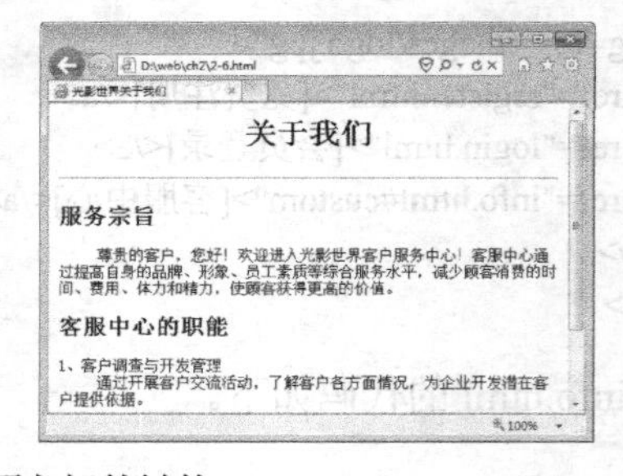

图 2-14　页面之间的链接

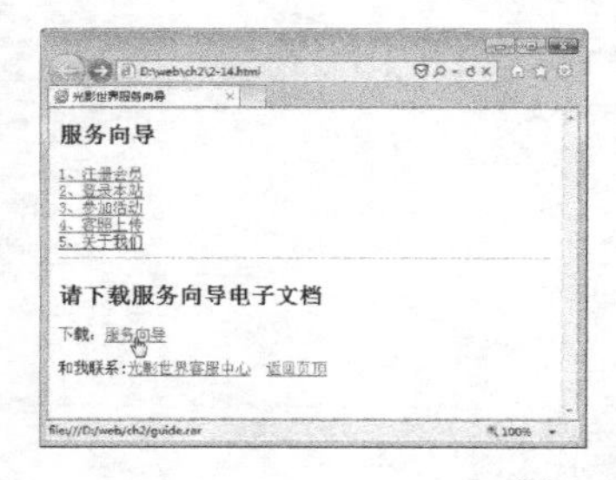

图 2-15　下载链接

代码如下。

```
<html>
  <head>
  <title>光影世界服务向导</title>
  </head>
  <body>
    <h2><a name="top">服务向导</a></h2>
      <a href="#" target="_blank">1、注册会员</a><br/>
      <a href="#">2、登录本站</a><br/>
      <a href="#">3、参加活动</a><br/>
      <a href="#">4、客照上传</a><br/>
      <a href="2-6.html">5、关于我们</a><br/>
      <hr>
      <h2>请下载服务向导电子文档</h2>
      下载：<a href="guide.rar">服务向导</a> <br/><br/>
      和我联系:<a href="mailto:photo@163.com">光影世界客服中心</a>  <a
href="#top">返回页顶</a>
  </body>
</html>
```

【说明】

1）当把鼠标指针移到超链接上时，鼠标指针变为手形，单击“关于我们”链接则打开指定的网页 2-6.html。如果在<a>标签中省略属性 target，则在当前窗口中显示；当 target="_blank" 时，将在新的浏览器窗口中显示。

2）在如图 2-15 所示的网页中单击下载热点“服务向导”，将打开下载文件对话框。单击“保存”按钮，将该文件下载到指定位置。

2.4 图像

网页中的图片具有直观和美化的作用，是网页设计中必不可少的元素。它既是文字表达的有力补充，又是网页美化装饰中最具渲染力的元素。本节讲解如何在网页中插入图片，从而使网页丰富多彩更显生动，进而激发浏览者的兴趣。

2.4.1 Web 中常用的图像格式及使用要点

1. Web 中常用的图像格式

图像文件的格式很多，但一般在网页中使用的图片格式并不多，主要有 GIF、JPEG 和 PNG。下面进行简单的介绍，以便初学者在网页制作过程中作出适当的选择。

（1）GIF

GIF 是 Internet 上应用最广泛的图像文件格式之一，是一种索引颜色的图像格式。该格式在网页中使用较多，它的特点是体积小，支持小型翻页型动画，GIF 图像最多可以使用 256 种颜色，最适合制作徽标、图标、按钮和其他颜色、风格比较单一的图片。

（2）JPEG

JPEG 也是 Internet 上应用最广泛的图像文件格式之一，适用于摄影或连续色调图像。JPEG

文件可以包含多达数百万种颜色，因此 JPEG 格式的文件体积较大，图片质量较佳。通常可以通过压缩 JPEG 文件在图像品质和文件大小之间取得良好的平衡。当网页中对图片的质量有要求时，建议使用此格式。

（3）PNG

PNG 是一种新型的无专利权限的图像格式，兼有 GIF 和 JPEG 的优点。它的显示速度很快，只需下载 1/64 的图像信息就可以显示出低分辨率的预览图像。它可以用来代替 GIF 格式，同样支持透明层，在质量和体积方面都具有优势，适合在网络中传输。

2．使用网页图像的要点

1）高质量的图像因其图像体积过大，不太适合网络传输。一般在网页设计中选择的图像不要超过 8 KB，如必须选用较大图像时，可先将其分成若干小图像，显示时再通过表格将这些小图像拼合起来。

2）网页中的动画并非越多越好，页面中应合理使用动画，太炫酷的动画会分散网站访客的注意力。

3）如果在同一文件中多次使用相同的图像时，最好使用相对路径查找该图像。相对路径是相对于文件而言，从相对文件所在目录依次往下直到文件所在的位置。例如，文件 X.Y 与 A 文件夹在同一目录下，那么文件 B.A 在目录 A 下的 B 文件夹中，它对于文件 X.Y 的相对路径则为 A/B/B.A，如图 2-16 所示。

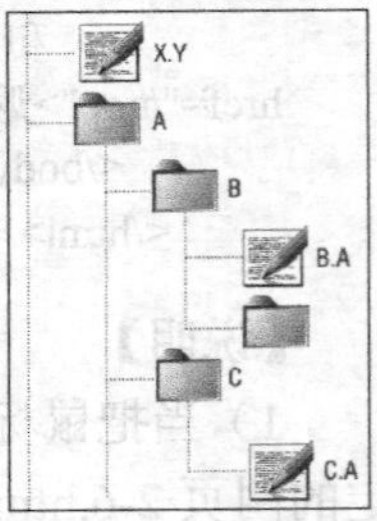

图 2-16 相对路径

2.4.2 图像标签<img>

在 HTML 中，用<img>标签在网页中添加图像，图像是以嵌入的方式添加到网页中的。图像标签的格式：

```
<img src="图像文件名" alt="替代文字" title="鼠标悬停提示文字" width="图像宽度"
    height="图像高度" border="边框宽度" align="环绕方式|对齐方式" />
```

标签中的属性说明见表 2-2，其中 src 是必须的属性。

表 2-2 图像标签的常用属性

属 性	说 明
src	指定图像源，即图像的 URL 路径
alt	如果图像无法显示，代替图像的说明文字
title	为浏览者提供额外的提示或帮助信息，方便用户使用
width	指定图像的显示宽度（像素数或百分数），通常只设为图像的真实大小以免失真。若需要改变图像大小，最好事先使用图像编辑工具进行修改。百分数是指相对于当前浏览器窗口的百分比
height	指定图像的显示高度（像素数或百分数）
border	指定图像的边框大小，用数字表示，默认单位为像素，默认情况下图片没有边框，即 border=0
align	指定图像的对齐方式，设定图像在水平（环绕方式）或垂直方向（对齐方式）上的位置，包括 left（图像居左，文本在图像的右边）、right（图像居右，文本在图像的左边）、top（文本与图像在顶部对齐）、middle（文本与图像在中央对齐）或 bottom（文本与图像在底部对齐）

需要注意的是，在 width 和 height 属性中，如果只设置了其中的一个属性，则另一个属性会根据已设置的属性按原图等比例显示。如果对两个属性都进行了设置，且其比例和原图大小的比例不一致的话，那么显示的图像会相对于原图变形或失真。

1．指定图像的替换文本说明

有时，由于网络过忙或者用户在图片还没有下载完全就单击了浏览器的停止键，用户不能在浏览器中看到图片，这时替换文本说明就十分有必要了。替换文本说明应该简洁而清晰，能为用户提供足够的图片说明信息，在无法看到图片的情况下也可以了解图片的内容信息。

【演练 2-15】 图像的替换文本说明，本例文件 2-15.html 在浏览器中正常显示的效果如图 2-17 所示；当显示的图像路径错误时，效果如图 2-18 所示。

图 2-17　正常显示的图像效果

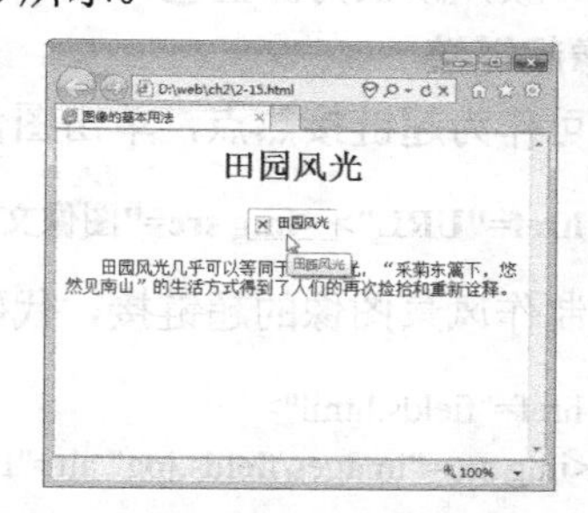

图 2-18　图像路径错误时的显示效果

代码如下。

```
<html>
<head>
<title>图像的基本用法</title>
</head>
<body>
  <h1 align="center">田园风光</h1>
  <p align="center"><img src="images/fields.jpg" alt="田园风光" title="田园风光" /></p>
  <p>    田园风光几乎可以等同于乡村风光，“采菊东篱下，悠然见南山”的生活方式得到了人们的再次捡拾和重新诠释。</p>
</body>
</html>
```

【说明】

1）当显示的图像不存在时，页面中图像的位置将显示出网页图片丢失的信息，但由于设置了 alt 属性，因此在 的右边显示出替代文字“田园风光”；同时，由于设置了 title 属性，因此在替代文字附近还显示出提示信息“田园风光”。

2）在使用<img>标签时，最好同时使用 alt 属性和 title 属性，避免因图片路径错误带来的错误信息；同时，增加的鼠标提示信息也方便了浏览者的使用。

2．调整图像大小

在 HTML 中，通过 img 标签的属性 width 和 height 来调整图像大小，其目的是通过指定图像的高度和宽度加快图像的下载速度。默认情况下，页面中显示的是图像的原始大小。如果不设置 width 和 height 属性，浏览器就要等到图像下载完毕才显示网页，因此延缓了其他页面元素的显示。

width 和 height 的单位可以是像素，也可以是百分比。百分比表示显示图像大小为浏览器窗口大小的百分比。例如，设置田园风光图像的宽度和高度，代码如下。

```
<img src="images/fields.jpg" width="115" height="146">
```

3．指定图像的边框

在网页中显示的图像如果没有边框，会显得有些单调，可以通过 img 标签的 border 属性为图像添加边框，添加边框后的图像显得更醒目、美观。

border 属性的值用数字表示，单位为像素；默认情况下图像没有边框，即 border=0；图像边框的颜色不可调整，默认为黑色；当图片作为超链接使用时，图像边框的颜色和文字超链接的颜色一致，默认为深蓝色。

4．图像超链接

图像也可作为超链接热点，单击图像则跳转到被链接的文本或其他文件。格式：

```
<a href="URL"> <img src="图像文件名" /> </a>
```

例如，制作风景图像的超链接，代码如下。

```
<a href="fields.html">                    <!-- 单击图像则打开 fields.html -->
  <img src="images/fields.jpg" alt="田园风光" title="田园风光" />
</a>
```

需要注意的是，当用图像作为超链接热点的时候，图像按钮会因为超链接而加上超链接的边框，如图 2-19 所示。

去除图像超链接边框的方法是为图像标签添加样式“style="border:none"”，代码如下。

```
<a href="fields.html">                    <!-- 单击图像则打开 fields.html -->
  <img src="images/fields.jpg" alt="田园风光" title="田园风光" style="border:none" />
</a>
```

去除图像超链接边框后的链接效果如图 2-20 所示。

图 2-19　图像作为超链接热点时加上的边框

图 2-20　去除图像超链接边框后的链接效果

5．设置网页背景图像

在网页中可以利用图像作为背景，就像在照相的时候经常要取一些背景一样。但是要注意不要让背景图像影响网页内容的显示，因为背景图像只是起到渲染网页的作用。此外，背景图片最好不要设置边框，这样有利于生成无缝背景。

背景属性将背景设置为图像，属性值为图片的 URL。如果图像尺寸小于浏览器窗口，那么图像将在整个浏览器窗口进行复制。格式：

```
<body background="背景图像路径">
```

例如，设置田园风光图像作为网页的背景图像，浏览效果如图 2-21 所示。代码如下。

```
<body background="images/fields.jpg">
```

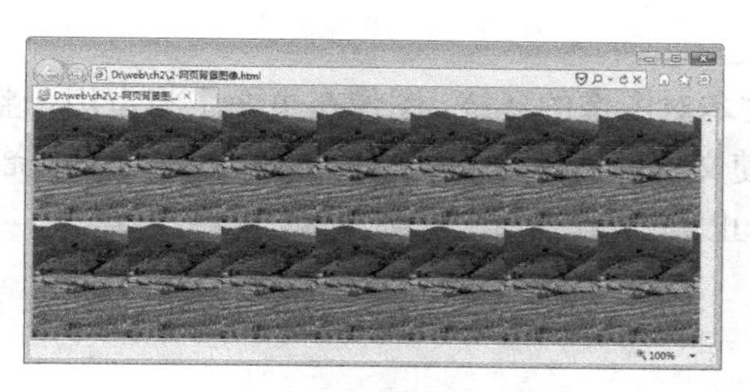

图 2-21　设置网页背景图像

2.4.3　图文混排

图文混排技术是指设置图像与同一行中的文本、图像、插件或其他元素的对齐方式。在制作网页的时候往往要在网页中的某个位置插入一个图像，使文本环绕在图像的周围。img 标签的 align 属性用来指定图像与周围元素的对齐方式，实现图文混排效果，其取值见表 2-3。

表 2-3　图像标签的常用属性

align 的取值	说　明
left	在水平方向上向上左对齐
center	在水平方向上向上居中对齐
right	在水平方向上向上右对齐
top	图片顶部与同行其他元素顶部对齐
middle	图片中部与同行其他元素中部对齐
bottom	图片底部与同行其他元素底部对齐

与其他元素不同的是，图像的 align 属性既包括水平对齐方式，又包括垂直对齐方式。align 属性的默认值为 bottom。

【演练 2-16】 使用图文混排技术制作光影世界最近活动页面，本例文件 2-16.html 在浏览器中显示的效果如图 2-22 所示。

图 2-22　页面的显示效果

代码如下。

```
<html>
<head>
<meta charset="gb2312" />
<title>最近活动</title>
</head>
<body>
<h1 align="center">海天一色海岛游</h1>
<hr color="blue"/>
<img src="images/island.jpg" width="458" height="279" align="right" alt="海天一色海岛游"/>    仅售 1988 元！价值 9999 元的海天一色海岛游开启梦幻之旅，免费精品酒店住宿 2 晚，免费提供 WiFi，成就一个永恒的幸福瞬间。<br/><br/><br/><br/>
报名参加：<br/><br/>
共 298  人已报名<br/>
&yen;1988<br/><br/>
<a href="#"><img src="images/addtocart.png" align="left" style="border:none" /></a>
```

```
</body>
</html>
```

【说明】如果不设置文本对图像的环绕，图像在页面中将占用一整片空白区域。利用<img>标签的 align 属性，可以使文本环绕图像。使用该标签设置文本环绕方式后，将一直有效，直到遇到下一个设置标签为止。

2.5 <div>标签

div 的英文全称为 division，意为“区分”。<div>标签是用来定义 Web 页面内容中逻辑区域的标签，用户可以通过手动插入<div>标签并对它们应用 CSS 定位样式来创建页面布局。<div>标签是一个块级元素，用来为 HTML 文档中大块内容提供结构和背景，它可以把文档分割为独立的、不同的部分。

<div>标签是一个容器标签，其中的内容可以是任何 HTML 元素。如果有多个<div>标签把文档分成多个部分，可以使用 id 或 class 属性来区分不同的<div>。由于<div>标签没有明显的外观效果，所以需要为其添加 CSS 样式属性，才能看到区块的外观效果。

<div>标签的格式：

```
<div align="left|center|right"> HTML 元素 </div>
```

其中，属性 align 用来设置文本块、文字段或标题在网页上的对齐方式，取值为 left、center 和 right，默认为 left。

2.6 <span>标签

<div>标签主要用来定义网页上的区域，通常用于较大范围的设置，而<span>标签则用来组合文档中的行级元素。

2.6.1 基本语法

<span>标签用来定义文档中一行的一部分，是行级元素。行级元素没有固定的宽度，根据<span>元素的内容决定。<span>元素的内容主要是文本，其语法格式：

```
<span>内容</span>
```

例如，显示鲜花的定价，特意将定价一行中的价格数字设置为橘黄色显示，以吸引浏览者的注意，如图 2-23 所示。代码如下。

图 2-23 范围标签<span>

```
<span style="color:#e27c0e;">定  价：&yen;266</span>
```

其中，<span>…</span>标签限定页面中某个范围的局部信息，style="color:#e27c0e;"用于为范围添加突出显示的样式（橘黄色）。

2.6.2 span 与 div 的区别

在网页上使用<span>与<div>，都可以产生区域范围，以定义不同的文字段落，且区域间彼此是独立的。不过，两者在使用上还是有一些差异。

1．区域内是否换行

<div>标签区域内的对象与区域外的上下文会自动换行，而<span>标签区域内的对象与区域外的对象不会自动换行。

2．标签相互包含

<div>与<span>标签区域可以同时在网页上使用，一般在使用上建议用<div>标签包含<span>标签；但<span>标签最好不包含 div 标签，否则会造成<span>标签的区域不完整，形成断行的现象。

2.6.3 制作客照展示上传文件步骤及版权信息

<div>标签用来定义文档中的分区，页面中局部信息的布局可以通过<span>标签组合文档中的行级元素来实现。

【演练 2-17】 <div>标签与<span>标签的综合应用，制作客照展示上传文件步骤及版权信息，本例页面 2-17.html 的显示效果如图 2-24 所示。

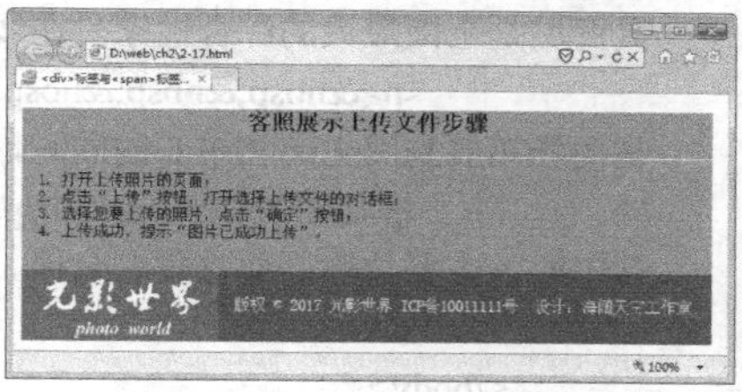

图 2-24 页面显示效果

代码如下。

```
<!doctype html>
<html>
  <head>
  <meta charset="gb2312">
  <title><div>标签与<span>标签的综合应用</title>
  </head>
  <body>
    <div style="width:700px; height:170px; background:#f96">
      <h2 align="center">客照展示上传文件步骤</h2>
      <hr/>
      <ol>                                      <!--列表样式为默认的数字-->
        <li>打开上传照片的页面；
        <li>单击“上传”按钮，打开选择上传文件的对话框；
        <li>选择您要上传的照片，单击“确定”按钮；
        <li>上传成功，提示“图片已成功上传”。
      </ol>
    </div>
    <div style="width:700px; height:74px; background:#36f">
      <span style="color:white"><img src="images/logo.jpg" align="middle"/>  版权
&copy; 2017 光影世界 ICP 备 10011111 号  设计：海阔天空工作室</span>
    </div>
  </body>
</html>
```

【说明】

1）本例中设置了两个<div>分区：内容分区和版权分区。

2）版权分区中的<span>标签中组织的内容包括图像、文本两种行级元素。

2.7 课堂综合实训——制作家具商城简介页面

【实训要求】 通过<div>标签组织网页元素，制作家具商城简介页面。本例文件 2-18.html 在浏览器中显示的效果如图 2-25 所示。

图 2-25 家具商城简介页面

代码如下。

```
<html>
    <head>
    <title>家具商城简介页面</title>
    </head>
    <body>
      <div style="width:650px;background:#d5d5d5">
      <h1>家具商城简介</h1>
      <p><img src="images/intro.jpg" alt="商城简介" align="right"/>    家具商城是全国最大的综合性家具在线购物商城，……（此处省略文字）</p>
      <p>    家具商城自开业 5 年来，大力拓展发展自有品牌。从网上百货商场拓展到网上购物中心的同时，也在大力……（此处省略文字）</p>
      <p>    家具商城拥有业界公认的一流的运营网络。目前有 15 个运营中心，主要负责厂商收货、仓储、库存管理、（此处省略文字）</p>
      </div>
    </body>
</html>
```

【说明】由于页面中的内容并未设置 CSS 样式，因此整个页面看起来并不美观，在后续章节的练习中将利用 CSS 样式对该页面进行美化。

习题

1）使用文本与段落的基本排版技术制作如图 2-26 所示的页面。

2）使用嵌套列表制作如图 2-27 所示的栏目分类列表。

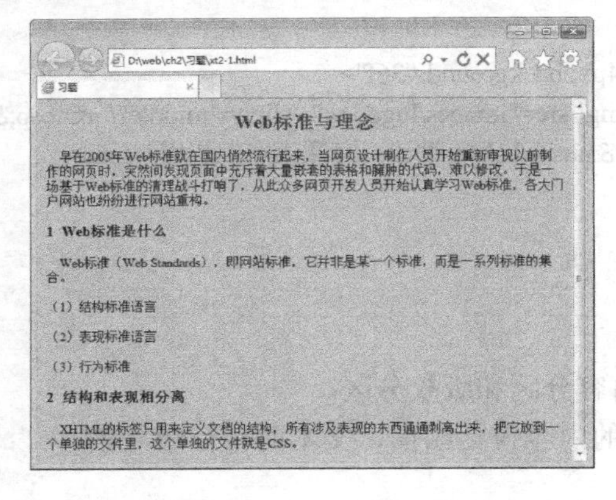

图 2-26 题 1 图

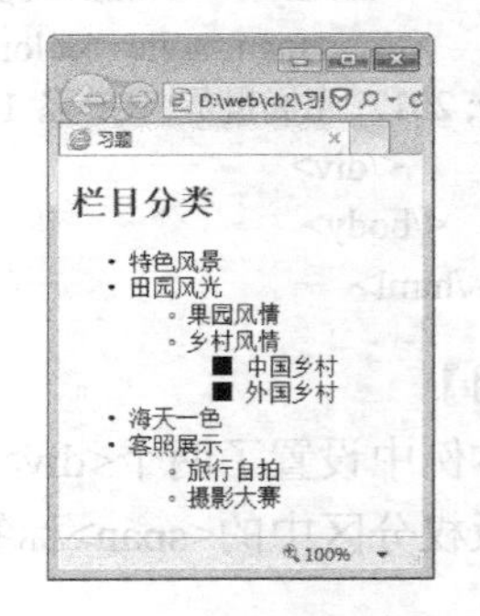

图 2-27 题 2 图

3）使用图文混排技术制作如图 2-28 所示的网银支付简介页面。

4）使用锚点链接和电子邮件链接制作如图 2-29 所示的网页。

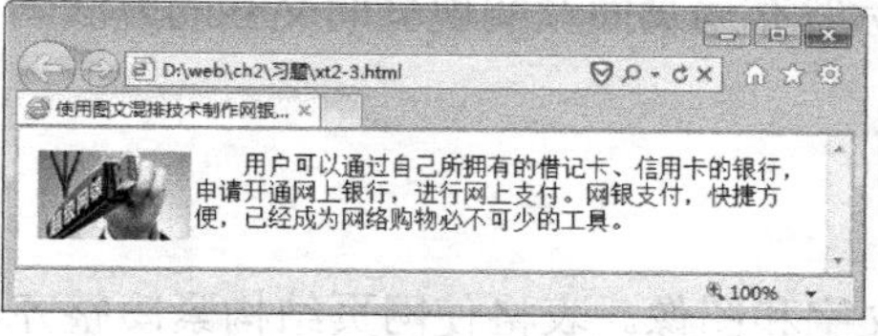

图 2-28　题 3 图

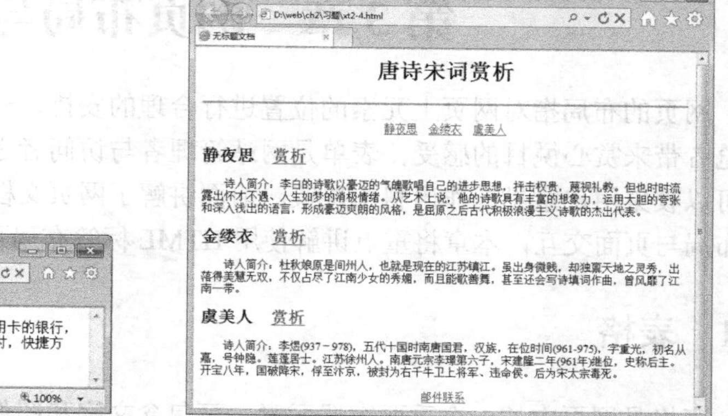

图 2-29　题 4 图

5）使用文字、段落、水平线、图片、列表等网页元素，制作鲜花名片页面，如图 2-30 所示。

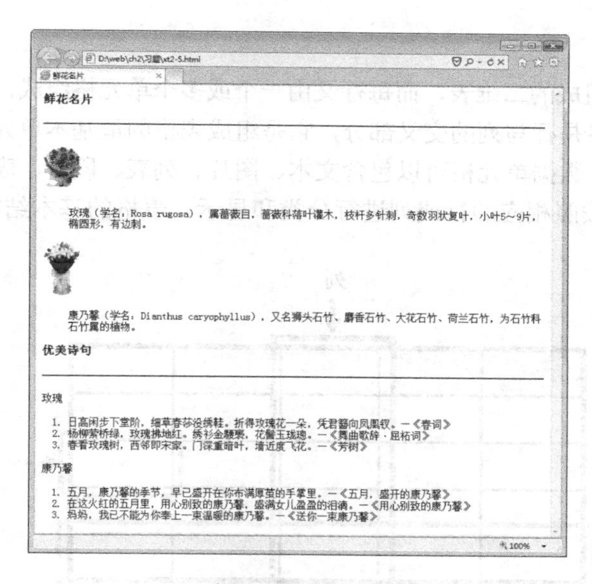

图 2-30　题 5 图

第 3 章　网页布局与交互

网页的布局指对网页上元素的位置进行合理的安排，一个具有好的布局的网页，往往给浏览者带来赏心悦目的感受；表单是网站管理者与访问者之间进行信息交流的桥梁，利用表单可以收集用户意见，作出科学决策。前面讲解了网页文档的基本编辑方法，并未涉及元素的布局与页面交互，本章将重点讲解使用 HTML 标签布局页面及实现页面交互的方法。

3.1　表格

表格是网页中的一个重要容器元素，可包含文字和图像。表格使网页结构紧凑整齐，使网页内容的显示一目了然。表格除了用来显示数据外，还用于搭建网页的结构，几乎所有 HTML 页面都或多或少地采用了表格。表格可以灵活地控制页面的排版，使整个页面层次清晰。学好网页制作，熟练掌握表格的各种属性是很有必要的。

3.1.1　表格的结构

表格是由行和列组成的二维表，而每行又由一个或多个单元格组成，用于放置数据或其他内容。表格中的单元格是行与列的交叉部分，它是组成表格的最基本单元。单元格的内容是数据，也称数据单元格，数据单元格可以包含文本、图片、列表、段落、表单、水平线或表格等元素。表格中的内容按照相应的行或列进行分类和显示，表格的基本结构如图 3-1 所示。

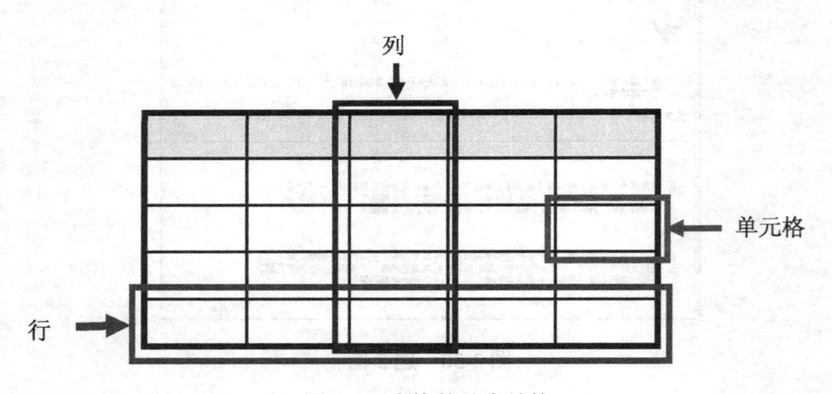

图 3-1　表格的基本结构

3.1.2　表格的基本语法

在 HTML 语法中，表格主要通过 3 个标签来构成：<table>、<tr>和<td>。表格的标签为<table>，行的标签为<tr>，表项的标签为<td>。表格的语法格式：

```
<table border="n" width="x|x%" height="y|y%" cellspacing="i" cellpadding="j">
```

```
    <caption align="left|right|top|bottom valign=top|bottom>标题</caption>
    <tr> <th>表头 1</th> <th>表头 2</th> <th>…</th> <th>表头 n</th></tr>
    <tr> <td>表项 1</td> <td>表项 2</td> <td>…</td> <td>表项 n</td></tr>
      …
    <tr> <td>表项 1</td> <td>表项 2</td> <td>…</td> <td>表项 n</td></tr>
</table>
```

在上面的语法中，使用 caption 标签可为每个表格指定唯一的标题。一般情况下标题会出现在表格的上方，caption 标签的 align 属性可以用来定义表格标题的对齐方式。在 HTML 标准中规定，caption 标签要放在打开的 table 标签之后，且网页中的表格标题不能多于一个。

表格是按行建立的，在每一行中填入该行每一列的表项数据。表格的第一行为表头，文字样式为居中、加粗显示，通过<th>标签实现。

在浏览器中显示时，<th>标签的文字按粗体显示，<td>标签的文字按正常字体显示。

表格的整体外观由<table>标签的属性决定。

border：定义表格边框的宽度，单位是像素。设置 border="0"，可以显示没有边框的表格。

width：定义表格的宽度。

height：定义表格的高度。

cellspacing：定义单元格之间的空白。

cellpadding：定义单元格边框与内容之间的空白。

【演练 3-1】 在页面中添加一个 2 行 3 列的表格，本例文件 3-1.html 在浏览器中显示的效果如图 3-2 所示。

代码如下。

```
<html>
<head>
<title>页面中添加一个 2 行 3 列的表格</title>
</head>
<body>
<table border="3">          <!--<table>代表表格的开始，border="3" 表示边框宽度为 3-->
  <tr>                      <!--表格的第 1 行，有 3 条数据，<tr>…</tr>代表行-->
    <td>1 行 1 列的单元格</td>
    <td>1 行 2 列的单元格</td>
    <td>1 行 3 列的单元格</td>
  </tr>
  <tr>                      <!--表格的第 2 行，有 3 条数据，<tr>…</tr>代表行-->
    <td>2 行 1 列的单元格</td>
    <td>2 行 2 列的单元格</td>
    <td>2 行 3 列的单元格</td>
  </tr>
</table>
</body>
</html>
```

图 3-2　页面显示效果

【说明】 表格所使用的边框粗细等样式一般应放在专门的 CSS 样式文件中（后续章节讲解），此处讲解这些属性仅仅是为了演示表格案例中的页面效果，在真正设计表格外观的时候是通过 CSS 样式完成的。

3.1.3 表格修饰

表格是网页布局中的重要元素，它有丰富的属性，可以对其设置进而美化表格。

1．设置表格的边框

用户可以使用 table 标签的 border 属性为表格添加边框并设置边框宽度及颜色。表格的边框按照数据单元将表格分割成单元格，边框的宽度以像素为单位，默认情况下表格边框为 0。

2．设置表格大小

如果需要表格在网页中占用适当的空间，可以通过 width 和 height 属性指定像素值来设置表格的宽度和高度，也可以通过表格宽度占浏览器窗口的百分比来设置表格的大小。

width 属性和 height 属性不但可以设置表格的大小，还可以设置表格单元格的大小，为表格单元格设置 width 属性或 height，将影响整行或整列单元的大小。

3．设置表格背景颜色

表格背景默认为白色，根据网页设计要求，设置 bgcolor 属性以设定表格背景颜色，增加视觉效果。

4．设置表格背景图像

表格背景图像可以是 GIF、JPEG 和 PNG 三种图像格式。设置 background 属性，可以设定表格背景图像。

同样，可以使用 bgcolor 属性和 background 属性为表格中的单元格添加背景颜色或背景图像。需要注意的是，为表格添加背景颜色或背景图像时，必须使表格中的文本数据颜色与表格的背景颜色或背景图像形成足够的反差。否则，将不容易分辨表格中的文本数据。

5．设置表格单元格间距

使用 cellspacing 属性可以调整表格的单元格和单元格之间的间距，使得表格布局不会显得过于紧凑。

6．设置表格单元格边距

单元格边距是指单元格中的内容与单元格边框的距离，使用 cellpadding 属性可以调整单元格中的内容与单元格边框的距离。

7．设置表格在网页中的对齐方式

表格在网页中的位置有 3 种：居左、居中和居右。使用 align 属性设置表格在网页中的对齐方式，在默认的情况下表格的对齐方式为左对齐。格式：

```
<table align="left|center|right">
```

当表格位于页面的左侧或右侧时，文本填充在另一侧；当表格居中时，表格两边没有文本；当 align 属性省略时，文本在表格的下面。

8．表格数据的对齐方式

（1）行数据水平对齐

使用 align 可以设置表格中数据的水平对齐方式，如果在<tr>标签中使用 align 属性，将影响整行数据单元的水平对齐方式。align 属性的值可以是 left、center、right，默认值为 left。

（2）单元格数据水平对齐

如果在某个单元格的<td>标签中使用 align 属性，那么 align 属性将影响该单元格数据的水平对齐方式。

（3）行数据垂直对齐

如果在<tr>标签中使用 valign 属性，那么 valign 属性将影响整行数据单元的垂直对齐方式，这里的 valign 值可以是 top、middle、bottom、baseline。它的默认值是 middle。

【演练 3-2】 制作光影世界活动报名一览表，本例文件 3-2.html 在浏览器中显示的效果如图 3-3 所示。

图 3-3　光影世界活动报名一览表

代码如下。

```
<html>
  <head>
  <title>光影世界活动报名一览表</title>
  </head>
  <body>
    <h1 align="center">光影世界活动报名一览表</h1>
    <table width="720" height="200" border="3" bordercolor="blue" align="center" bgcolor="#66cccc"
cellspacing="5" cellpadding="3">
      <tr bgcolor="#6699ee">                 <!--设置表格第 1 行-->
        <th>分类</th>                        <!--设置表格的表头-->
        <th>田园风光</th>                    <!--设置表格的表头-->
        <th>海天一色</th>                    <!--设置表格的表头-->
        <th>北欧风情</th>                    <!--设置表格的表头-->
        <th>南极风采</th>                    <!--设置表格的表头-->
      </tr>
      <tr>                                   <!--设置表格第 2 行-->
        <td align="center">亚洲游客</td>     <!--单元格内容居中对齐-->
        <td align="center">3000</td>
        <td align="center">4000</td>
        <td align="center">5000</td>
        <td align="center">4000</td>
      </tr>
      <tr>                                   <!--设置表格第 3 行-->
        <td align="center">欧洲游客</td>     <!--单元格内容居中对齐-->
        <td align="center">4500</td>
        <td align="center">3500</td>
```

```
            <td align="center">5500</td>
            <td align="center">5000</td>
        </tr>
        <tr>                                     <!--设置表格第 4 行-->
            <td align="center">美洲游客</td>    <!--单元格内容居中对齐-->
            <td align="center">5600</td>
            <td align="center">4500</td>
            <td align="center">3000</td>
            <td align="center">2500</td>
        </tr>
        <tr>                                     <!--设置表格第 5 行-->
            <td align="center">非洲游客</td>    <!--单元格内容居中对齐-->
            <td align="center">1600</td>
            <td align="center">1500</td>
            <td align="center">3000</td>
            <td align="center">1500</td>
        </tr>
    </table>
</body>
</html>
```

【说明】

1）<th>标签用于定义表格的表头，一般是表格的第 1 行数据，以粗体、居中的方式显示。

2）在 IE 浏览器中，表格和单元格的背景色必须使用颜色的英文单词或十六进制代码，而不能使用颜色的十六进制缩写形式。例如，上面代码中的<tr bgcolor="#6699ee">不能缩写为<tr bgcolor="#69e">。否则，背景色将显示为黑色。但是，在 CSS 样式中允许使用十六进制缩写形式，请读者参见后续的 CSS 样式表章节。

3.1.4 不规范表格

colspan 和 rowspan 属性用于建立不规范表格，所谓不规范表格是单元格的个数不等于行乘以列的数值。表格在实际应用中经常使用不规范表格，需要把多个单元格合并为一个单元格，也就是要用到表格的跨行与跨列功能。

1．跨行

跨行是指单元格在垂直方向上合并，语法如下：

```
<table>
  <tr>
    <td rowspan="所跨的行数">单元格内容</td>
  </tr>
</table>
```

其中，rowspan 指明该单元格应有多少行的跨度，在 th 和 td 标签中使用。

【演练 3-3】 制作一个跨行展示的活动报名表格，本例文件 3-3.html 在浏览器中显示的效果如图 3-4 所示。

代码如下。

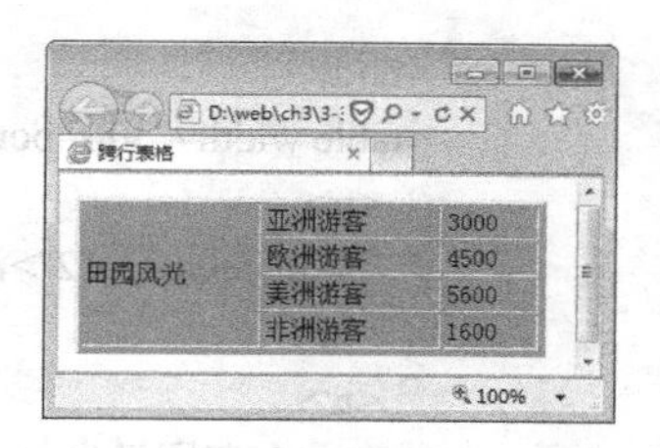

图 3-4 跨行的效果

```
<html>
<head>
<title>跨行表格</title>
</head>
<body>
<table width="300" border="3" bgcolor="#9999ff">
  <tr>
    <td rowspan="4">田园风光</td>   <!--单元格垂直跨 4 行-->
    <td>亚洲游客</td>
    <td>3000</td>
  </tr>
  <tr>
    <td>欧洲游客</td>
    <td>4500</td>
  </tr>
  <tr>
    <td>美洲游客</td>
    <td>5600</td>
  </tr>
  <tr>
    <td>非洲游客</td>
    <td>1600</td>
  </tr>
</table>
</body>
</html>
```

2．跨列

跨列是指单元格在水平方向上合并，语法如下：

```
<table>
  <tr>
    <td colspan="所跨的行数">单元格内容</td>
  </tr>
</table>
```

其中，colspan 指明该单元格应有多少列的跨度，在 th 和 td 标签中使用。

【演练 3-4】 制作一个跨列展示的活动报名表格，本例文件 3-4.html 在浏览器中显示的效果如图 3-5 所示。

代码如下。

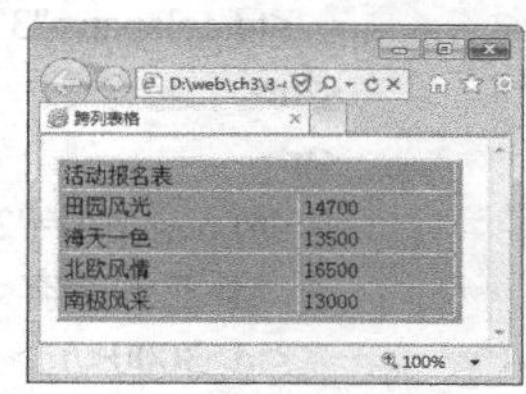

图 3-5 跨列的效果

```
<html>
<head>
<title>跨列表格</title>
</head>
```

```
<body>
<table width="300" border="3" bgcolor="#9999ff">
  <tr>
    <td colspan="2">活动报名表</td>          <!--设置单元格水平跨 2 列-->
  </tr>
  <tr>
    <td>田园风光</td>
    <td>14700</td>
  </tr>
  <tr>
    <td>海天一色</td>
    <td>13500</td>
  </tr>
  <tr>
    <td>北欧风情</td>
    <td>16500</td>
  </tr>
  <tr>
    <td>南极风采</td>
    <td>13000</td>
  </tr>
</table>
</body>
</html>
```

【说明】 在编写表格跨行跨列的代码时，通常在需要合并的第一个单元格中，设置跨行或跨列属性，例如，colspan="2"。

3．跨行、跨列

【演练 3-5】 制作一个跨行跨列展示的活动报名表，本例文件 3-5.html 在浏览器中显示的效果如图 3-6 所示。

代码如下。

图 3-6 跨行跨列的效果

```
<html>
<head>
<title>跨行跨列表格</title>
</head>
<body>
<table width="300" border="3" bgcolor="#9999ff">
  <tr>
    <td colspan="3">活动报名表</td>          <!--设置单元格水平跨 3 列-->
  </tr>
  <tr>
    <td rowspan="2">田园风光</td>            <!--设置单元格垂直跨 2 行-->
    <td>亚洲游客</td>
    <td>3000</td>
  </tr>
```

```
    <tr>
      <td>欧洲游客</td>
      <td>4500</td>
    </tr>
  <tr>
      <td rowspan="2">海天一色</td>                <!--设置单元格垂直跨 2 行-->
      <td>亚洲游客</td>
      <td>4000</td>
    </tr>
    <tr>
      <td>欧洲游客</td>
      <td>3500</td>
    </tr>
</table>
</body>
</html>
```

【说明】 表格跨行跨列以后，并不改变表格的特点。表格中同行的内容总高度一致，同列的内容总宽度一致，各单元格的宽度或高度互相影响，结构相对稳定，不足之处是不能灵活地进行布局控制。

3.1.5 表格数据的分组标签

表格数据的分组标签包括<thead>、<tbody>和<tfoot>，主要用于对报表数据进行逻辑分组。其中，<thead>标签定义表格的头部；<tbody>标签定义表格主体，即报表详细的数据描述；<tfoot>标签定义表格的脚部，即对各分组数据进行汇总的部分。

如果使用<thead>、<tbody>和<tfoot>元素，就必须全部使用。它们出现的次序：<thead>、<tbody>、<tfoot>，必须在<table>内部使用这些标签，<thead>内部必须拥有<tr>标签。

【演练 3-6】 制作活动报名季度数据报表，本例文件 3-6.html 的浏览效果如图 3-7 所示。

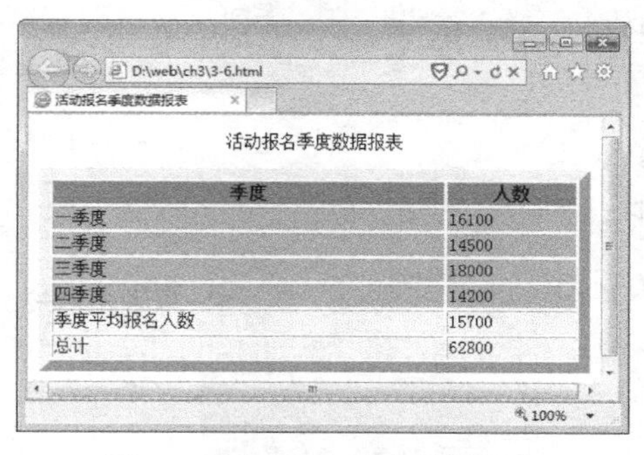

图 3-7 活动报名季度数据报表

代码如下。

```
<html>
<head>
<title>活动报名季度数据报表</title>
</head>
```

```
<body>
<table width="500" border="10">                    <!--设置表格宽度为500px，边框10px-->
  <caption>活动报名季度数据报表</caption>          <!--设置表格的标题-->
  <thead style="background: #0af">                <!--设置报表的页眉-->
    <tr>
      <th>季度</th>
      <th>人数</th>
    </tr>
  </thead>                                         <!--页眉结束-->
  <tbody style="background: #6cc">                 <!--设置报表的数据主体-->
    <tr>
      <td>一季度</td>
      <td>16100</td>
    </tr>
    <tr>
      <td>二季度</td>
      <td>14500</td>
    </tr>
    <tr>
      <td>三季度</td>
      <td>18000</td>
    </tr>
    <tr>
      <td>四季度</td>
      <td>14200</td>
    </tr>
  </tbody>                                         <!--数据主体结束-->
  <tfoot style="background: #ff6">                 <!--设置报表的数据页脚-->
    <tr>
      <td>季度平均报名人数</td>
      <td>15700</td>
    </tr>
    <tr>
      <td>总计</td>
      <td>62800</td>
    </tr>
  </tfoot>                                         <!--页脚结束-->
</table>
</body>
</html>
```

【说明】为了区分报表各部分的颜色，这里使用了“style”样式属性分别为<thead>、<tbody>和<tfoot>设置背景色，此处只是为了演示页面效果。

3.1.6 使用表格实现页面局部布局

在讲解了以上表格基本语法的基础上，下面介绍表格在页面局部布局中的应用。

在设计页面时，常需要利用表格来定位页面元素。使用表格可以导入表格化数据，设计页面分栏，定位页面上的文本和图像等。使用表格还可以实现页面局部布局，类似于产品分类、新闻列表、风光展示这样的效果，可以采用表格来实现。

【演练 3-7】 制作光影世界田园风光展示页面，本例文件 3-7.html 在浏览器中显示的效果如图 3-8 所示。

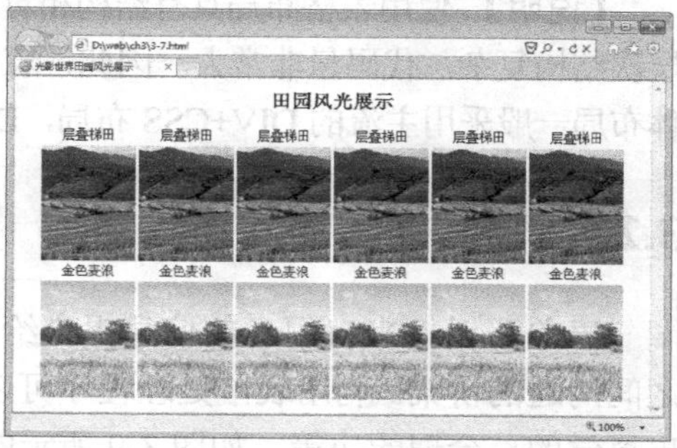

图 3-8　田园风光展示页面

代码如下。

```
<html>
<head>
<title>光影世界田园风光展示</title>
</head>
<body>
  <h2 align="center">田园风光展示</h2>
  <table width="690" border="0" align="center">
    <tr>
      <td width="115" height="20" align="center">层叠梯田</td>
      <td width="115" align="center">层叠梯田</td>
      <td width="115" align="center">层叠梯田</td>
      <td width="115" align="center">层叠梯田</td>
      <td width="115" align="center">层叠梯田</td>
      <td width="115" align="center">层叠梯田</td>
    </tr>
    <tr>
      <td height="146" align="center"><img src="images/fields.jpg"/></td>
      <td align="center"><img src="images/fields.jpg"/></td>
      <td align="center"><img src="images/fields.jpg"/></td>
      <td align="center"><img src="images/fields.jpg"/></td>
      <td align="center"><img src="images/fields.jpg"/></td>
      <td align="center"><img src="images/fields.jpg"/></td>
    </tr>
    <tr>
      <td width="115" height="20" align="center">金色麦浪</td>
      <td width="115" align="center">金色麦浪</td>
      <td width="115" align="center">金色麦浪</td>
      <td width="115" align="center">金色麦浪</td>
      <td width="115" align="center">金色麦浪</td>
      <td width="115" align="center">金色麦浪</td>
    </tr>
    <tr>
      <td height="146" align="center"><img src="images/fields1.jpg"/></td>
      <td align="center"><img src="images/fields1.jpg"/></td>
      <td align="center"><img src="images/fields1.jpg"/></td>
      <td align="center"><img src="images/fields1.jpg"/></td>
      <td align="center"><img src="images/fields1.jpg"/></td>
      <td align="center"><img src="images/fields1.jpg"/></td>
    </tr>
```

```
    </table>
  </body>
</html>
```

【说明】使用表格布局具有结构相对稳定、简单通用等优点，但使用嵌套表格布局时HTML层次结构复杂，代码量非常大。因此，表格布局仅适用于页面中数据规整的局部布局，而页面整体布局一般采用主流的DIV+CSS布局，DIV+CSS布局将在后续章节进行详细讲解。

3.2 表单

表单可以把来自用户的信息提交给服务器，是网站管理员与浏览者之间沟通的桥梁。利用表单处理程序可以收集、分析用户的反馈意见，作出科学的、合理的决策，如图3-9所示的会员登录表单。

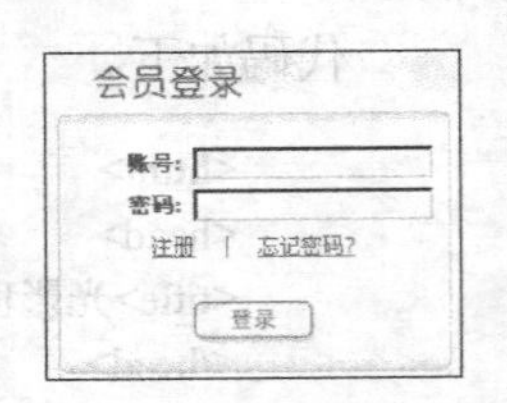

图3-9　会员登录表单

3.2.1 表单的工作机制

表单是允许浏览者进行输入的区域，可以使用表单从用户处收集信息。一个完整的交互表单由两部分组成：一是客户端包含的表单页面，用于填写浏览者进行交互的信息；另一个是服务端的应用程序，用于处理浏览者提交的信息。

浏览者在表单中输入信息，然后将这些信息提交给服务器，服务器中的应用程序会对这些信息进行处理，进行响应，这样就完成了浏览者和服务器之间的交互。表单的工作机制如图3-10所示。

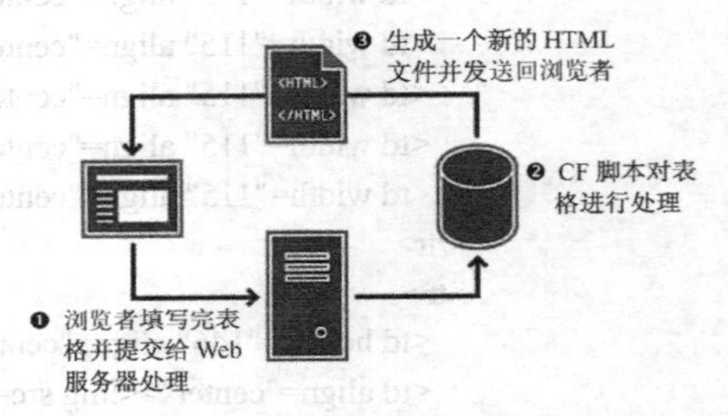

图3-10　表单的工作机制

3.2.2 表单标签

表单是一个容器，可以存放各种表单元素，如按钮、文本域等。表单元素允许用户在表单中使用表单域输入信息。用户可以使用<form>标签在网页中创建表单。表单使用的<form>标签是成对出现的，在开始标签<form>和结束标签</form>之间的部分就是一个表单，所有表单对象都要放在<form>标签中才会生效。表单的基本语法及格式：

```
<form name="表单名" action="URL" method="get|post">
    …
</form>
```

<form>标签主要完成表单结果的处理和传送，常用属性的含义如下。

name属性：表单的名称，该名称可以使用脚本语言引用或控制该表单。

action属性：该属性用于定义将表单数据发送到哪个地方，其值采用URL的方式，即处理表单数据的页面或脚本。

method属性：用于指定表单处理数据的方法，其值可以为get或post，默认方式是get。

3.2.3 表单元素

本节主要讲解表单元素的基本用法。表单中通常包含一个或多个表单元素，常见的表单元素见表 3-1。

表 3-1　常见的表单元素

表单元素	功　能
input	规定用户可输入数据的输入字段，例如，文本域、密码域、复选框、单选按钮、按钮等
keygen	规定用于表单的密钥对生成器字段
object	定义一个嵌入的对象
output	定义不同类型的输出，比如脚本的输出
select	定义下拉列表/菜单
textarea	定义一个多行的文本输入区域
label	为其他表单元素定义说明文字

例如，常见的网上问卷调查表单，其中包含的表单元素如图 3-11 所示。

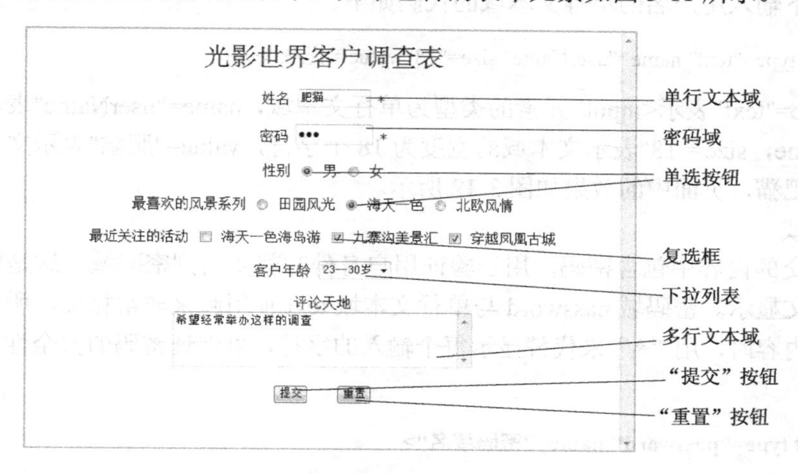

图 3-11　常见的表单元素

其中，<input>元素是个单标签，它必须嵌套在表单标签中使用，用于定义一个用户的输入项。根据不同的 type 值，<input>元素有很多种形式。<input>元素的基本语法及格式：

<input type="表项类型" name="表项名" value="默认值" size="x" maxlength="y" />

<input>元素常用属性的含义如下。

type 属性：指定 input 元素的类型，主要有 9 种类型：text、submit、reset、password、checkbox、radio、image、hidden 和 file。

name 属性：属性的值是相应程序中的变量名。

size 属性：设置单行文本域可显示的最大字符数，这个值总是小于等于 maxlength 属性的值，当输入的字符数超过文本域的长度时，用户可以通过移动光标来查看超出的内容。

maxlength 属性：设置单行文本域可以输入的最大字符数。

checked 属性：input 元素首次加载时被选中（适用于 type="checkbox"或 type="radio"）。

readonly 属性：设置输入字段为只读。

autofocus 属性：设置输入字段在页面加载时是否获得焦点（不适用于 type="hidden"）。

disabled 属性：input 元素加载时禁用此元素（不适用于 type="hidden"）。

1．文字对象

在网页的交互过程中，文字是一个重要内容。如何把文字内容从客户端传送到服务端，表单的文字对象就是传送文字的入口。文本对象有单行文本域、密码域和多行文本域。单行文本域适用于输入少量文字内容；密码域用于页面密码验证；多行文本域适用于输入大量文字内容。

（1）单行文本域

单行文本域适用于输入少量文字，例如页面验证的用户名及文章标题等。当<input>元素的 type 属性设置为 text 时，表示该输入项的输入信息是字符串。此时，浏览器会在相应的位置显示一个单行文本域供用户输入信息。单行文本域的格式：

```
<input type="text" name="文本域名">
```

例如，以下输入用户名的单行文本域的代码如下。

```
<input type="text" name="userName" size="18" value="肥猫">
```

其中，type="text"表示<input>元素的类型为单行文本域，name="userName"表示文本域的名字为 userName，size="18"表示文本域的宽度为 18 个字符，value="肥猫"表示文本域中初始显示的内容为肥猫，页面中的效果如图 3-12 所示。

（2）密码域

在网页提交的内容中包含密码，用于验证用户身份时就要用到密码域，这是因为提交的密码不能以明文显示。密码域 password 与单行文本域 text 使用起来非常相似，所不同的只是当用户在输入内容时，用“*”来代替显示每个输入的字符，以保证密码的安全性。密码域的格式：

```
<input type="password" name="密码域名">
```

例如，输入密码的密码域代码如下。

```
<input type="password" name="pass" size="18">
```

其中，type="password"表示<input>元素的类型为密码域，name="pass"表示密码域的名字为 pass，size="18"表示密码域的宽度为 18 个字符，页面中的效果如图 3-13 所示。

图 3-12　单行文本域　　　　图 3-13　密码域

（3）多行文本域

多行文本域是在表单中应用比较广泛的文本输入区域。多行文本域主要用于得到用户的评论和一些反馈信息，用户可以在里面书写文字，字数没有限制。使用<textarea>标签可以定义高度超过一行的文本输入框，<textarea>标签是成对标签，开始标签<textarea>和结束标签</textarea>之间的内容就是显示在文本输入框中的初始信息。多行文本域的格式：

```
<textarea name="文本域名" rows="行数" cols="列数">
  初始文本内容
</textarea>
```

<textarea>标签各个属性的含义如下。

name：指定多行文本域的名字。

rows：设置多行文本域的行数，此属性的值是数字，浏览器会自动为高度超过一行的文本输入框添加垂直滚动条。但是，当输入文本的行数小于或等于rows属性的值时，滚动条将不起作用。

cols：设置多行文本域的列数。

例如，输入“评论天地”多行文本域内容的代码如下。

```
<form>
  <p>评论天地</p>
  <textarea name="about" cols="40" rows="10">
    请您发表评论！
  </textarea>
</form>
```

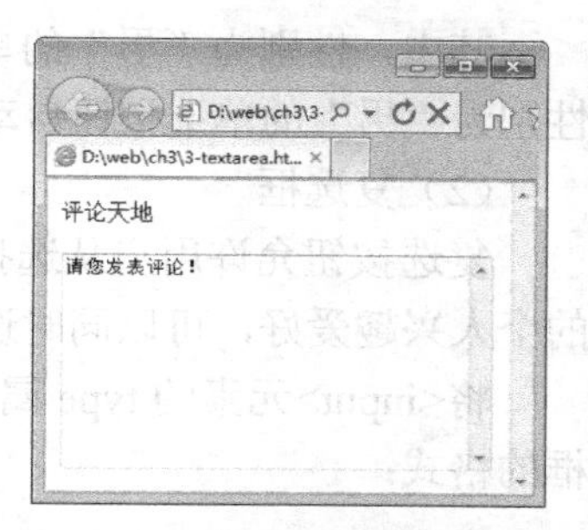

图 3-14 多行文本域

其中，cols="40"表示多行文本域的列数为40列，rows="10"表示多行文本域的行数为10行，效果如图3-14所示。

2．隐藏域

在网页的制作过程中，有时需要提交预先设置好的内容，但这些内容又不宜显示给用户，因此隐藏域是一个不错的选择。例如，用户登录后的用户名、用于区别不同用户的用户ID等。这些信息对于用户可能没有实际用处，但对网站服务器有用，一般将这些信息“隐藏”起来，而不在页面中显示。

将<input>元素的type属性设置为hidden类型即可创建一个隐藏域，格式：

```
<input type="hidden" name="隐藏域名" value="提交值">
```

例如，在登录页表单中隐藏用户的ID信息“cat”，代码如下。

```
<input type="hidden" name="userid" value="cat">
```

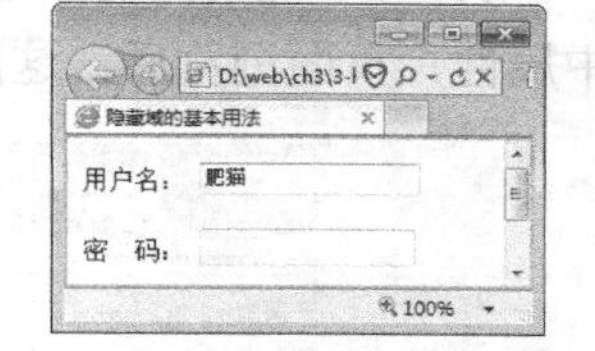

图 3-15 隐藏域并不显示

页面浏览后，隐藏域信息并不显示，如图3-15所示，但能通过页面的HTML代码查看到。

3．选择标签

在网页中除了需要提交输入的文字，还有许多内容需要作为选项，从而为用户提供多种选择，使用起来更方便。在选择的时候可以是单选，也可以是多选。单选时使用单选按钮，多选时使用复选框。

（1）单选按钮

单选按钮用于在众多选项中只能选取一个。例如填写个人信息的性别，只能是“男”或“女”，不可能同时是男又是女，此时需要用到单选按钮。

将<input>元素的type属性设置为“radio”时，表示该输入项是一个单选按钮。单选按钮的格式：

```
<input type="radio" name="单选钮名" value="提交值" checked="checked">
```

其中，value属性可设置单选按钮的提交值，用checked属性表示是否为默认选中项，name

属性是单选按钮的名称，同一组的单选按钮的名称是一样的。

例如，选择“性别”单选按钮的代码如下。

```
<form>
  性别:<input type="radio" name="sex" value="男" checked="checked"/>男
  <input type="radio" name="sex" value="女" />女
</form>
```

其中，性别为“男”的单选按钮设置了 checked="checked"默认选中属性，页面浏览后，性别为“男”的单选按钮自动选中，如图 3-16 所示。

（2）复选框

复选按钮允许用户从选择列表中选择一个或多个选项的输入字段类型。例如，用户提交的个人兴趣爱好，可以同时选择音乐、旅游和体育等，此时可以使用复选框。

将<input>元素的 type 属性设置为“checkbox”时，表示该输入项是一个复选按钮。复选框的格式：

```
<input type="checkbox" name="复选框名" value="提交值" checked="checked">
```

其中，value 属性可设置复选框的提交值，用 checked 属性表示是否为默认选中项，name 属性是复选框的名称，同一组的复选框的名称是一样的。

例如，选择“最近关注的活动”复选框的代码如下。

```
<form>
最近关注的活动: <input type="checkbox" name="live" value="1"/>海天一色海岛游
            <input type="checkbox" name="live" value="2" checked="checked"/>九寨沟美景汇
              <input type="checkbox" name="live" value="3" checked="checked"/>穿越凤凰古城
</form>
```

其中，“九寨沟美景汇”和“穿越凤凰古城”两个复选框设置了 checked="checked"默认选中属性，页面浏览后，这两个活动名称前面的复选框自动勾选，如图 3-17 所示。

图 3-16　单选按钮

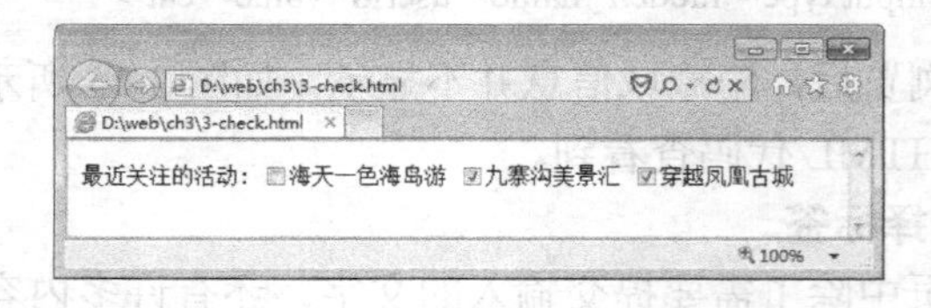

图 3-17　复选框

4．下拉框

如果一个列表选项过长，可以考虑使用下拉框。下拉框可以使用户选择其中的一个选项，在选择列表中仅有一个是可选项，单击右边下拉按钮便可进行选项的选择。下拉框通过<select>标签、<option>标签来定义。

（1）<select>标签

<select>标签可创建单选或多选列表，当提交表单时，浏览器会提交选定的项目。<select>标签的格式：

```
<select size="x" name="控制操作名" multiple= "multiple">
```

```
    <option …> … </option>
    <option …> … </option>
      …
</select>
```

<select>标签各个属性的含义如下。

size：可选项，用于改变下拉框的大小。size 属性的值是数字，表示显示在列表中选项的数目，当 size 属性的值小于列表框中的列表项数目时，浏览器会为该下拉框添加滚动条，用户可以使用滚动条来查看所有的选项，size 默认值为 1。

name：设定下拉列表名字。

multiple：如果加上该属性，表示允许用户从列表中选择多项。

（2）<option>标签

<option>标签用来定义列表中的选项，设置列表中显示的文字和列表条目的值，列表中每个选项有一个显示的文本和一个 value 值。

<option>标签的格式：

```
<option value="可选择的内容" selected ="selected"> … </option>
```

<option>标签必须嵌套在<select>标签中使用。一个列表中有多少个选项，就要有多少个<option>标签与之相对应。<option>标签各个属性的含义如下。

selected：用来指定选项的初始状态，表示该选项在初始时被选中。

value：用于设置当该选项被选中并提交后，浏览器传送给服务器的数据。

下拉框有两种形式：字段式列表和下拉式菜单。二者的主要区别在于，前者在<select>中的 size 属性值取大于 1 的值，此值表示在下拉框中不拖动滚动条可以显示的选项的数目。

【演练 3-8】 制作"客户年龄"问卷调查的下拉菜单，页面加载时菜单显示的默认选项为"23--30 岁"，用户可以单击菜单下拉箭头选择其余的选项。本例文件 3-8.html 在浏览器中显示的效果如图 3-18 所示。

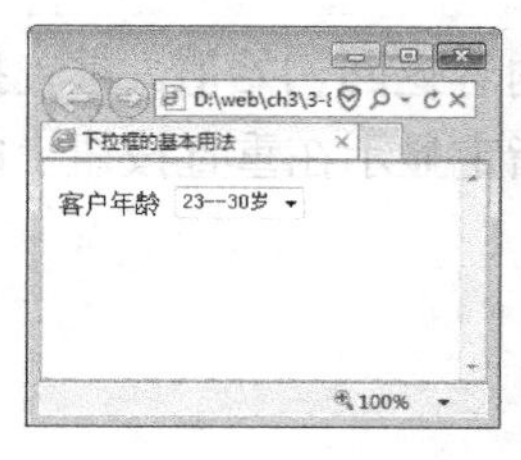

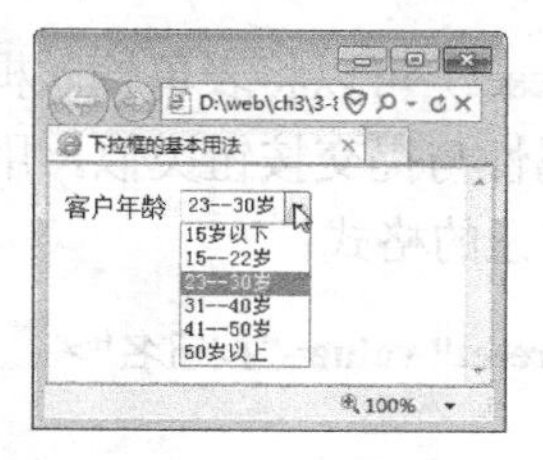

图 3-18　页面显示效果

代码如下。

```
<!doctype html>
<html>
<head>
<title>下拉框的基本用法</title>
</head>
<body>
<form>
```

```
客户年龄
<select name="age">        <!--没有设置 size 值，一次可显示的列表项数默认值为 1。-->
    <option value="15 岁以下">15 岁以下</option>
    <option value="15--22 岁">15--22 岁</option>
    <option value="23--30 岁" selected="selected">23--30 岁</option>    <!--默认选中该项-->
    <option value="31--40 岁">31--40 岁</option>
    <option value="41--50 岁">41--50 岁</option>
    <option value="50 岁以上">50 岁以上</option>
</select>
</form>
</body>
</html>
```

【说明】 菜单中的选项“23--30 岁”设置了 selected="selected"属性值，因此，页面加载时显示的默认选项为“23--30 岁”。

5. 表单按钮

表单按钮用于控制网页中的表单。表单按钮有 4 种类型，即提交按钮、重置按钮、普通按钮和图片按钮。提交按钮用于提交已经填写好的表单内容，重置按钮用于重新填写表单的内容，它们是表单按钮的两个最基本的功能。除此之外，还可以使用普通按钮完成其他任务，例如，通过单击按钮产生一个事件，调用脚本程序等。

（1）提交按钮

使用提交按钮（submit）可以将填写在文本域中的内容发送到服务器。提交按钮的 name 属性是可以默认的。除 name 属性外，它还有一个可选的属性 value，用于指定显示在提交按钮上的文字，value 属性的默认值是“提交”。提交按钮的格式：

```
<input type="submit" value="按钮名">
```

在一个表单中必须有提交按钮，否则将无法向服务器传送信息。

（2）重置按钮

使用重置按钮（reset）可以将表单输入框的内容返回初始值。重置按钮的 name 属性也是可以默认的，value 属性与提交按钮类似，用于指定显示在重置按钮上的文字，value 的默认值为“重置”。重置按钮的格式：

```
<input type="reset" value="按钮名">
```

（3）普通按钮

如果浏览者想制作一个用于触发事件的普通按钮，可以将<input>元素的 type 属性设置为普通（button）按钮。普通按钮的格式：

```
<input type="button" value="按钮名">
```

（4）图片按钮

如果浏览者想制作一个美观的图片按钮，可以将<input>元素的 type 属性设置为图片（image）按钮。图片按钮的格式：

```
<input type="image" src="图片来源">
```

【演练 3-9】 制作不同类型的表单按钮，本例文件 3-9.html 在浏览器中显示的效果如图 3-19 所示。

代码如下。

```
<!doctype html>
<html>
<head>
<title>按钮的基本用法</title>
</head>
<body>
<form>
  <p>姓名：
    <input type="text" name="userName" size="18" value="肥猫">   <!--单行文本域-->
  </p>
  <p>密码：
    <input type="password" name="pass" size="18">               <!--密码域-->
  </p>
  <p>
    <input  type="reset" name="reset" value=" 重填" />           <!--重置按钮-->
    <input  type="submit" name="register" value="注册" />        <!--提交按钮-->
    <input type="button" name="return" value="返回" />           <!--普通按钮-->
  </p>
</form>
</body>
</html>
```

图 3-19　不同类型的按钮

如果用户觉得上面的提交按钮不太美观，在实际应用中，可以用图片按钮代替，如图 3-20 所示。实现图片按钮最简单的方法就是配合使用 type 属性和 src 属性。例如，将上面定义“注册”提交按钮的代码修改如下：

```
<input type="image" src="images/agreement.gif" />   <!--图片按钮-->
```

图 3-20　图片按钮

【说明】使用这种方法实现的图片按钮比较特殊，虽然 type 属性没有设置为"submit"，但仍然具有提交功能。

6．文件域

在网站中需要把文件传送到服务端，从而供用户使用，如相册和演示文件等。此时就需要使用文件域，把客户端的文件上传。用户可以通过表单实现文件的上传，上传的文件将被保存在 Web 服务器上。

将<input>元素的 type 属性设置为 file 类型即可创建一个文件域。文件域会在页面中创建一个不能输入内容的地址文本域和一个“浏览”按钮。格式：

```
<input type="file" name="文件域名">
```

网页的表单请求一般以 post 和 get 方式来实现，get 方式一般以域名加参数的形式来发送。例如，浏览器的地址栏输入网址后会以 get 的方式来发送请求给服务器，然后服务器响应再将网页数据发回来；而 post 发送的数据不能成为网页地址的一部分，且有着和 get 不同的格式规则，post 方式一般分为 MultiPartForm 数据流格式以及字符串数据流格式。例如，人人网的邮件留言方式是以 MultiPartForm 数据流的方式提交的，而人人网的普通留言方式是以字符串数据流格式发送，MultiPartForm 数据流和字符串数据流的区别只是数据如何构造或者多个数据如何连接的区别。

因此，从表单数据传送的安全性来看，文件域所在的表单请求方式必须设置为 post 方式。

【演练 3-10】 制作客照展示文件上传的表单页面，使用文件域上传文件，用户单击“浏览”按钮后，将弹出“选择要加载的文件”对话框。选择文件后，路径将显示在地址文本域中，页面的显示效果如图 3-21 所示。

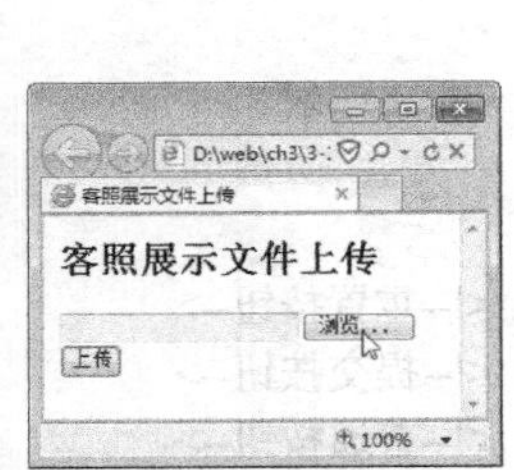

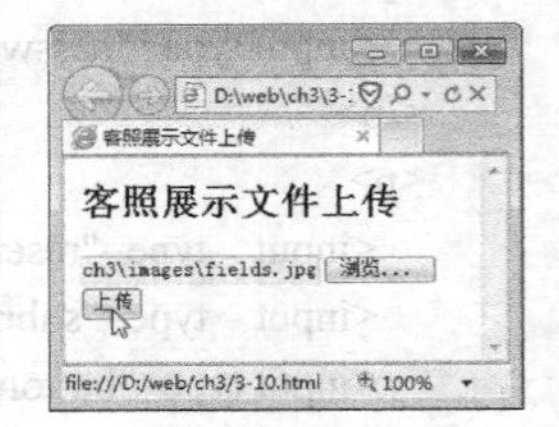

图 3-21　页面显示效果

代码如下。

```
<!doctype html>
<html>
    <head>
        <title>客照展示文件上传</title>
    </head>
    <body>
    <h2>客照展示文件上传</h2>
    <form action="" method="post" enctype="multipart/form-data">   <!-- MultiPartForm 数据流格式-->
      <p><input type="file" name="files" /><br />                  <!--文件域-->
        <input type="submit" name="upload" value="上传" /></p>
    </form>
    </body>
</html>
```

【说明】 需要注意的是，在设计包含文件域的表单时，由于提交的表单数据包括普通的表单数据和文件数据等多部分内容，所以必须设置表单的“enctype”编码属性为“multipart/form-data”，表示将表单数据以 MultiPartForm 数据流格式提交。

3.2.4　案例——制作光影世界会员注册表单

前面讲解了表单元素的基本用法，其中，文本字段比较简单，也是最常用的表单标签。下拉框和文件域在具体的应用过程中有一定的难度，读者需要结合实践、反复练习才容易掌握。下面通过一个综合的案例将这些表单元素集成在一起，制作光影世界会员注册表单。

【演练 3-11】 制作光影世界会员注册表单，收集会员的个人资料。本例文件 3-11.html 在浏览器中显示的效果如图 3-22 所示。

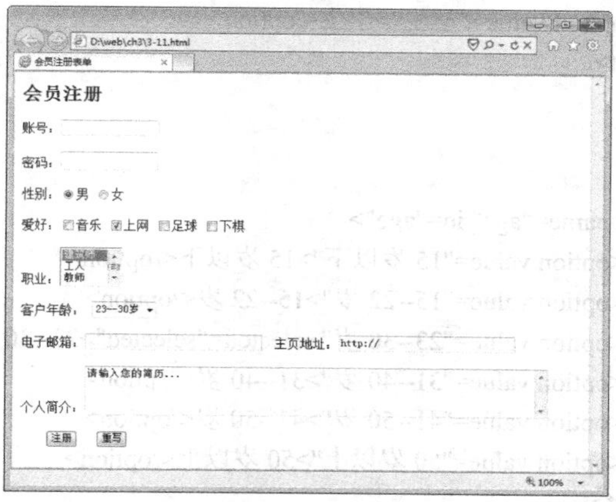

图 3-22　页面显示效果

代码如下。

```
<!doctype html>
<html>
  <head>
    <title>会员注册表单</title>
  </head>
  <body>
  <h2>会员注册</h2>
  <form>
    <p>
    账号：<input type="text" name="userid" size="16">
    </p>
    <p>
    密码：<input type="password" name="pass" size="16">
    </p>
    <p>
    性别：<input type="radio" name="sex" value="男" checked="checked">男 <!--默认单选按钮-->
          <input type="radio" name="sex" value="女">女
    </p>
    <p>
    爱好：<input type="checkbox" name="like" value="音乐">音乐
          <input type="checkbox" name="like" value="上网" checked="checked">上网
          <input type="checkbox" name="like" value="足球">足球
          <input type="checkbox" name="like" value="下棋">下棋
    </p>
    <p>
    职业：<select size="3" name="work">
              <option value="政府职员">政府职员</option>
```

```
                <option value="建筑师" selected="selected">建筑师</option>   <!--默认列表选项-->
                <option value="工人">工人</option>
                <option value="教师">教师</option>
                <option value="医生">医生</option>
                <option value="学生">学生</option>
            </select>
        </p>
        <p>
        客户年龄：
            <select name="age" id="age">
                <option value="15 岁以下">15 岁以下</option>
                <option value="15--22 岁">15--22 岁</option>
                <option value="23--30 岁" selected="selected">23--30 岁</option>
                <option value="31--40 岁">31--40 岁</option>
                <option value="41--50 岁">41--50 岁</option>
                <option value="50 岁以上">50 岁以上</option>
            </select>
        </p>
        <p>
        电子邮箱：<input type="text" name="email" size="30">  
        主页地址：<input type="text" name="index" size="30" value="http://">  <!--文本域初始值-->
        </p>
        <p>
          个人简介：<textarea name="intro" cols="80" rows="4">   <!--4 行 80 列的多行文本域-->
          请输入您的简历...                                   <!--多行文本域初始值-->
         </textarea>
        </p>
        <p>
            <input type="submit" name="submit" value="提交"/>  
                                  <input type="reset" name="reset" value="重写" />
        </p>
      </form>
    </body>
    </html>
```

【说明】“职业”下拉框使用的是字段式列表，其<select>标签中的 size 属性值设置为 3，表示一次可显示的列表项数为 3，而“客户年龄”下拉框使用的是下拉菜单。

3.2.5 使用表格布局表单

从上面的光影世界会员注册表单案例中可以看出，由于表单没有经过布局，页面整体看起来不太美观。在实际应用中，可以采用以下两种方法布局表单：一是使用表格布局表单，二是使用 CSS 样式布局表单。本节主要讲解使用表格布局表单。

【演练 3-12】 使用表格布局的方法制作用户注册表单，表格布局示意图如图 3-23 所示，最外围的虚线表示表单，表单内部包含一个 12 行 2 列的表格，其中的最后一行使用了跨两列的设置。页面在浏览器中显示的效果如图 3-24 所示。

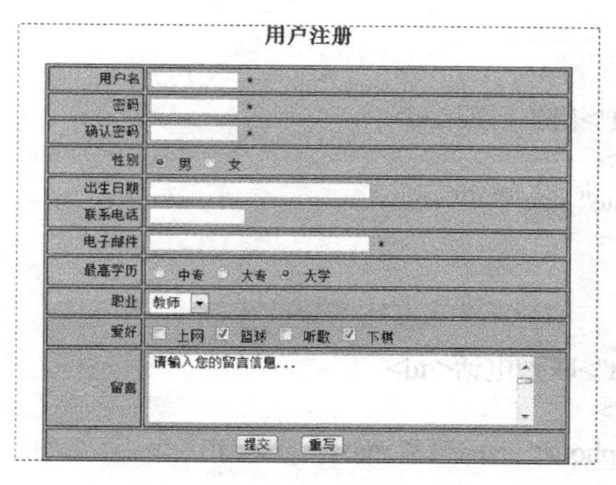

图 3-23　表格布局示意图

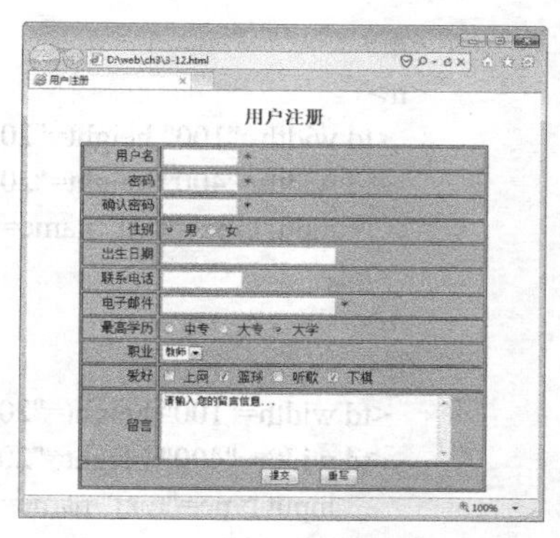

图 3-24　页面显示效果

代码如下。

```
<!doctype html>
<html>
<head>
<meta charset="gb2312">
<title>用户注册</title>
</head>
<body>
<form action="" method="post" name="form1">
  <h2 align="center">用户注册</h2>
  <table  width="500"  border="1"bordercolor="blue"  align="center"  cellpadding="3"  cellspacing="2"
bgcolor="#66ccff">
      <tr>
        <td width="100" height="20" align="right">用户名</td>
        <td width="400" height="20" align="left">
          <input type="text" name="username" id="username" size="12" maxlength="12" /> *
        </td>
      </tr>
      <tr>
        <td width="100" height="20" align="right">密码</td>
        <td width="400" height="20" align="left">
          <input type="password "name="pass"   id="pass" size="12" maxlength="12" /> *
        </td>
      </tr>
      <tr>
        <td width="100" height="20" align="right">确认密码</td>
        <td width="400" height="20" align="left">
          <input type="password "name="pass" id="pass" size="12" maxlength="12" /> *
        </td>
      </tr>
      <tr>
        <td width="100" height="20" align="right">性别</td>
        <td width="400" height="20" align="left">
            <input type="radio" name="sex" value="男" checked />  男
            <input type="radio" name="sex" value="女" /> 女
        </td>
```

```
</tr>
<tr>
  <td width="100" height="20" align="right">出生日期</td>
  <td width="400" height="20" align="left">
    <input type="text" name="date" id="date" size="30" />
  </td>
</tr>
<tr>
  <td width="100" height="20" align="right">联系电话</td>
  <td width="400" height="20" align="left">
    <input type="text" name="phone" id="phone" size="13" maxlength="13" />
  </label></td>
</tr>
<tr>
  <td width="100" height="20" align="right">电子邮件</td>
  <td width="400" height="20" align="left">
    <input type="text" name="email" id="email" size="30" maxlength="30" /> *
  </td>
</tr>
<tr>
  <td width="100" height="20" align="right">最高学历</td>
  <td width="400" height="20" align="left">
      <input type="radio" name="grade" value="中专" /> 中专
      <input type="radio" name="grade" value="大专"/> 大专
      <input type="radio" name="grade" value="大学"  checked/> 大学
  </td>
</tr>
<tr>
  <td width="100" height="20" align="right">职业</td>
  <td width="400" height="20" align="left">
    <select name="work">
      <option value="学生">学生</option>
      <option value="教师" selected>教师</option>
      <option value="医生">医生</option>
    </select>
  </td>
</tr>
<tr>
  <td width="100" height="20" align="right">爱好</td>
  <td width="400" height="20" align="left">
    <input type="checkbox" name="like" value="上网" /> 上网
    <input type="checkbox" name="like" value="篮球" checked/> 篮球
    <input type="checkbox" name="like" value="听歌" /> 听歌
    <input type="checkbox" name="like" value="下棋" checked/> 下棋
  </td>
</tr>
<tr>
  <td width="100" height="20" align="right">留言</td>
  <td width="400" height="20" align="left">
```

```
            <textarea name="talk" cols="50" rows="5">请输入您的留言信息...</textarea>
          </td>
        </tr>
        <tr>
          <td height="20" colspan="2">
              <input type="submit" name="Submit" value="提交" />
            <input type="reset" name="Submit2" value="重写" />
          </td>
        </tr>
    </table>
  </form>
  </body>
  </html>
```

【说明】

1）在使用表格布局表单的应用中，要注意结合表单的数据信息计算表格布局所需要的行数和列数。

2）在制作某些特殊元素的时候，往往需要使用表格的跨行跨列技术，例如，提交和重写按钮需要跨两列。

3）对于复杂的页面，使用表格布局必须采用多层嵌套才能实现布局效果，但过多的表格嵌套将影响页面的打开速度。

3.3 课堂综合实训——制作家具商城客服中心表单

【实训要求】通过表格布局制作家具商城客服中心表单，表格布局示意图如图 3-25 所示，最外围的虚线表示表单，表单内部包含一个 6 行 3 列的表格。其中，第一行和最后一行使用了跨两列的设置。本例文件 3-13.html 在浏览器中显示的效果如图 3-26 所示。

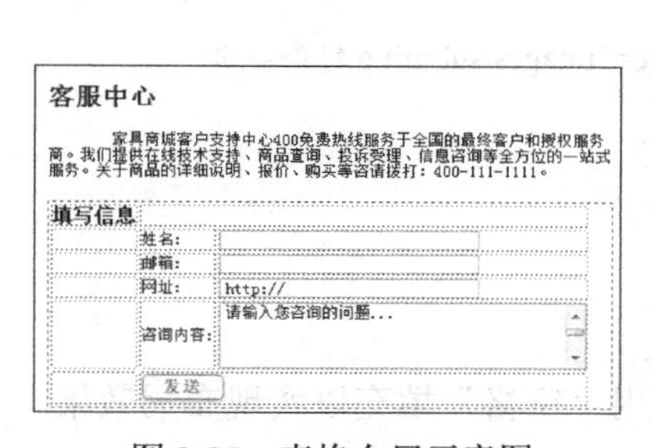

图 3-25　表格布局示意图

图 3-26　页面显示效果

代码如下。

```
  <html>
    <head>
      <title>家具商城客服中心表单</title>
```

```
</head>
<body>
<h2>客服中心</h2>
<p>    家具商城客户支持中心 400……（此处省略文字）</p>
<form>
   <table>
       <tr>
          <td><h3>填写信息</h3></td>
          <td colspan="2"> </td>        <!--内容跨 2 列并且用“空格”填充-->
       </tr>
       <tr>
          <td> </td>                    <!--内容用“空格”填充以实现布局效果-->
          <td>姓名:</td>
          <td> <input type="text" name="username" size="30"></td>
       </tr>
       <tr>
          <td> </td>                    <!--内容用“空格”填充以实现布局效果-->
          <td>邮箱:</td>
          <td> <input type="text" name="email" size="30"></td>
       </tr>
       <tr>
          <td> </td>                    <!--内容用“空格”填充以实现布局效果-->
          <td>网址:</td>
          <td> <input type="text" name="url" size="30" value="http://"></td>
       </tr>
       <tr>
          <td> </td>                    <!--内容用“空格”填充以实现布局效果-->
          <td>咨询内容:</td>
          <td> <textarea name="intro" cols="40" rows="4">请输入您咨询的问题...</textarea></td>
       </tr>
       <tr>
          <td> </td>                    <!--内容用“空格”填充以实现布局效果-->
          <!--下面的发送图片按钮跨 2 列-->
          <td colspan="2"> <input type="image" src="images/submit.gif" /></td>
       </tr>
   </table>
 </form>
 </body>
</html>
```

【说明】当单元格内没有布局的内容时，必须使用“空格”填充以实现布局效果。

习题

1）使用跨行跨列的表格制作光影世界公告栏分类信息，如图 3-27 所示。

2）使用表格布局制作商城支付选择页面，如图 3-28 所示。

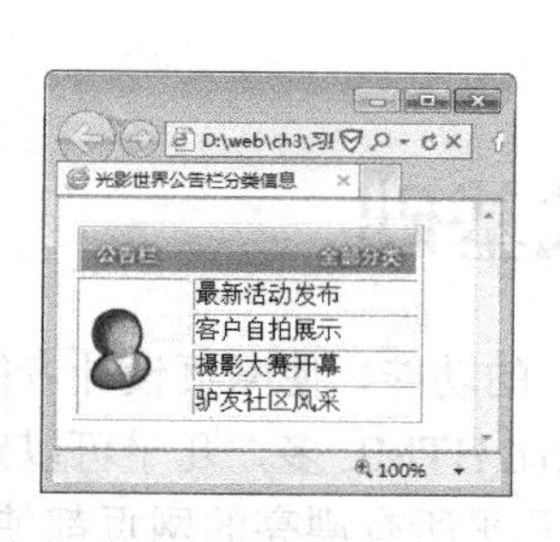

图 3-27　题 1 图

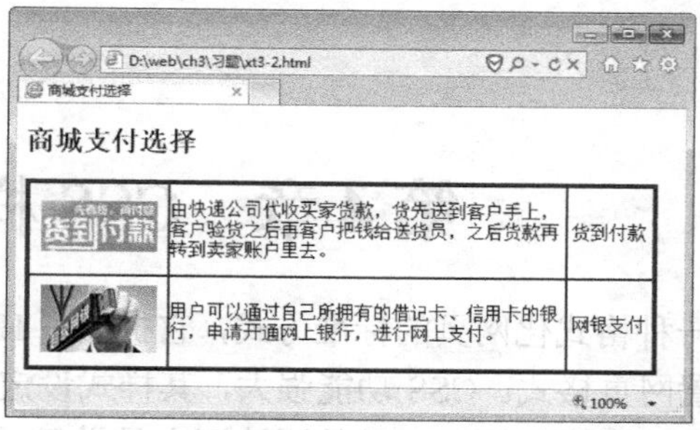

图 3-28　题 2 图

3）使用表格和超链接技术制作光影世界新闻列表，如图 3-29 所示。

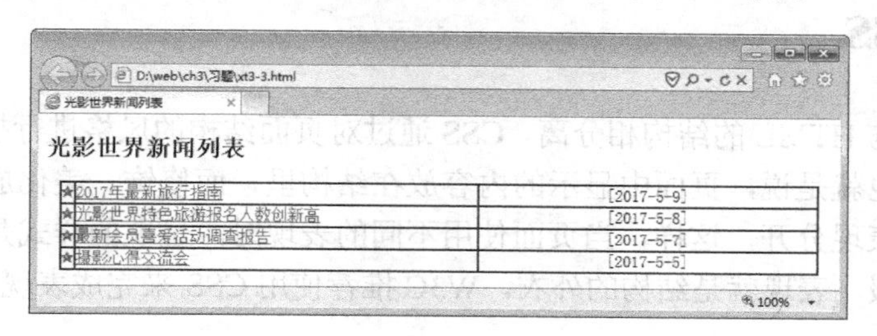

图 3-29　题 3 图

4）使用表格布局技术制作如图 3-30 所示的小区用户注册表单。

5）制作如图 3-31 所示的读者意见反馈卡页面。

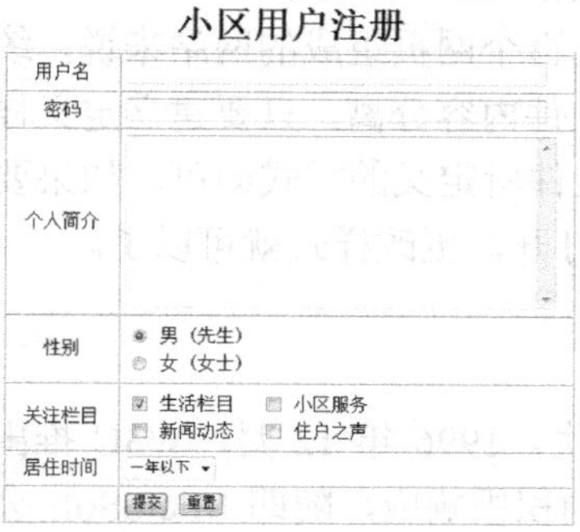

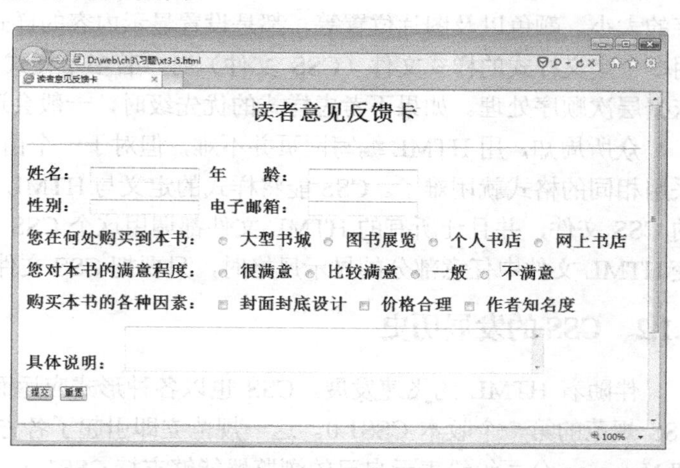

图 3-30　题 4 图

图 3-31　题 5 图

第4章 CSS样式基础

CSS是一种格式化网页的标准方式，它扩展了HTML的功能，使网页设计者能够以更有效的方式设置网页格式。CSS功能强大，其样式设定功能比HTML多，几乎可以定义所有的网页元素，CSS的语法比HTML的语法还容易学习。现在几乎所有漂亮的网页都使用了CSS，它已经成为网页设计必不可少的工具之一。

4.1 初识CSS

CSS的表现与HTML的结构相分离，CSS通过对页面结构的风格进行控制，进而控制整个页面的风格。也就是说，页面中显示的内容放在结构里，而修饰、美化放在表现里，做到结构（内容）与表现分开，这样，当页面使用不同的表现时，呈现的样式是不一样的，就像人穿了不同的衣服，表现就是结构的外衣，W3C推荐使用CSS来完成表现。

4.1.1 CSS标准

层叠样式表单（Cascading Style Sheets，CSS）简称为样式表，是用于（增强）控制网页样式并允许将样式信息与网页内容分离的一种标记性语言。样式就是格式，在网页中，像文字的大小、颜色以及图片位置等，都是设置显示内容的样式。层叠是指当在HTML文档中引用多个定义样式的样式文件（CSS 文件）时，若多个样式文件间所定义的样式发生冲突，将依据层次顺序处理。如果不考虑样式的优先级时，一般会遵循“最近优选原则”。

众所周知，用HTML编写网页并不难，但对于一个由几百个网页组成的网站来说，统一采用相同的格式就困难了。CSS能将样式的定义与HTML文件内容分离，只要建立定义样式的CSS文件，并且让所有的HTML文件都调用这个CSS文件所定义的样式即可。如果要改变HTML文件中任意部分的显示风格时，只要把CSS文件打开，更改样式就可以了。

4.1.2 CSS的发展历史

伴随着HTML的飞速发展，CSS也以各种形式应运而生。1996年12月，W3C推出了CSS规范的第一个版本CSS1.0。这一规范立即引起了各方的积极响应，随即MicroSoft公司和Netscape公司纷纷表示自己的浏览器能够支持CSS1.0。1998年W3C发布了CSS2.0/2.1版本，这也是至今流行最广并且主流浏览器都采用的标准。随着计算机软件、硬件及互联网日新月异的发展，浏览者对网页的视觉和用户体验提出了更高的要求，开发人员对如何快速提供高性能、高用户体验的Web应用也提出更高的要求。

早在2001年5月，W3C就着手开发CSS第3版规范——CSS3规范，它被分为若干个相互独立的模块。CSS3的产生大大简化了编程模型，它不是仅对已有功能的扩展和延伸，而更多的是对Web用户界面设计理念和方法的革新。CSS3配合HTML5标准，将引起一场Web应用的变革。

4.1.3 CSS 代码规范

利用 CSS 样式设计虽然很强大，但是如果设计人员管理不当将导致样式混乱、维护困难。本节学习 CSS 编写中的一些技巧和原则，使读者在今后设计页面时胸有成竹，代码可读性高，结构良好。

1．目录结构命名规范

存放 CSS 样式文件的目录一般命名为 style 或 css。

2．样式文件的命名规范

在项目初期，把不同类别的样式放于不同的 CSS 文件，是为了 CSS 编写和调试的方便；在项目后期，为了网站性能上的考虑会整合不同的 CSS 文件到一个 CSS 文件，这个文件一般命名为 style.css 或 css.css。

3．选择符的命名规范

所有选择符必须由小写英文字母或“_”下画线组成，必须以字母开头，不能为纯数字。设计者要用有意义的单词或缩写组合来命名选择符，做到“见其名知其意”，这样就节省了查找样式的时间。样式名必须能够表示样式的大概含义（禁止出现如 Div1、Div2、Style1 等命名），读者可以参考表 4-1 中的样式命名。

表 4-1 样式命名参考

页面功能	命名参考	页面功能	命名参考	页面功能	命名参考
容器	wrap/container/box	头部	header	加入	joinus
导航	nav	底部	footer	注册	regsiter
滚动	scroll	页面主体	main	新闻	news
主导航	mainnav	内容	content	按钮	button
顶导航	topnav	标签页	tab	服务	service
子导航	subnav	版权	copyright	注释	note
菜单	menu	登录	login	提示信息	msg
子菜单	submenu	列表	list	标题	title
子菜单内容	subMenuContent	侧边栏	sidebar	指南	guide
标志	logo	搜索	search	下载	download
广告	banner	图标	icon	状态	status
页面中部	mainbody	表格	table	投票	vote
小技巧	tips	列定义	column_1of3	友情链接	friendlink

当定义的样式名比较复杂时用下画线把层次分开，例如以下是定义页面导航菜单选择符的 CSS 代码：

```
#nav_logo{…}
#nav_logo_ico{…}
```

4．CSS 代码注释

为代码添加注释是一种良好的编程习惯。注释可以增强 CSS 文件的可读性，后期维护也将更加便利。

在 CSS 中添加注释非常简单，它是以“/*”开始，以“*/”结尾。注释可以是单行，也可以是多行，并且可以出现在 CSS 代码的任何地方。

（1）结构性注释

结构性注释仅仅是用风格统一的大注释块从视觉上区分被分隔的部分，如以下代码所示：

```
/* header（定义网页头部区域）----------------------------------------------------------*/
```

（2）提示性注释

在编写 CSS 文档时，可能需要某种技巧解决某个问题。在这种情况下，最好将这个解决方案简要地注释在代码后面，如以下代码所示：

```
.news_list li span {
        float:left;          /* 设置新闻发布时间向左浮动，与新闻标题并列显示 */
        width:80px;
        color:#999;          /* 定义新闻发布时间为灰色，弱化发布的时间在视觉上的感觉 */
}
```

5. CSS 代码的排版

代码缩进可以保证 CSS 代码的清晰可读。在实际使用中，可以按一次〈Tab〉键来缩进选择符，而按两次〈Tab〉键来缩进声明和结束大括号。这样的排版规则可以使查询 CSS 规则非常容易，即使在样式表不断增大的情况下，仍然可以避免混乱。

4.1.4 CSS 的工作环境

CSS 的工作环境需要浏览器的支持，否则即使编写再漂亮的样式代码，如果浏览器不支持 CSS，那么它也只是一段字符串而已。

1. CSS 的显示环境

浏览器是 CSS 的显示环境。目前，浏览器的种类多种多样，虽然 IE、Opera、Chrome、Firefox 等主流浏览器都支持 CSS，但它们之间仍存在着符合标准的差异。也就是说，相同的 CSS 样式代码在不同的浏览器中可能显示的效果有所不同。在这种情况下，设计人员只有不断地测试，了解各主流浏览器的特性才能让页面在各种浏览器中正确地显示。

2. CSS 的编辑环境

能够编辑 CSS 的软件很多，例如 Dreamweaver、Edit Plus、EmEditor 和 topStyle 等，这些软件有些还具有“可视化”功能，但本书不建议读者太依赖“可视化”。本书中所有的 CSS 样式均采用手工输入的方法，不仅能够使设计人员对 CSS 代码有更深入的了解，还可以节省很多不必要的属性声明，效率反而比“可视化”软件还要快。

4.2 HTML 与 CSS

HTML 是网页的主体，由多个元素组成，但是这些元素保留的只是基本默认的属性，而 CSS 就是网页的样式，CSS 定义了元素的属性。它们的关系通俗来讲就是 HTML 是人体，CSS 则是衣服。

4.2.1 传统 HTML 的缺点

在 CSS 还没有被引入页面设计之前，传统的 HTML 语言要实现页面美工设计是十分麻烦的。例如，页面中有一个<h2>标签定义的标题，如果要把它设置为红色，并对字体进行相应的设置，则需要引入<font>标签，代码如下。

```
<h2><font color="red" face="黑体">网页设计与制作</font></h2>
```

看上去这样的修改并不是很麻烦，但是当页面的内容不仅仅只有一段，而是整个页面甚至整个站点时，情况就变得复杂了。

以下是传统 HTML 修饰页面的示例，页面的浏览效果如图 4-1 所示。

代码如下。

```
<html>
<head>
<title>传统 HTML 的缺点</title>
</head>
<body>
<h2><font color="red" face="黑体">网页设计与制作</font></h2>
<p>坚持学习，每天进步百分之一。</p>
<h2><font color="red" face="黑体">网页设计与制作</font></h2>
<p>坚持学习，每天进步百分之一。</p>
<h2><font color="red" face="黑体">网页设计与制作</font></h2>
<p>坚持学习，每天进步百分之一。</p>
</body>
</html>
```

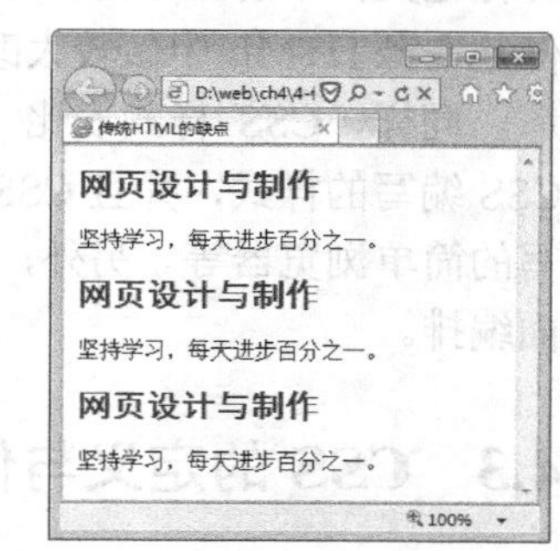

图 4-1　页面显示效果

从页面的浏览效果可以看出，页面中 3 个标题都是红色黑体字。如果要将这 3 个标题改成蓝色，在传统的 HTML 语言中就需要对每个标题的<font>标签进行修改。如果是一个规模很大的网站，而且需要对整个网站进行修改，那么工作量就会很大，甚至无法实现。

其实，传统 HTML 的缺陷远不止上例中所反映的这一个方面，相比 CSS 为基础的页面设计方法，其所体现的不足主要有以下几点。

- 维护困难。为了修改某个标签的格式，需要花费大量时间，尤其对于整个网站而言，后期修改和维护的成本很高。
- 网页过“胖”。由于没有对页面各种风格样式进行统一控制，HTML 页面往往体积过大，占用很多宝贵的带宽。
- 定位困难。在整体布局页面时，HTML 对于各个模块的位置调整显得捉襟见肘，过多的其他标签同样也导致页面的复杂和后期维护的困难。

4.2.2 CSS 的优点

CSS 文档是一种文本文件，可以使用任何一种文本编辑器对其进行编辑，通过将其与 HTML 文档的结合，真正做到将网页的表现与内容分离。即便是一个普通的 HTML 文档，通过对其添加不同的 CSS 规则，也可以得到风格迥异的页面。使用 CSS 美化页面具有如下优点。

- 表现和内容（结构）分离。
- 易于维护和改版。
- 缩减页面代码，提高页面浏览速度。
- 结构清晰，容易被搜索引擎搜索到。
- 更好地控制页面布局。
- 提高易用性，使用 CSS 可以结构化 HTML。

4.2.3 CSS 的局限性

CSS 的功能虽然很强大，但也有某些局限性。CSS 样式表的主要不足是，其局限于主要对标记文件中的显示内容起作用。显示顺序在某种程度上可以改变，可以插入少量文本内容，但是在源 HTML 中做较大改变时，用户需要使用另外的方法，例如，使用 XSL 转换。

同样，CSS 样式表比 HTML 出现得要晚，这就意味着一些较老的浏览器不能识别使用 CSS 编写的样式，并且 CSS 在简单文本浏览器中的用途也有限，例如，为手机或移动设备编写的简单浏览器等。另外，浏览器支持的不一致性也导致不同的浏览器显示出不同的 CSS 版面编排。

4.3 CSS 的定义与使用

当设计好样式之后，需要将样式应用到 HTML 文档中。这里介绍 4 种在页面中定义与使用样式表的方法：定义行内样式、定义内部样式表、链入外部样式表和导入外部样式表。

4.3.1 行内样式

行内样式是引用 CSS 方式中最直接的一种。行内样式就是通过直接设置各个元素的 style 属性，从而达到设置样式的目的。这样的设置方式，使得各个元素都有自己独立的样式，但是会使整个页面变得更加臃肿。即便两个元素的样式是一模一样的，用户也需要写两遍。

元素的 style 属性值可以包含任何 CSS 样式声明。用这种方法，可以很简单地对某个标签单独定义样式表。这种样式表只对所定义的标签起作用，并不对整个页面起作用。行内样式的格式：

<标签 style="属性:属性值; 属性:属性值 …">

需要说明的是，行内样式由于将表现和内容混在一起，不符合 Web 标准，所以慎用这种方法，当样式仅需要在一个元素上应用一次时可以使用行内样式。

【演练 4-1】 使用行内样式将样式表的功能加入到网页，本例文件 4-1.html 在浏览器中的显示效果如图 4-2 所示。

代码如下。

```
<html>
<head>
  <title>直接定义标签的 style 属性</title>
</head>
```

图 4-2 行内样式

```
<body>
    <p style="font-size:18px; color:red">此行文字被 style 属性定义为红色显示</p>
    <p>此行文字没有被 style 属性定义</p>
</body>
</html>
```

【说明】代码中第 1 个段落标签被直接定义为 style 属性，此行文字将显示 18px 大小、红色文字；而第 2 个段落标签没有被定义，将按照默认设置显示文字样式。

4.3.2 内部样式表

内部样式表是指样式表的定义处于 HTML 文件一个单独的区域中，与 HTML 的具体标签分离开来，从而可以实现对整个页面范围的内容显示进行统一的控制与管理。与行内样式只能对所在标签进行样式设置不同，内部样式表处于页面的<head>与</head>标签之间。单个页面需要应用样式时，最好使用内部样式表。

1．内部样式表的格式

内部样式表的格式：

```
<style type="text/css">
<!--
   选择符 1{属性:属性值; 属性:属性值 …}          /* 注释内容 */
   选择符 2{属性:属性值; 属性:属性值 …}
     …
   选择符 n{属性:属性值; 属性:属性值 …}
-->
</style>
```

<style>…</style>标签对用来说明所要定义的样式。type 属性指定 style 使用 CSS 的语法来定义。当然，也可以指定使用像 JavaScript 之类的语法来定义。属性和属性值之间用冒号“:”隔开，定义之间用分号“;”隔开。

<!-- … -->的作用是避免旧版本浏览器不支持 CSS，把<style>…</style>的内容以注释的形式表示，这样对于不支持 CSS 的浏览器，会自动略过此段内容。

选择符可以使用 HTML 标签的名称，所有 HTML 标签都可以作为 CSS 选择符使用。

/* … */为 CSS 的注释符号，主要用于注释 CSS 的设置值。注释内容不会被显示或引用在网页上。

2．组合选择符的格式

除了在<style>…</style>内分别定义各种选择符的样式外，如果多个选择符具有相同的样式，可以采用组合选择符，以减少重复定义的麻烦，其格式：

```
<style type="text/css">
<!--
   选择符 1, 选择符 2, … , 选择符 n{属性:属性值; 属性:属性值 …}
-->
</style>
```

【演练 4-2】 使用内部样式表将样式表的功能加入到网页，本例文件 4-2.html 在浏览器中的显示效果如图 4-3 所示。

代码如下。

```
<html>
<head>
   <title>定义内部样式表</title>
<style text="text/css">
<!--
.red{
   font-size:18px;
   color:red;
}
-->
</style></head>
<body>
   <p class="red">此行文字被内部样式定义为红色显示</p>
   <p>此行文字没有被内部的样式定义</p>
</body>
</html>
```

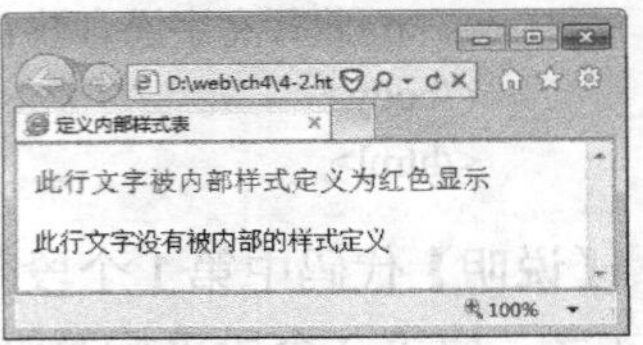

图 4-3 内部样式表

【说明】代码中第 1 个段落标签使用内部样式表中定义的.red 类，此行文字将显示 18px 大小、红色文字；而第 2 个段落标签没有被定义，将按照默认设置显示文字样式。

4.3.3 链入外部样式表

外部样式表通过在某个 HTML 页面中添加链接的方式生效。同一个外部样式表可以被多个网页甚至是整个网站的所有网页采用，这就是它最大的优点。如果说内部样式表在总体上定义了一个网页的显示方式，那么外部样式表可以说在总体上定义了一个网站的显示方式。

外部样式表把声明的样式放在样式文件中，当页面需要使用样式时，通过<link>标签链接外部样式表文件。使用外部样式表，可以通过改变一个文件来改变整个站点的外观。

1．用<link>标签链接样式表文件

<link>标签必须放到页面的<head>…</head>标签对内。其格式：

```
<head>
…
<link rel="stylesheet" href="外部样式表文件名.css" type="text/css">
…
</head>
```

其中，<link>标签表示浏览器从“外部样式表文件.css”文件中以文档格式读出定义的样式表。rel="stylesheet"属性定义在网页中使用外部的样式表，type="text/css"属性定义文件的类型为样式表文件，href 属性用于定义*.css 文件的 URL。

2．样式表文件的格式

样式表文件可以用任何文本编辑器（如记事本）打开并编辑，一般样式表文件的扩展名为 css。样式表文件的内容是定义的样式表，不包含 HTML 标签。样式表文件的格式：

```
选择符 1{属性:属性值; 属性:属性值 …}        /* 注释内容 */
选择符 2{属性:属性值; 属性:属性值 …}
…
选择符 n{属性:属性值; 属性:属性值 …}
```

一个外部样式表文件可以应用于多个页面。在修改外部样式表时，引用它的所有外部页面也会自动更新。在设计制作大量相同样式页面的网站时，将非常有用，不仅减少了重复的工作量，而且有利于以后的修改。浏览时也减少了重复下载的代码，加快了网页的显示速度。

【演练 4-3】 使用链入外部样式表将样式表的功能加入到网页，链入外部样式表文件至少需要两个文件，一个是 HTML 文件，另一个是 CSS 文件。本例文件 4-3.html 在浏览器中的显示效果如图 4-4 所示。

CSS 文件名为 style.css，存放于文件夹 style 中，代码如下。

```
.red{
   font-size:18px;
   color:red;
}
```

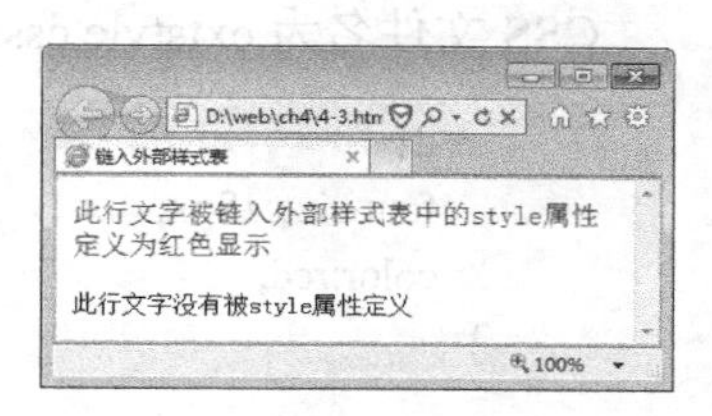

图 4-4　链入外部样式表

网页结构文件 4-3.html 的 HTML 代码如下。

```
<html>
<head>
<title>链入外部样式表</title>
   <link rel="stylesheet" type="text/css" href="style/style.css" />
</head>
<body>
   <p class="red">此行文字被链入外部样式表中的 style 属性定义为红色显示</p>
   <p>此行文字没有被 style 属性定义</p>
</body>
</html>
```

【说明】 代码中第 1 个段落标签使用链入外部样式表 style.css 中定义的.red 类，此行文字将显示 18px 大小、红色文字；第 2 个段落标签没有被定义，将按照默认设置显示文字样式。

4.3.4 导入外部样式表

导入外部样式表是指在内部样式表的<style>标签里导入一个外部样式表，当浏览器读取 HTML 文件时，复制一份样式表到这个 HTML 文件中。其格式：

```
<style type="text/css">
<!--
   @import url("外部样式表的文件名 1.css");
   @import url("外部样式表的文件名 2.css");
   其他样式表的声明
```

```
-->
</style>
```

导入外部样式表的使用方式与链入外部样式表很相似，都是将样式定义保存为单独文件。两者的本质区别：导入方式在浏览器下载HTML文件时将样式文件的全部内容复制到@import关键字位置，以替换该关键字；而链入方式仅在HTML文件需要引用CSS样式文件中的某个样式时，浏览器才链接样式文件，读取需要的内容并不进行替换。

需要注意的是，@import 语句后的“;”号不能省略。所有的@import 声明必须放在样式表的开始部分，在其他样式表声明的前面，其他 CSS 规则放在其后的<style>标签对中。如果在内部样式表中指定了规则（如.bg{ color: black; background: orange }），其优先级将高于导入的外部样式表中相同的规则。

【演练 4-4】 使用导入外部样式表将样式表的功能加入到网页，导入外部样式表文件至少需要两个文件，一个是 HTML 文件，另一个是 CSS 文件。本例文件 4-4.html 在浏览器中的显示效果如图 4-5 所示。

CSS 文件名为 extstyle.css，存放于文件夹 style 中，代码如下。

```
.red{
  font-size:18px;
  color:red;
}
```

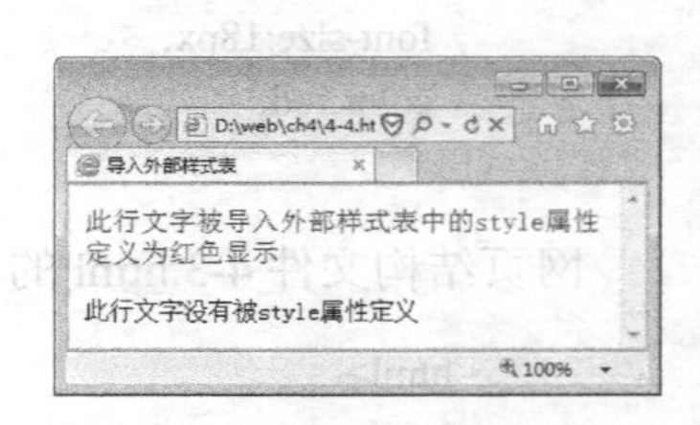

图 4-5　导入外部样式表

网页结构文件 4-4.html 的 HTML 代码如下。

```
<html>
<head>
<title>导入外部样式表</title>
<style type="text/css">
  @import url("style/extstyle.css");
</style>
</head>
<body>
  <p class="red">此行文字被导入外部样式表中的 style 属性定义为红色显示</p>
  <p>此行文字没有被 style 属性定义</p>
</body>
</html>
```

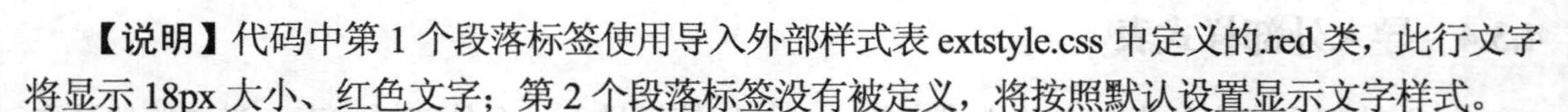

【说明】 代码中第 1 个段落标签使用导入外部样式表 extstyle.css 中定义的.red 类，此行文字将显示 18px 大小、红色文字；第 2 个段落标签没有被定义，将按照默认设置显示文字样式。

以上 4 种定义与使用 CSS 样式表的方法中，最常用的还是先将样式表保存为一个样式表文件，然后使用链入外部样式表的方法在网页中引用 CSS。

4.3.5　案例——制作光影世界服务简介页面

【演练 4-5】 使用链入外部样式表的方法制作光影世界服务简介页面，本例文件 4-5.html 在浏览器中的显示效果如图 4-6 所示。

图 4-6　光影世界服务简介页面

制作过程如下。

1）建立目录结构。在案例文件夹下创建两个文件夹 images 和 css，分别用来存放图像素材和外部样式表文件。

2）准备素材。将本页面需要使用的图像素材存放在文件夹 images 下。

3）外部样式表。在文件夹 css 下用记事本新建一个名为 style.css 的样式表文件。代码如下。

```
*{                                  /*表示针对 HTML 的所有元素*/
    padding:0px;                    /*内边距为 0px*/
    margin:0px;                     /*外边距为 0px*/
    line-height: 20px;              /*行高 20px*/
}
body{                               /*设置页面整体样式*/
    height:100%;                    /*高度为相对单位*/
    background-color:#f3f1e9;       /*浅灰色背景*/
    position:relative;              /*相对定位*/
}
img{
    border:0px;                     /*图片无边框*/
}
#main_block{                        /*设置主体容器的样式*/
    font-family:Arial, Helvetica, sans-serif;
    font-size:12px;                 /*设置文字大小为 12px*/
    color:#464646;                  /*设置默认文字颜色为灰色*/
    overflow:hidden;                /*溢出隐藏*/
    float:left;                     /*向左浮动*/
    width:752px;                    /*设置容器宽度为 752px*/
}
```

```
.content_main{                  /*设置内容区域的样式*/
    width:720px;
    float:left;                 /*向左浮动*/
    padding:20px 0 10px 20px;  /*上、右、下、左的内边距依次为 20px,0px,10px,20px*/
}
.box_details{                   /*设置详细信息盒子的样式*/
    padding:10px 0 10px 0;     /*上、右、下、左的内边距依次为 10px,0px,10px,0px*/
    margin:10px 20px 10px 0;   /*上、右、下、左的外边距依次为 10px,20px,10px,0px*/
    clear:both;                 /*清除所有浮动*/
}
.box_details p{                 /*设置盒子中段落的样式*/
    padding:5px 15px 5px 15px; /*上、右、下、左的内边距依次为 5px,15px,5px,15px*/
    text-indent:2em             /*首行缩进*/
}
```

4）网页结构文件。在当前文件夹中，用记事本新建一个名为 4-5.html 的网页文件，代码如下。

```
<!doctype html>
<html>
<head>
<meta charset="gb2312">
<title>光影世界服务简介页面</title>
<link rel="stylesheet" type="text/css" href="css/style.css" />
</head>
<body>
<div id="main_block">
  <div class="content_main">
    <h1>服务简介</h1>
    <div class="box_details">
      <p> <img src="images/intro.jpg" /></p> <p>光影世界是全国最大……（此处省略文字）</p>
      <p>光影世界以“提供更优质的服务、更优惠的活动价格……（此处省略文字）</p>
      <p>光影世界客服中心通过提高自身的品牌、形象、员工素质……（此处省略文字）</p>
    </div>
  </div>
</div>
</body>
</html>
```

5）浏览网页。在浏览器中浏览制作完成的页面，页面显示效果如图 4-6 所示。

【说明】 在本页面中，图片四周的空白间隙是通过“padding:0 0 0 30px;”来实现的，表示图像的左内边距为 30px，使图像和其左侧的文字之间具有一定的空隙，这种效果可以通过盒模型的边距来设置，请读者参考第 5 章讲解的 CSS 盒模型边距的相关知识。

4.4 CSS 语法基础

前面介绍了 CSS 如何在网页中定义和引用，接下来要讲解 CSS 是如何定义网页外观的。

其定义的网页外观由一系列规则组成，包括样式规则、选择符和继承。

4.4.1 CSS 样式规则

CSS 为样式化网页内容提供了一条捷径，即样式规则，每一条规则都是单独的语句。

1．样式规则

样式表的每个规则都有两个主要部分：选择符（selector）和声明（declaration）。选择符决定哪些因素受到影响，声明由一个或多个属性值对组成。其语法：

```
selector{属性:属性值[[;属性:属性值]…]}
```

其中，selector 表示希望进行格式化的元素；声明部分包括在选择器后的大括号中；用“属性:属性值”描述要应用的格式化操作。

例如，分析一条如图 4-7 所示的 CSS 规则。

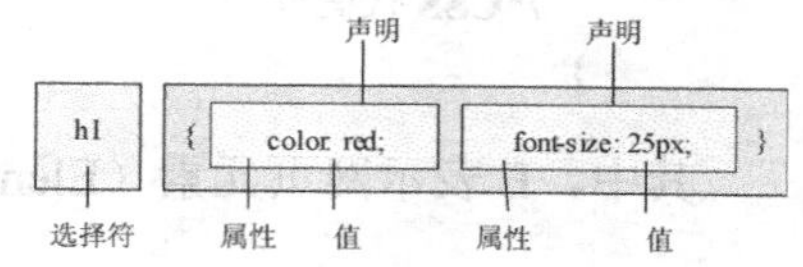

图 4-7　CSS 规则

选择符：h1 代表 CSS 样式的名字。

声明：声明包含在一对大括号“{}”内，用于告诉浏览器如何渲染页面中与选择符相匹配的对象。声明内部由属性及其属性值组成，并用冒号隔开，以分号结束，声明的形式可以是一个或者多个属性的组合。

属性（property）：定义的具体样式（如颜色、字体等）。

属性值（value）：属性值放置在属性名和冒号后面，具体内容跟随属性的类别而呈现不同形式，一般包括数值、单位以及关键字。

例如，将 HTML 中<body>和</body>标签内的所有文字设置为“华文中宋”、文字大小为 12px、黑色文字、白色背景显示，则只需要在样式中进行如下定义。

```
body
{
  font-family:"华文中宋";          /*设置字体*/
  font-size:12px;                  /*设置文字大小为 12px*/
  color:#000;                      /*设置文字颜色为黑色*/
  background-color:#fff;           /*设置背景颜色为白色*/
}
```

从上述代码片段中可以看出，这样的结构对于阅读 CSS 代码十分清晰，为方便以后编辑，还可以在每行后面添加注释说明。但是，这种写法虽然使得阅读 CSS 变得方便，却无形中增加了很多字节，对于有一定基础的 Web 设计人员可以将上述代码改写为如下格式。

```
body{font-family:"华文中宋";font-size:12px;color:#000;background-color:#fff;}
/*定义 body 的样式为 12px 大小的黑色华文中宋字体，且背景颜色为白色*/
```

2．选择符的类型

选择符决定了格式化将应用于哪些元素。CSS 选择符包括基本选择符、复合选择符、通用选择符、属性选择符和特殊选择符。最简单的选择符可以对给定类型的所有元素进行格式化，更复杂的选择符可以根据元素的 class 或 id、上下文、状态等来应用格式化规则。下面讲解基本选择符。

4.4.2 基本选择符

基本选择符包括标签选择符、class 类选择符和 id 选择符。

1．标签选择符

标签选择符是指以文档对象模型（DOM）作为选择符，即选择某个 HTML 标签为对象，设置其样式规则。一个 HTML 页面由许多不同的标签组成，而标签选择符就是声明哪些标签采用哪种 CSS 样式，因此，每一种 HTML 标签的名称都可以作为相应的标签选择符的名称。标签选择符就是网页元素本身，定义时直接使用元素名称。其格式：

```
E
{
  /*CSS 代码*/
}
```

其中，E 表示网页元素（Element）。例如以下代码表示的标签选择符：

```
body{                                        /*body 标签选择符*/
  font-size:13pt;background-image:url(images/back.gif)      /*定义 body 文字和背景图像*/
}
div{                                         /*div 标签选择符*/
  border:3px double #f00;                    /*边框为 3px 红色双线*/
  width:680px ;                              /*把所有的 div 元素定义为宽度为 680 像素*/
}
```

应用上述样式的代码如下。

```
<body>
<div>第一个 div 元素显示宽度为 680 像素</div><br/>
<div>第二个 div 元素显示宽度也为 680 像素</div>
</body>
```

浏览器中的显示效果如图 4-8 所示。

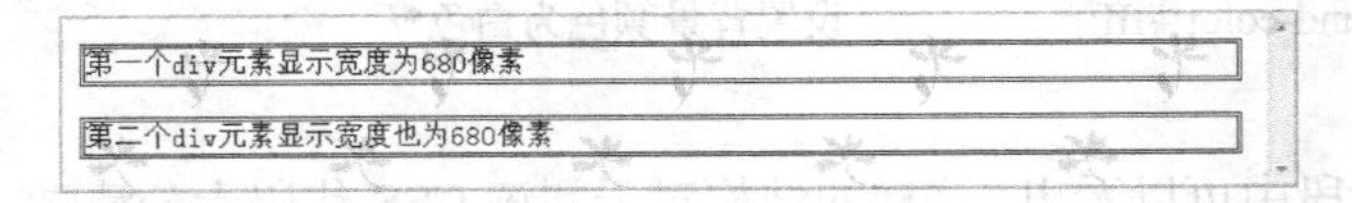

图 4-8　标签选择符

2．class 类选择符

class 类选择符用来定义 HTML 页面中需要特殊表现的样式，也称自定义选择符，使用元素的 class 属性值为一组元素指定样式，类选择符必须在元素的 class 属性值前加“.”。class 类选择符的名称可以由用户自定义，属性和值跟 HTML 标签选择符一样，必须符合 CSS 规范。

其格式：

```
<style type="text/css">
<!--
  .类名称 1{属性:属性值; 属性:属性值 …}
  .类名称 2{属性:属性值; 属性:属性值 …}
```

```
    …
  .类名称 n{属性:属性值; 属性:属性值 …}
-->
</style>
```

使用 class 类选择符时，需要使用英文.（点）进行标识。例如以下示例代码：

```
.blue{
  color:#00f;                /*class 类 blue 定义为蓝色文字*/
}
p{                           /*p 标签选择符*/
  border:2px dashed #f00;    /*边框为 2px 红色虚线*/
  width:280px ;              /*所有 p 元素定义为宽度为 280 像素*/
}
```

应用 class 类选择符的代码如下。

```
<h3 class="blue">标题可以应用该样式，文字为蓝色</h3>
<p class="blue">段落也可以应用该样式，文字为蓝色</p>
```

浏览器中的显示效果如图 4-9 所示。

图 4-9　class 类选择符

3．id 选择符

id 选择符用来对某个单一元素定义单独的样式。id 选择符只能在 HTML 页面中使用一次，针对性更强。定义 id 选择符时要在 id 名称前加上一个“#”号。其格式：

```
<style type="text/css">
<!--
  #id 名 1{属性:属性值; 属性:属性值 …}
  #id 名 2{属性:属性值; 属性:属性值 …}
    …
  #id 名 n{属性:属性值; 属性:属性值 …}
-->
</style>
```

其中，“#id 名”是定义的 id 选择符名称。该选择符名称在一个文档中是唯一的，只对页面中的唯一元素进行样式定义。这个样式定义在页面中只能出现一次，其适用范围为整个 HTML 文档中所有由 id 选择符所引用的设置。

例如以下示例代码：

```
#top {
      line-height:20px;              /*定义行高*/
      margin:15px 0px 0px 0px;       /*定义外补丁*/
      font-size:24px;                /*定义字号大小*/
      color:#F00;                    /*定义字体颜色*/
}
```

应用 id 选择符的代码如下。

```
<div>id 选择符以&ldquo;#&rdquo;开头（此 div 不带 id）</div>
```

```
<div id="top">id 选择符以&ldquo;#&rdquo;开头(此 div 带 id)</div>
```

浏览器中的浏览效果如图 4-10 所示。

id选择符以“#”开头（此div不带id）
id选择符以“#”开头(此div带id)

图 4-10 id 选择符

4.4.3 复合选择符

复合选择符包括“交集”选择符、“并集”选择符和“后代”选择符。

1.“交集”选择符

“交集”选择符由两个选择符直接连接构成，其结果是选中二者各自元素范围的交集。其中，第一个选择符必须是标签选择符，第二个选择符必须是 class 类选择符或 id 选择符。这两个选择符之间不能有空格，必须连续书写。

例如，如图 4-11 所示的“交集”选择符。第一个选择符是段落标签选择符，第二个选择符是 class 类选择符。

【演练 4-6】 “交集”选择符示例。文件 4-6.html 在浏览器中的显示效果如图 4-12 所示。

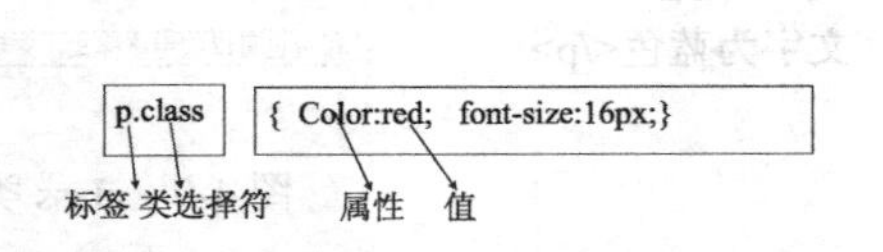

图 4-11 “交集”选择符

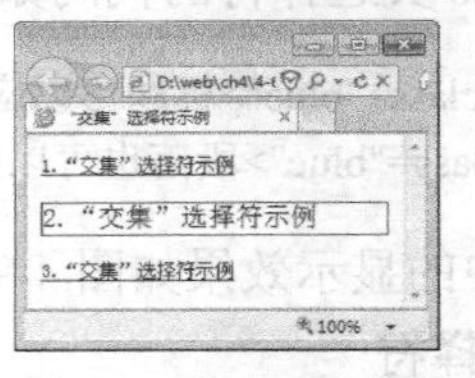

图 4-12 “交集”选择符

代码如下。

```
<html>
<head>
<title>“交集”选择符示例</title>
<style type="text/css">
p {
    font-size:14px;                    /*定义文字大小*/
    color:#00F;                        /*定义文字颜色为蓝色*/
    text-decoration:underline;         /*让文字带有下画线*/
}
.myContent {
    font-size:20px;                    /*定义文字大小为 18px*/
    text-decoration:none;              /*让文字不再带有下画线*/
    border:1px solid #C00;             /*设置文字带边框效果*/
}
</style>
</head>
<body>
<p>1.“交集”选择符示例</p>
<p class="myContent">2.“交集”选择符示例</p>
<p>3.“交集”选择符示例</p>
</body>
</html>
```

【说明】 页面中只有第 2 个段落使用了“交集”选择符，可以看到两个选择符样式交集的结果为字体大小为 20px、红色边框且无下画线。

2．“并集”选择符

与“交集”选择符相对应的还有一种“并集”选择符，或者称为“集体声明”。它的结果是同时选中各个基本选择符所选择的范围。任何形式的基本选择符都可以作为“并集”选择符的一部分。

例如，如图 4-13 所示的“并集”选择符。集合中分别是<h1>、<h2>和<h3>标签选择符，“集体声明”将为多个标签设置同一样式。

【演练 4-7】“并集”选择符示例，文件 4-7.html 在浏览器中的显示效果如图 4-14 所示。

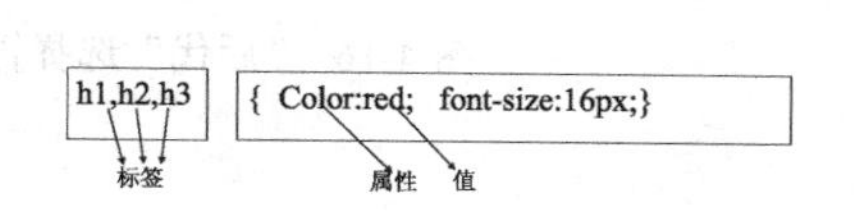

图 4-13　“并集”选择符

图 4-14　“并集”选择符

代码如下。

```
<html>
<head>
<title>“并集”选择符示例</title>
<style type="text/css">
h1,h2,h3{
    color: purple;                    /*定义文字颜色为紫色*/
}
h2.special,#one{
    text-decoration:underline;        /*让文字带有下画线*/
}
</style>
</head>
<body>
<h1>示例文字 h1</h1>
<h2 class="special">示例文字 h2</h2>
<h3>示例文字 h3</h3>
<h4 id="one">示例文字 h4</h4>
</body>
</html>
```

【说明】 页面中<h1>、<h2>和<h3>标签使用了“并集”选择符，可以看到这 3 个标签设置同一样式——文字颜色均为紫色。

3．“后代”选择符

在 CSS 选择符中，还可以通过嵌套的方式，对选择符或者 HTML 标签进行声明。当标签发生嵌套时，内层的标签就成为外层标签的后代。后代选择符在样式中会经常用到，因布局中常常用到容器的外层和内层，如果用到后代选择符就可以对某个容器层的子层控制，使其他同名的对象不受该规则影响。

后代选择符能够简化代码，实现大范围的样式控制。例如，当用户对<h1>标签下面的<span>标签进行样式设置时，就可以使用后代选择符进行相应的控制。后代选择符的写法就是把外层的标签写在前面，内层的标签写在后面，之间用空格隔开。

例如，如图 4-15 所示的“后代”选择符。外层的标签是<h1>，内层的标签是<span>，标签<span>就成为标签<h1>的后代。

【演练 4-8】“后代”选择符示例，文件 4-8.html 在浏览器中的显示效果如图 4-16 所示。

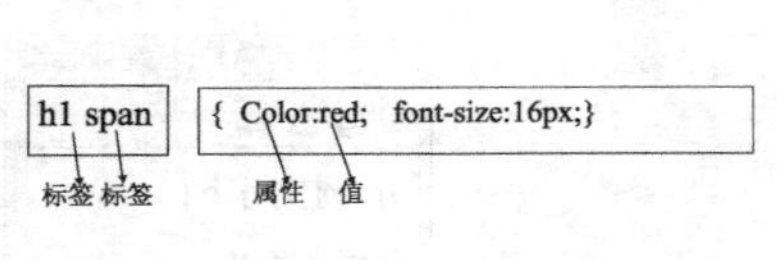

图 4-15 “后代”选择符

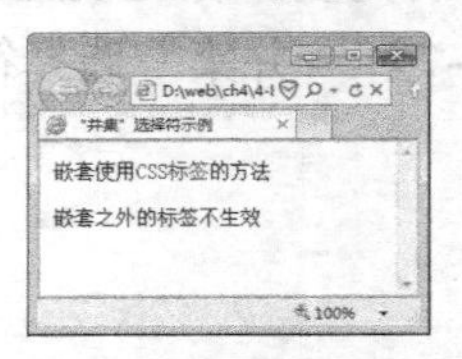

图 4-16 “后代”选择符

代码如下。

```
<html>
<head>
<title>“后代”选择符示例</title>
<style type="text/css">
p span{
   color:red;              /*定义段落中 span 标签文字颜色为红色*/
}
span{
   color:blue;             /*定义普通 span 标签文字颜色为蓝色*/
}
</style>
</head>
<body>
<p>嵌套使用<span>CSS 标签</span>的方法</p>
嵌套之外的<span>标签</span>不生效
</body>
</html>
```

4.4.4 通用选择符

通用选择符包括通配符选择符和通用兄弟元素选择符。

1. 通配符选择符

通配符选择符是一种特殊的选择符，用“*”表示，与 Windows 通配符“*”具有相似的功能，可以定义所有元素的样式。其格式：

*** {CSS 代码}**

例如，通常在制作网页时首先将页面中所有元素的外边距和内边距设置为 0，代码如下。

```
*{
   margin:0px;             /*外边距设置为 0*/
   padding:0px;            /*内边距设置为 0*/
}
```

此外，还可以对特定元素的子元素应用样式，例如以下代码：

```
* {color:#000;}          /*定义所有文字的颜色为黑色*/
p {color:#00f;}          /*定义段落文字的颜色为蓝色*/
p * {color:#f00;}        /*定义段落子元素文字的颜色为红色*/
```

应用上述样式的代码如下。

```
<h2>通配符选择符</h2>
<div>默认的文字颜色为黑色</div>
<p>段落文字颜色为蓝色</p>
<p><span>段落子元素的文字颜色为红色</span></p>
```

通配符选择符
默认的文字颜色为黑色
段落文字颜色为蓝色
段落子元素的文字颜色为红色

图 4-17　通配符选择符

浏览器中的浏览效果如图 4-17 所示。

从代码的执行结果可以看出，由于通配符选择符定义了所有文字的颜色为黑色，所以<h2>和<div>标签中文字的颜色为黑色。接着又定义了 p 元素的文字颜色为蓝色，所以<p>标签中文字的颜色呈现为蓝色。最后定义了 p 元素内所有子元素的文字颜色为红色，所以<p><span>和</span></p>之间的文字颜色呈现为红色。

2．通用兄弟元素选择符 E~F

通用兄弟元素选择符 E~F 用来指定位于同一个父元素之中的某个元素之后的所有其他某个种类的兄弟元素所使用的样式。其格式：

```
E~F：{att}
```

其中 E、F 均表示元素，att 表示元素的属性。通用兄弟元素选择符 E~F 表示匹配 E 元素之后的 F 元素。例如以下示例代码：

```
div ~ p {background-color:#c9a;}          /*E 元素为 div，F 元素为 p*/
```

应用此样式的结构代码如下。

```
<div style="width:233px; border: 1px solid #66f; padding:5px;">
<div>
  <p>匹配 E 元素后的 F 元素</p>        <!-- E 元素中的 F 元素，不匹配-->
  <p>匹配 E 元素后的 F 元素</p>        <!-- E 元素中的 F 元素，不匹配-->
</div>
<hr />
<p>匹配 E 元素后的 F 元素</p> <!-- E 元素后的 F 元素，匹配-->
<p>匹配 E 元素后的 F 元素</p> <!-- E 元素后的 F 元素，匹配-->
<hr />
<p>匹配 E 元素后的 F 元素</p> <!-- E 元素后的 F 元素，匹配-->
<hr />
<div>匹配 E 元素后的 F 元素</div> <!-- E 元素本身，不匹配-->
<hr />
<p>匹配 E 元素后的 F 元素</p> <!-- E 元素后的 F 元素，匹配-->
</div>
```

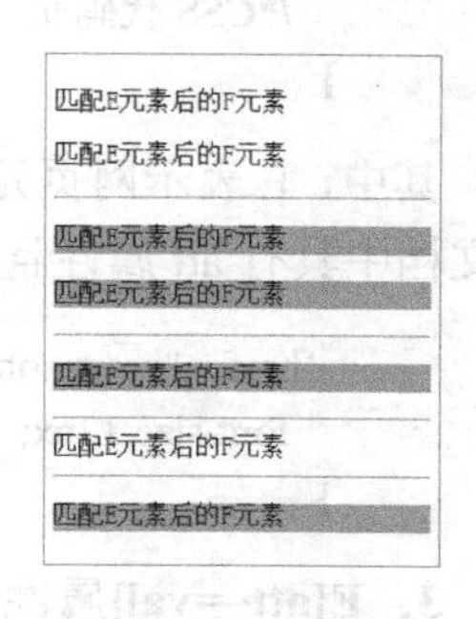

图 4-18　通用兄弟元素选择符

浏览器中的显示效果如图 4-18 所示。

4.4.5 属性选择符

属性选择符是在元素后面加一个中括号，其中列出各种属性或者表达式。属性选择符可以匹配 HTML 文档中元素定义的属性、属性值或属性值的一部分。属性选择符存在以下 7 种具体形式。

1．E[att]属性名选择符

E[att]属性名选择符用于存在属性的匹配，通过匹配存在的属性来控制元素的样式，一般要把匹配的属性包含在中括号内。其格式：

```
E[att]
{
   /*CSS 代码*/
}
```

其中，E 表示网页元素，att 表示元素的属性。E[att]属性名选择符匹配文档中具有 att 属性的 E 元素。例如以下示例代码：

```
h1[class]{
   color:red;                    /*作用任何带 class 属性的 h1 元素*/
}
img[alt]{
   border:none;                  /*作用任何带 alt 属性的 img 元素*/
}
a[href][title]{
   font-weight:bold;             /*作用同时带 href 和 title 属性的 a 元素*/
}
```

2．E[att=val]属性值选择符

E[att=val]属性值选择符用于精准属性匹配，只有当属性值完全匹配指定的属性值时才会应用样式。其格式：

```
E[att=val]
{
   /*CSS 代码*/
}
```

其中，E 表示网页元素，att 表示元素的属性，val 表示属性值。E[att=val]属性值选择符匹配文档中具有 att 属性且其值为 val 的 E 元素。例如以下示例代码：

```
a[href = "www.sohu.com"][title="搜狐"]{
   font-size:12px;          /*作用地址指向 www.sohu.com 并且 title 提示字样为"搜狐"的 a 元素*/
}
```

3．E[att~=val]属性值选择符

E[att~=val]属性值选择符用于空白分隔匹配，通过为属性定义字符串列表，然后只要匹配其中任意一个字符串即可控制元素样式。其格式：

```
E[att~=val]
{
  /*CSS 代码*/
}
```

其中，E 表示网页元素，att 表示元素的属性，val 表示属性值。E[att~=val]属性值选择符匹配文档中具有 att 属性且其中一个值（多个值使用空格分隔）为 val（val 不能包含空格）的 E 元素。例如以下示例代码：

```
a[title~="baidu"]
{
  color:red;
}
```

应用此样式的结构代码如下。

```
<a href="http://www.baidu.com/" title="www baidu com">红色</a>
```

其中，标签 a 的 title 属性包含 3 个值（多个值使用空格分隔），其中一个为 baidu，因此可匹配样式。

4．E[att|=val]属性值选择符

E[att|=val]属性值选择符用于连字符匹配，与空白匹配的功能和用法相同，但是连字符匹配中的字符串列表用连字符“-”进行分割。其格式：

```
E[att|=val]
{
  /*CSS 代码*/
}
```

其中，E 表示网页元素，att 表示元素的属性，val 表示属性值。E[att|=val]属性值选择符匹配文档中具有 att 属性且其中一个值为 val，或者以 val 开头紧随其后的是连字符“-”的 E 元素。例如以下示例代码：

```
*[lang|="en"]
{
  color: red;
}
```

应用此样式的结构代码如下。

```
<p lang="en">书的海洋</p>
<p lang="en-US">书的海洋</p>
```

5．E[att^=val]属性值子串选择符

E[att^=val]属性值子串选择符用于前缀匹配，只要属性值的开始字符匹配指定字符串，即可对元素应用样式，前缀匹配使用[^=]形式来实现。其格式：

```
E[att^=val]
{
```

```
    /*CSS 代码*/
}
```

其中，E 表示网页元素，att 表示元素的属性，val 表示属性值。E[att^=val]属性值子串选择符匹配文档中具有 att 属性且其值的前缀为 val 的 E 元素。例如以下示例代码：

```
p[title^="my"]{
    color:#f00;
}
```

应用此样式的结构代码如下。

```
<p title="myTest">匹配具有 att 属性且值以 val 开头的 E 元素</p>
```

6．E[att$=val]属性值子串选择符

E[att$=val]属性值子串选择符用于后缀匹配，与前缀相反，只要属性的结尾字符匹配指定字符。即可使用[$=]形式控制，其格式：

```
E[att$=val]
{
    /*CSS 代码*/
}
```

其中，E 表示网页元素，att 表示元素的属性，val 表示属性值。E[att$=val]属性值子串选择符匹配文档中具有 att 属性且其值的后缀为 val 的 E 元素。例如以下示例代码：

```
p[title$="Test"]{
    color:#f00;
}
```

应用此样式的结构代码如下。

```
<p title="myTest">匹配具有 att 属性且值以 val 结尾的 E 元素</p>
```

7．E[att*=val]属性值子串选择符

E[att*=val]属性值子串选择符用于子字符串匹配，只要属性中存在指定字符串即应用样式，使用[*=]形式控制。其格式：

```
E[att*=val]
{
    /*CSS 代码*/
}
```

其中，E 表示网页元素，att 表示元素的属性，val 表示属性值。E[att*=val]属性值子串选择符匹配文档中具有 att 属性且值包含 val 的 E 元素。例如以下示例代码：

```
p[title*="est"]{
    color:#f00;
}
```

应用此样式的结构代码如下。

```
<p title="myTest">匹配具有 att 属性且值包含 val 的 E 元素</p>
```

4.4.6 特殊选择符

前面已经讲解了多个常用的选择符，除此之外还有两个比较特殊的、针对属性操作的选择符——伪类选择符和伪元素。

1．伪类选择符

伪类选择符可看作是一种特殊的类选择符，是能支持 CSS 的浏览器自动识别的特殊选择符。其最大的用处是，可以对链接在不同状态下的内容定义不同的样式效果。伪类选择符之所以名字中有“伪”字，是因为它所指定的对象在文档中并不存在，它指定的是一个或与其相关的选择符的状态。伪类选择符和类选择符不同，不能像类选择符一样随意用其他的名字。

伪类选择符可以让用户在使用页面的过程中增加更多的交互效果，例如应用最为广泛的锚点标签<a>的几种状态（未访问链接状态、已访问链接状态、鼠标指针悬停在链接上的状态以及被激活的链接状态），具体代码如下所示。

```
a:link {color:#FF0000;}          /*未访问的链接状态*/
a:visited {color:#00FF00;}       /*已访问的链接状态*/
a:hover {color:#FF00FF;}         /*鼠标悬停在链接上的状态*/
a:active {color:#0000FF;}        /*被激活的链接状态*/
```

需要注意的是，active 样式要写到 hover 样式后面，否则是不能生效的。因为当浏览者按住鼠标未松手（active）的时候其实也是获取焦点（hover）的时候，所以如果把 hover 样式写到 active 样式后面，就会把样式重写。

【演练 4-9】 伪类的应用。当鼠标悬停在超链接的时候背景色变为其他颜色，文字字体变大，并且添加了边框线，待鼠标离开超链接时又恢复到默认状态，这种效果就可以通过伪类实现。本例文件 4-9.html 在浏览器中的显示效果如图 4-19 所示。

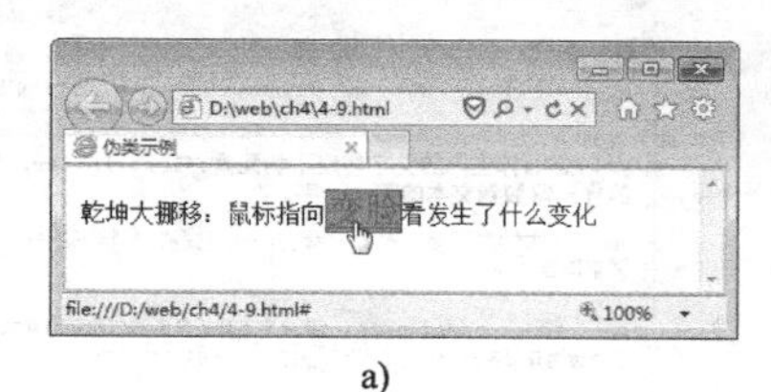

a)

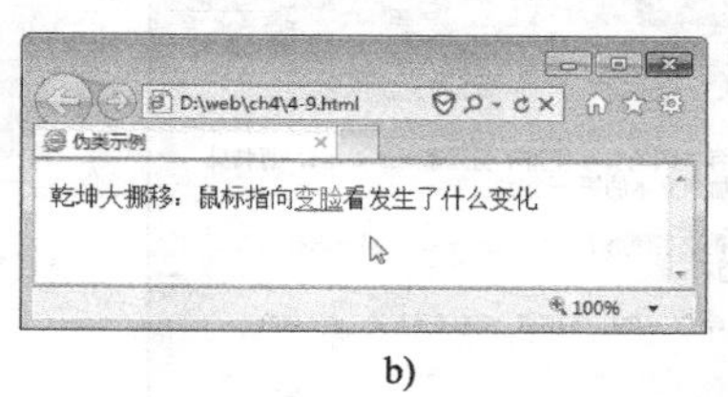

b)

图 4-19　伪类的应用

a) 鼠标悬停的时候　b) 鼠标离开超链接

代码如下。

```
<html>
<head>
<meta charset="gb2312">
<title>伪类示例</title>
<style type="text/css">
a:hover {
      background-color:#f6c;          /*定义背景颜色*/
      border:1px solid #f00;          /*定义边框粗细、类型及其颜色*/
```

```
        font-size:24px                    /*鼠标悬停时文字大小为 24px，字体变大*/
}
</style>
</head>
<body>
   <p>乾坤大挪移：鼠标指向<a href="#">变脸</a>看发生了什么变化</p>
</body>
</html>
```

2．伪元素

与伪类的方式类似，伪元素通过对插入到文档中的虚构元素进行触发，从而达到某种效果。伪元素语法的形式：

选择符：伪元素{属性：属性值;}

伪元素的具体内容及作用见表 4-2。

表 4-2　伪元素的内容及作用

伪元素	作　用
:first-letter	将特殊的样式添加到文本的首字母
:first-line	将特殊的样式添加到文本的首行
:before	在某元素之前插入某些内容
:after	在某元素之后插入某些内容

【演练 4-10】 伪元素的应用。IE 浏览器在伪类和伪元素的支持上十分有限，比如:before 与:after 就不被 IE 所支持，而 Opera 浏览器对伪类和伪元素的支持较好。本例文件 4-10.html 在 IE 浏览器中的显示效果如图 4-20 所示，在 Opera 浏览器中的显示效果如图 4-21 所示。

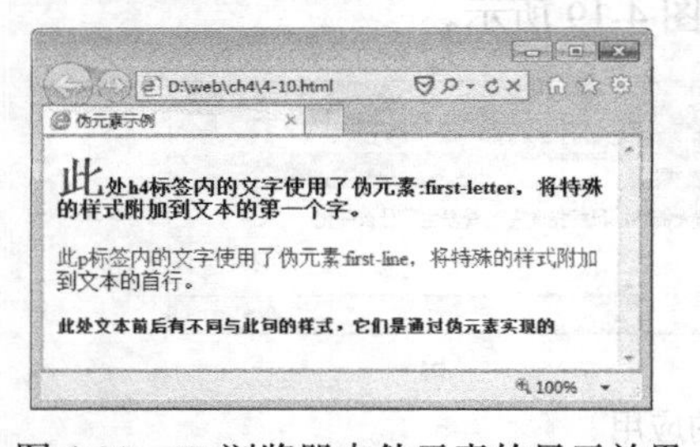

图 4-20　IE 浏览器中伪元素的显示效果

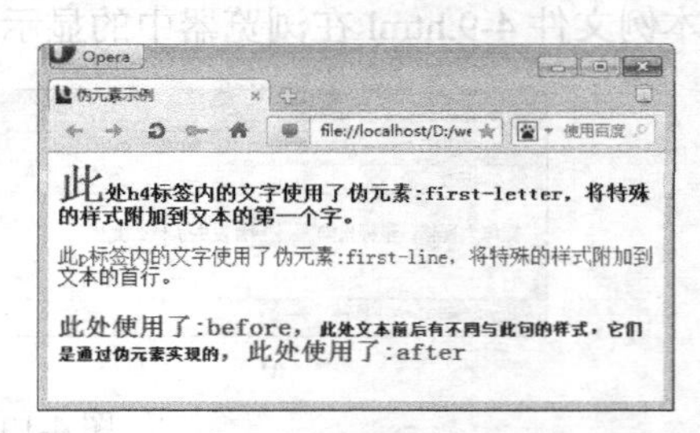

图 4-21　Opera 浏览器中伪元素的显示效果

代码如下。

```
<html>
<head>
<title>伪元素示例</title>
<style type="text/css">
h4:first-letter {
        color: #ff0000;
        font-size:36px;
}
p:first-line {
```

```
            color: #ff0000;
        }
        h5:before {
            font-size:20px;
            color: #ff0000;
            content:"此处使用了:before，";
        }
        h5:after {
            font-size:20px;
            color: #ff0000;
            content:"，此处使用了:after";
        }
    </style>
    </head>
    <body>
    <h4> 此处 h4 标签内的文字使用了伪元素:first-letter，将特殊的样式附加到文本的第一个字。
    </h4>
    <p>此 p 标签内的文字使用了伪元素:first-line，将特殊的样式附加到文本的首行。</p>
    <h5>此处文本前后有不同于此句的样式，它们是通过伪元素实现的</h5>
    </body>
    </html>
```

【说明】在以上示例代码中，首先分别对“h4:first-letter”“p:first-line”“h5:before”和“h5:after”进行了样式指派。从图 4-21 中可以看出，凡是<h4>与</h4>之间的内容，都应用了首字号增大且变为红色的样式；凡是<p>与</p>之间的内容，都应用了首行文字变为红色的样式；而在<h5>与</h5>标签之间的文字前后，虽然在页面结构代码中并没有其他文字内容，但通过浏览器解析后，为这段文字的前后添加了红色的文字，其原因就是 h5 元素预定义了:before 和:after 的样式。

4.5 CSS 的属性单位

在 CSS 文字、排版、边界等的设置上，常常会在属性值后加上长度或者百分比单位，通过本节的学习将掌握两种单位的使用。

4.5.1 长度、百分比单位

使用 CSS 进行排版时，常常会在属性值后面加上长度或者百分比的单位。

1．长度单位

长度单位有相对长度单位和绝对长度单位两种类型。

相对长度单位是指，以该属性前一个属性的单位值为基础来完成目前的设置。

绝对长度单位将不会随着显示设备的不同而改变。换句话说，属性值使用绝对长度单位时，不论在哪种设备上，显示效果都是一样的，如屏幕上的 1cm 与打印机上的 1cm 是一样长的。

由于相对长度单位确定的是一个相对于另一个长度属性的长度，因而它能更好地适应不同的媒体，所以它是首选的。一个长度的值由可选的正号“+”或负号“−”，接着一个数字，后跟表明单位的两个字母组成。

长度单位见表 4-3。当使用 pt 作单位时，设置显示字体大小不同，显示效果也会不同。

表 4-3　长度单位

长度单位	说　明	示　例	长度单位类型
em	相对于当前对象内大写字母 M 的宽度	div { font-size : 1.2em }	相对长度单位
ex	相对于当前对象内小写字母 x 的高度	div { font-size : 1.2ex }	相对长度单位
px	像素（pixel），像素是相对于显示器屏幕分辨率而言的	div { font-size : 12px }	相对长度单位
pt	点（point），1 pt = 1/72 in	div { font-size : 12pt }	绝对长度单位
pc	派卡（pica），相当于汉字新四号铅字的尺寸，1 pc =12 pt	div { font-size : 0.75pc }	绝对长度单位
in	英寸（inch），1 in = 2.54 cm = 25.4 mm = 72 pt = 6 pc	div { font-size : 0.13in }	绝对长度单位
cm	厘米（centimeter）	div { font-size : 0.33cm }	绝对长度单位
mm	毫米（millimeter）	div { font-size : 3.3mm }	绝对长度单位

2．百分比单位

百分比单位也是一种常用的相对类型，通常的参考依据为元素的 font-size 属性。百分比值总是相对于另一个值来说的，该值可以是长度单位或其他单位。每一个可以使用百分比值单位指定的属性，同时也自定义了这个百分比值的参照值。在大多数情况下，这个参照值是该元素本身的字体尺寸，并非所有属性都支持百分比单位。

一个百分比值由可选的正号“+”或负号“-”，接着一个数字，后跟百分号“%”组成。如果百分比值是正的，正号可以不写。正负号、数字与百分号之间不能有空格。例如：

```
p{ line-height: 200% }          /* 本段文字的高度为标准行高的 2 倍 */
hr{ width: 80% }                /* 水平线长度是相对于浏览器窗口的 80% */
```

注意，不论使用哪种单位，在设置时，数值与单位之间不能加空格。

4.5.2　色彩单位

在 HTML 网页或者 CSS 样式的色彩定义中，设置色彩的方式是 RGB 方式。在 RGB 方式中，所有色彩均由红色（Red）、绿色（Green）、蓝色（B1ue）3 种色彩混合而成。

在 HTML 标记中只提供了两种设置色彩的方法：十六进制数和色彩英文名称。CSS 则提供了 3 种定义色彩的方法：十六进制数、色彩英文名称、rgb 函数。

1．用十六进制数方式表示色彩值

在计算机中，定义每种色彩的强度范围为 0～255。当所有色彩的强度都为 0 时，将产生黑色；当所有色彩的强度都为 255 时，将产生白色。

在 HTML 中，使用 RGB 概念指定色彩时，前面是一个“#”号，再加上 6 个十六进制数字表示，表示方法：#RRGGBB。其中，前两个数字代表红光强度（Red），中间两个数字代表绿光强度（Green），后两个数字代表蓝光强度（Blue）。以上 3 个参数的取值范围：00～ff。参数必须是两位数。对于只有 1 位的参数，应在前面补 0。这种方法共可表示 256×256×256 种色彩，即 16M 种色彩。而红色、绿色、黑色、白色的十六进制设置值分别为#ff0000、#00ff00、#0000ff、#000000、#ffffff。例如下面的示例代码。

```
div { color: #ff0000 }
```

如果每个参数各自在两位上的数字都相同，也可缩写为#RGB 的方式。例如：#cc9900 可以缩写为#c90。

2．用色彩名称方式表示色彩值

在 CSS 中也提供了与 HTML 一样的用色彩英文名称表示色彩的方式。CSS 只提供了 16 种色彩名称，例如下面的示例代码。

```
div {color: red }
```

3．用 rgb 函数方式表示色彩值

在 CSS 中，可以用 rgb 函数设置所要的色彩。语法格式：rgb(R,G,B)。其中，R 为红色值，G 为绿色值，B 为蓝色值。这 3 个参数可取正整数值或百分比值，正整数值的取值范围为 0～255，百分比值的取值范围为色彩强度的百分比 0.0%～100.0%。例如下面的示例代码。

```
div { color: rgb(128,50,220) }
div { color: rgb(15%,100,60%) }
```

4.6　文档结构

CSS 通过与 HTML 文档结构相对应的选择符来达到控制页面表现的目的，文档结构在样式的应用中具有重要的角色。CSS 之所以强大，是因为它采用 HTML 文档结构来决定其样式的应用。

4.6.1　文档结构的基本概念

为了更好地理解“CSS 采用 HTML 文档结构来决定其样式的应用”这句话，首先需要理解文档是怎样结构化的，也为以后学习继承、层叠等知识打下基础。

【演练 4-11】 文档结构示例，本例文件 4-11.html 在浏览器中的显示效果如图 4-22 所示。代码如下。

```
<html>
<head>
<title>文档结构示例</title>
</head>
<body>
<h1>初识 CSS</h1>
<p>CSS 是一组格式设置规则，用于控制<em>Web</em>页面的外观。</p>
<ul>
  <li>CSS 的优点
    <ul>
      <li>表现和内容（结构）分离</li>
      <li>易于维护和<em>改版</em></li>
      <li>更好地控制页面布局</li>
    </ul>
  </li>
  <li>CSS 设计与编写原则</li>
</ul>
</body>
</html>
```

在 HTML 文档中，文档结构都是基于元素层次关系的，正如上面给出的示例代码，这种元素间的层次关系可以用如图 4-23 所示的树形结构来描述。

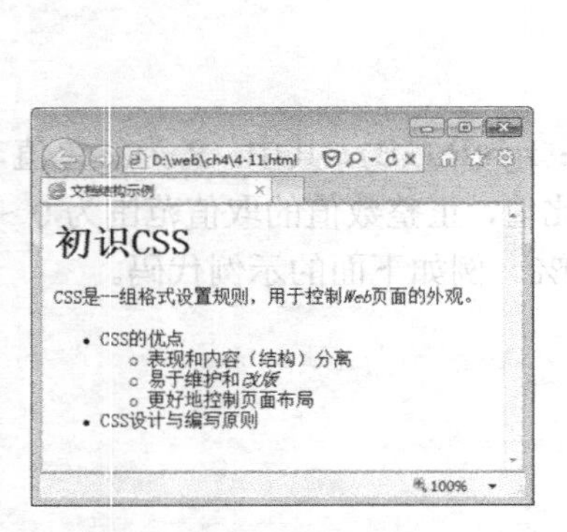

图 4-22　文档结构的示例效果

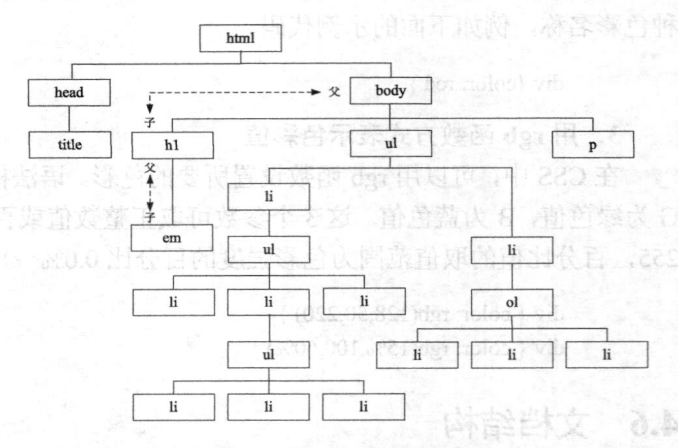

图 4-23　HTML 文档树形结构

在这样的层次图中，每个元素都处于文档结构中的某个位置，而且每个元素或是父元素，或是子元素，或既是父元素又是子元素。例如，文档中的 body 元素既是 html 元素的子元素，又是 h1、p 和 ul 的父元素。整个代码中，html 元素是所有元素的祖先，也称为根元素。前面讲解的“后代”选择符就是建立在文档结构基础上的。

4.6.2　继承

继承是指包含在内部的标签能够拥有外部标签的样式性，即子元素可以继承父元素的属性。CSS 的主要特征就是继承（Inheritance），它依赖于祖先—子孙关系，这种特性允许样式不仅应用于某个特定的元素，同时也应用于其后代，而后代所定义的新样式，却不会影响父代样式。

根据 CSS 规则，子元素继承父元素属性。如：

```
body{font-family:"微软雅黑";}
```

通过继承，所有 body 的子元素都应该显示“微软雅黑”字体，子元素的子元素也一样。

【演练 4-12】 CSS 继承示例，本例文件 4-12.html 在浏览器中显示的效果如图 4-24 所示。

代码如下。

```
<html>
<head>
<title>继承示例</title>
<style type="text/css">
p {
      color:#00f;                        /*定义文字颜色为蓝色*/
      text-decoration:underline;         /*增加下画线*/
}
p em{                                    /*em 子元素定义样式*/
      font-size:24px;                    /*定义文字大小为 24px*/
      color:#f00;                        /*定义文字颜色为红色*/
```

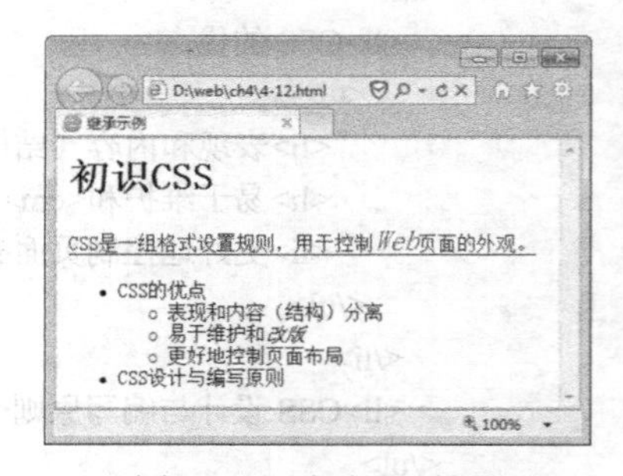

图 4-24　页面显示效果

```
}
</style>
</head>
<body>
<h1>初识 CSS</h1>
<p>CSS 是一组格式设置规则，用于控制<em>Web</em>页面的外观。</p>
<ul>
  <li>CSS 的优点
    <ul>
      <li>表现和内容（结构）分离</li>
      <li>易于维护和<em>改版</em></li>
      <li>更好地控制页面布局</li>
    </ul>
  </li>
  <li>CSS 设计与编写原则</li>
</ul>
</body>
</html>
```

【说明】从图 4-24 的显示效果可以看出，虽然 em 子元素重新定义了新样式，但其父元素 p 并未受到影响，而且 em 子元素中的内容还继承了 p 元素中设置的下画线样式，只是颜色和字体大小采用了自己的样式风格。

需要注意的是，不是所有属性都具有继承性，CSS 强制规定部分属性不具有继承性。下面这些属性不具有继承性：边框、外边距、内边距、背景、定位、布局、元素高度和宽度。

4.6.3 样式表的层叠、特殊性与重要性

1．样式表的层叠

层叠（cascade）是指 CSS 能够对同一个元素应用多个样式表的能力。前面介绍了在网页中引用样式表的 4 种方法，如果这 4 种方法同时出现，浏览器会以哪种方法定义的规则为准呢？这就涉及了样式表的优先级和叠加。所谓优先级，即是指 CSS 样式在浏览器中被解析的先后顺序。

一般原则是，最接近目标的样式定义优先级最高。高优先级样式将继承低优先级样式的未重叠定义，但覆盖重叠的定义。根据规定，样式表的优先级别从高到低为：行内样式表、内部样式表、链接样式表、导入样式表和默认浏览器样式表。浏览器将按照上述顺序执行样式表的规则。

样式表的层叠性就是继承性，样式表的继承规则：外部的元素样式会保留下来，由这个元素所包含的其他元素继承；所有在元素中嵌套的元素都会继承外层元素指定的属性值，有时会把多层嵌套的样式叠加在一起，除非进行更改；遇到冲突的地方，以最后定义的为准。

【演练 4-13】 样式表的层叠示例。

首先链入一个外部样式表，其中定义了 h2 选择符的 color、text-align 和 font-size 属性（标题 2 的文字色彩为蓝色，向左对齐，大小为 8pt）：

```
h2{
  color: blue;
```

```
    text-align: left;
    font-size: 8pt;
}
```

然后在内部样式表中也定义 h2 选择符的 text-align、font-size 和 border 属性：

```
h2{                    /* 标题 2 文字向右对齐；大小为 24pt，蓝色虚线边框*/
    text-align:right;
    font-size: 24pt;
    border:2px dashed #00f;
}
```

那么这个页面叠加后的样式等价于以下代码：

```
h2{
    color: blue;
    text-align: right;
    font-size: 24pt;
    border:2px dashed #00f;
```

应用此样式的结构代码：

```
<h2>文字色彩为蓝色，向右对齐，大小为 24pt，蓝色虚线边框</h2>
```

浏览器中的显示效果如图 4-25 所示。

图 4-25　<h2>标签的叠加样式

【说明】字体色彩从外部样式表保留下来，而当对齐方式和字体尺寸各自都有定义时，按照后定义的优先的规则使用内部样式表的定义。

【演练 4-14】 样式表的层叠示例。

在 div 标签中嵌套 p 标签：

```
div {
    color: red;
    font-size:13pt;
}
p {
    color: blue;
}
```

应用此样式的结构代码：

```
<div>
    <p>这个段落的文字为蓝色 13 号字</p>    <!-- p 元素里的内容会继承 div 定义的属性 -->
```

```
</div>
```

浏览器中的显示效果如图 4-26 所示。

图 4-26　样式表的层叠

【说明】显示结果为表示段落里的文字大小为 13 号字，继承 div 属性；而 color 属性则依照最后的定义，为蓝色。

2．特殊性

在编写 CSS 代码的时候，会出现多个样式规则作用于同一个元素的情况，特殊性描述了不同规则的相对权重，当多个规则应用到同一个元素时，权重越大的样式会优先采用。

例如，有以下 CSS 代码片段：

```
.color_red{
  color:red;
}
p{
  color:blue;
}
```

应用此样式的结构代码：

```
<div>
  <p class="color_red">这里的文字颜色是红色</p>
</div>
```

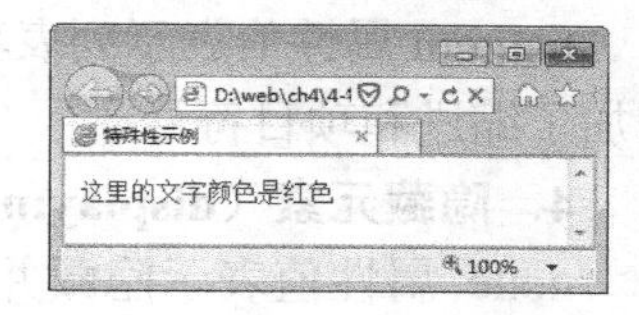

图 4-27　样式的特殊性

浏览器中的显示效果如图 4-27 所示。

正如上述代码所示，预定义的<p>标签样式和.color_red 类样式都能匹配上面的 p 元素，那么<p>标签中的文字该使用哪一种样式呢？

根据规范，通配符选择符具有特殊性值 0；基本选择符（例如 p）具有特殊性值 1；类选择符具有特殊性值 10；id 选择符具有特殊性值 100；行内样式（style=""）具有特殊性值 1000。选择符的特殊性值越大，规则的相对权重就越大，样式会被优先采用。

对于上面的示例，显然类选择符.color_red 要比基本选择符 p 的特殊性值大，因此<p>标签中的文字的颜色是红色的。

3．重要性

不同的选择符定义相同的元素时，要考虑不同选择符之间的优先级（id 选择符、类选择符和 HTML 标签选择符），id 选择符的优先级最高，其次是类选择符，HTML 标签选择符最低。如果想超越这三者之间的关系，可以用!important 来提升样式表的优先权，例如：

```
p { color: #f00!important }
.blue { color: #00f}
#id1 { color: #ff0}
```

同时对页面中的一个段落加上这 3 种样式，它会依照被!important 申明的 HTML 标签选择符的样式，显示红色文字。如果去掉!important，则依照优先权最高的 id 选择符，显示黄色文字。

最后还需注意，不同的浏览器对于 CSS 的理解是不完全相同的。这就意味着，并非全部的 CSS 都能在各种浏览器中得到同样的结果。所以，最好使用多种浏览器检测一下。

4.6.4 元素类型

在前面已经以文档结构树形图的形式讲解了文档中元素的层次关系，这种层次关系同时也要依赖于这些元素类型间的关系。CSS 使用 display 属性规定元素应该生成的框的类型，任何元素都可以通过 display 属性改变默认的显示类型。

1．块级元素（display:block）

display 属性设置为 block 将显示块级元素，块级元素的宽度为 100%，而且后面隐藏附带有换行符，使块级元素始终占据一行。如<div>常常称为块级元素，这意味着这些元素显示为一块内容。标题、段落、列表、表格、分区 div 和 body 等元素都是块级元素。

2．行级元素（display:inline）

行级元素也称内联元素，display 属性设置为 inline 将显示行级元素，元素前后没有换行符，行级元素没有高度和宽度，因此也就没有固定的形状，显示时只占据其内容的大小。超链接、图像、范围 span、表单元素等都是行级元素。

3．列表项元素（display:list-item）

listitem 属性值表示列表项目，其实质上也是块状显示，不过是一种特殊的块状类型，它增加了缩进和项目符号。

4．隐藏元素（display:none）

none 属性值表示隐藏并取消盒模型，所包含的内容不会被浏览器解析和显示。通过把 display 设置为 none，该元素及其所有内容就不再显示，也不占用文档中的空间。

5．其他分类

除了上述常用的分类之外，还包括以下分类：

display : inline-table | run-in | table | table-caption | table-cell | table-column | table-column-group | table-row | table-row-group | inherit

如果从布局角度来分析，上述显示类型都可以划归为 block 和 inline 两种，其他类型都是这两种类型的特殊显示，真正能够应用并获得所有浏览器支持的只有 4 个：none、block、inline 和 listitem。

4.6.5 案例——制作光影世界作品欣赏明细页面

本节将结合本章所讲的基础知识制作光影世界作品欣赏明细页面。

【演练 4-15】 制作光影世界作品欣赏明细页面，本例文件 4-15.html 在浏览器中的显示效果如图 4-28 所示。

1．前期准备

（1）栏目目录结构

在栏目文件夹下创建文件夹 images 和 css，分别用来存放图像素材和外部样式表文件。

（2）页面素材

将本页面需要使用的图像素材存放在文件夹 images 下。

（3）外部样式表

在文件夹 css 下新建一个名为 style.css 的样式表文件。

图 4-28　光影世界作品欣赏明细页面

2．制作页面

CSS 文件的代码如下。

```
/*页面全局样式——父元素*/
body {
    font-family:arial;
    font-size:12px;                /*文字大小为 12px*/
    padding:0px;                   /*内边距为 0px*/
    margin:0px;                    /*外边距为 0px*/
    background:#f8f8f8;            /*浅灰色背景*/
}
a{
    text-decoration:none;          /*链接无修饰*/
}
img{
    border:none;                   /*图像无边框*/
}
/*页面主体样式*/
.main {                            /*设置页面主体的样式*/
    width:1000px;                  /*页面主体宽度为 1000px*/
    margin:auto;                   /*上下左右都自动适应*/
```

```
        background:#fff;              /*白色背景*/
        padding:3px;                  /*内边距为 3px*/
}
.matter3{                             /*设置容器的样式*/
        width:1000px;
        margin:auto;
        margin-top:6px;               /*上外边距为 6px*/
        overflow:hidden;              /*溢出隐藏*/
}
.matter3 .left{                       /*设置容器左侧栏目的样式*/
        width:760px;                  /*栏目宽度为 760px*/
        float:left;                   /*向左浮动*/
}
.bitou{                               /*设置页面顶部当前位置的样式*/
        color:#333;                   /*文字颜色为深灰色*/
}
.bitou a{                             /*设置当前位置超链接的样式*/
        color:#333;                   /*正常链接的颜色为深灰色*/
}
.bitou a:hover{                       /*设置当前位置鼠标悬停链接的样式*/
        color:#1693ff;                /*悬停链接的颜色为天蓝色*/
}
.content6{                            /*设置内容区域的样式*/
        width:730px;
        background:#f0f0f0;           /*浅灰色背景*/
        margin:10px auto;             /*上下外边距 10px，左右水平居中对齐*/
        border:1px solid #dddddd;     /*边框为 1px 实线浅灰色边框*/
        padding:15px;                 /*内边距为 15px*/
}
.xianq{                               /*设置人间仙境简介区域的样式*/
        width:730px;
        margin:0px auto 10px;         /*上外边距 0px，下外边距 10px，左右水平居中对齐*/
        background:#f9f9f9;
        border:1px solid #dddddd;     /*边框为 1px 实线浅灰色边框*/
        font-size:16px;
        color:#737373;                /*文字颜色为深灰色*/
        text-align:center;            /*文字水平居中对齐*/
        padding:15px 0px;             /*上、下内边距 15px，左右内边距 0px*/
        font-weight:bold;             /*字体加粗*/
}
.content6 .xianq p{                   /*设置人间仙境简介段落的样式*/
        font-size:12px;               /*文字大小为 12px*/
        font-weight:normal;           /*文字正常粗细*/
        text-align:left;              /*文字左对齐*/
        padding:0px 10px;             /*上、下内边距 0px，左右内边距 10px*/
        line-height:24px;             /*行高 24px*/
}
.riqi{                                /*设置发布日期的样式*/
        text-align:center;            /*文字水平居中对齐*/
```

```
        color:#a6a6a6;                /*文字颜色为浅灰色*/
        padding-bottom:10px;          /*下内边距 10px*/
    }
    .wai{                             /*设置景色区域一的样式*/
        width:730px;
        height:auto;                  /*高度自适应*/
        background:#fff;              /*白色背景*/
        border:1px solid #dddddd;     /*边框为 1px 实线浅灰色边框*/
        text-align:center;            /*文字水平居中对齐*/
        padding:10px 0px;             /*上下内边距 10px，左右内边距 0px*/
    }
    .wai img{                         /*设置景色区域一图像的样式*/
        vertical-align:middle;        /*图像垂直方向居中对齐*/
    }
    .matter3 .left .a02{              /*设置景色区域二的样式*/
        width:760px;
        height:500px;
        background:#fff;
        border:1px solid #dddddd;
        vertical-align:middle;
        text-align:center;
        background:#f0f0f0;
    }
    .matter3 .left .a02 img{          /*设置景色区域一图像的样式*/
        vertical-align:middle;        /*图像垂直方向居中对齐*/
        padding:15px 0px;             /*上、下内边距 15px，左右内边距 0px*/
    }
    .xianq1{                          /*设置底部简介区域的样式*/
        width:719px;
        margin:10px auto 10px;        /*上、下外边距 10px，左右水平居中对齐*/
        background:#f9f9f9;
        border:1px solid #dddddd;     /*边框为 1px 实线浅灰色边框*/
        font-size:16px;
        color:#737373;
        text-align:left;              /*文字左对齐*/
        font-size:12px;
        font-weight:normal;           /*文字正常粗细*/
        padding:0px 20px;
        line-height:24px;             /*行高 24px*/
    }
```

网页结构文件的 HTML 代码如下。

```
<!doctype html>
<html>
<head>
<meta charset="gb2312">
<title>光影世界作品欣赏明细</title>
<link href="css/style.css" rel="stylesheet" type="text/css" />
```

```
</head>
<body>
<div class="main">
  <div class="matter3">
    <div class="left">
      <div class="bitou">您现在的位置：<a href="#"> 首页</a>> <a href="#"> 作品欣赏</a> > <a href="#">环球影城作品</a> >人间仙境
      </div>
      <div class="content6">
        <div class="xianq">人间仙境
          <p>九寨沟：世界自然遗产、国家重点风景名胜区、国家……（此处省略文字）</p>
        </div>
        <div   class="riqi"> 时 间 :2017-5-12   10:51     地 点 : 九 寨 沟     摄影:肥猫  热度:390 次
        </div>
        <div class="wai"><img src="images/detail_1.jpg">
        </div>
      </div>
      <div class="a02">
        <img src="images/detail_2.jpg">
      </div>
      <div class="xianq1">
        <p>九寨沟：世界自然遗产、国家重点风景名胜区、国家……（此处省略文字）</p>
      </div>
    </div>
  </div>
</div>
</body>
</html>
```

【说明】由于尚未讲解 CSS 盒模型的浮动与定位，因此，本案例在制作某些页面效果时采用的是使用 HTML 标签的方法实现。在本书第 5 章讲解了 CSS 盒模型的知识后，读者可以参考本书提供的光影世界完整网站的页面，在本案例的基础上进一步美化页面效果。

4.7 课堂综合实训——使用 CSS 制作家具商城简介页面

【实训要求】使用 CSS 制作家具商城简介页面，本例文件 4-16.html 在浏览器中显示的效果如图 4-29 所示。

1．前期准备

（1）目录结构

在实训文件夹下创建文件夹 images 和 css，分别用来存放图像素材和外部样式表文件。

（2）页面素材

将本页面需要使用的图像素材存放在文件夹 images 下。

（3）外部样式表

在文件夹 css 下新建一个名为 style.css 的样式表文件。

图 4-29　家具商城简介页面

2．制作页面

CSS 文件的代码如下。

```
*{                               /* *表示针对 HTML 的所有元素*/
    padding:0px;                 /*内边距为 0px*/
    margin:0px;                  /*外边距为 0px*/
    line-height: 20px;           /*行高 20px*/
}
body{                            /*设置页面整体样式*/
    height:100%;                 /*高度为相对单位*/
    background-color:#f3f1e9;    /*浅灰色背景*/
    position:relative;           /*相对定位*/
}
img{
    border:0px;                  /*图片无边框*/
}
#main_block{                     /*设置主体容器的样式*/
    font-family:Arial, Helvetica, sans-serif;
    font-size:12px;              /*设置文字大小为 12px*/
    color:#464646;               /*设置默认文字颜色为灰色*/
    overflow:hidden;             /*溢出隐藏*/
    float:left;                  /*向左浮动*/
    width:752px;                 /*设置容器宽度为 752px*/
}
.content_main{                   /*设置内容区域的样式*/
    width:720px;
    float:left;                  /*向左浮动*/
    padding:20px 0 10px 20px;    /*上、右、下、左的内边距依次为 20px,0px,10px,20px*/
}
.box_details{                    /*设置详细信息盒子的样式*/
    padding:10px 0 10px 0;       /*上、右、下、左的内边距依次为 10px,0px,10px,0px*/
    margin:10px 20px 10px 0;     /*上、右、下、左的外边距依次为 10px,20px,10px,0px*/
    clear:both;                  /*清除所有浮动*/
```

```
}
.box_details p{                          /*设置盒子中段落的样式*/
      padding:5px 15px 5px 15px;  /*上、右、下、左的内边距依次为 5px,15px,5px,15px*/
      text-indent:2em                  /*首行缩进*/
}
img.right{                                /*设置图片对齐方式*/
      float:right;                        /*向右浮动*/
      padding:0 0 0 30px;             /*上、右、下、左的内边距依次为 0px,0px,0px,30px*/
}
```

网页结构文件的 HTML 代码如下。

```
<!doctype html>
<html>
<head>
<meta charset="gb2312">
<title>关于页</title>
<link rel="stylesheet" type="text/css" href="css/style.css" />
</head>
<body>
<div id="main_block">
  <div class="content_main">
     <h1>商城简介</h1>
     <div class="box_details">
        <p> <img src="images/intro.jpg" alt="" title="" class="right" />家具商城是全国最大的综合性家具在线购物商城，由国内著名家具设计开发机构……（此处省略文字）</p>
        <p>家具商城自开业 5 年来，大力拓展发展自有品牌。从网上百货商场拓展到网上购物中心的同时，也在大力开放平台。目前，平台商店数量已超过 1000 家，……（此处省略文字）</p>
        <p>家具商城拥有业界公认的一流的运营网络。目前有 15 个运营中心，主要负责厂商收货、仓储、库存管理、订单发货、调拨发货、客户退货、返厂……（此处省略文字）</p>
     </div>
  </div>
</div>
</body>
</html>
```

【说明】 在本页面中，图片四周的空白间隙是通过“padding:0 0 0 30px;”来实现的，表示图像的左内边距为 30px，使图像和其左侧的文字之间具有一定的空隙，这种效果可以通过盒模型的边距来设置，请读者参考第 5 章讲解的 CSS 盒模型的边距的相关知识。

习题

1）使用伪类相关的知识制作鼠标悬停效果。当鼠标未悬停在链接上时，显示如图 4-30a 所示，当鼠标悬停在链接上时，显示如图 4-30b 所示。

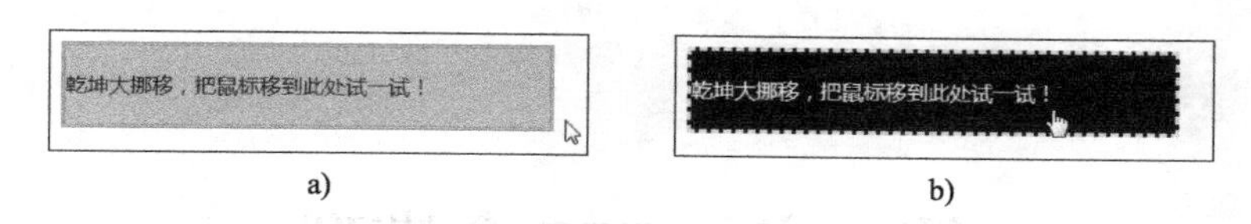

图 4-30　题 1 图

2）建立内部样式表，制作如图 4-31 所示的页面。

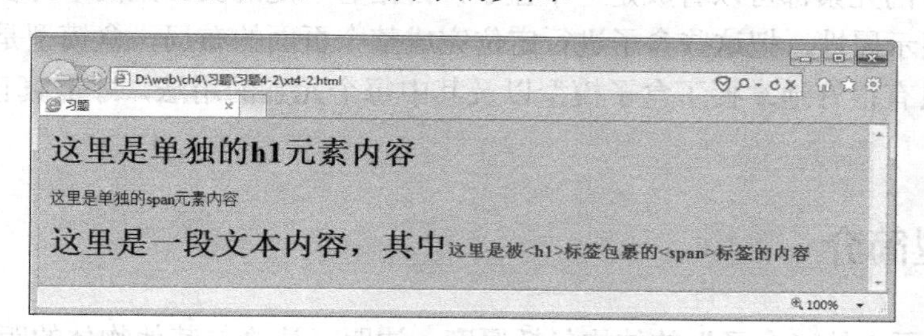

图 4-31　题 2 图

3）使用 CSS 制作家具商城产品特色局部页面，如图 4-32 所示。

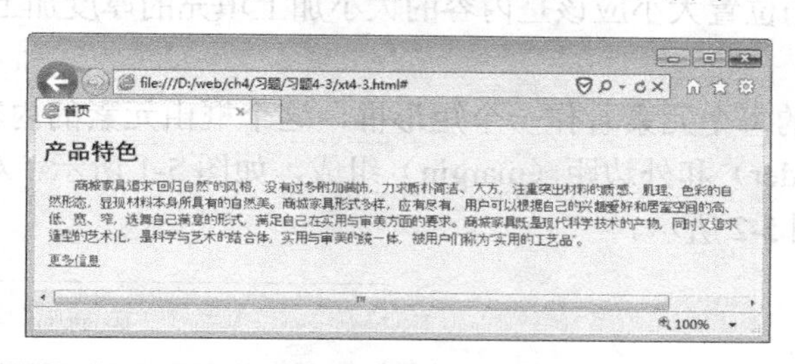

图 4-32　题 3 图

4）使用 CSS 制作光影世界摄影社区页面，如图 4-33 所示。

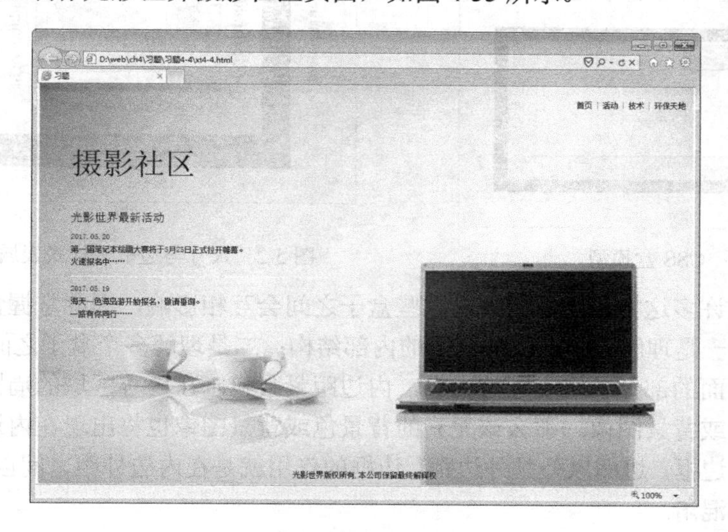

图 4-33　题 4 图

第 5 章　CSS 盒模型

页面中所有的元素都可以看成是一个盒子，占据着一定的页面空间，可以通过 CSS 来控制这些盒子的显示属性，把这些盒子进行定位完成整个页面的布局，盒模型是 CSS 定位布局的核心内容。只有很好地掌握了盒子模型以及其中每个元素的用法，才能真正地控制好页面中的各个元素。

5.1　盒模型简介

在 Web 页面中的“盒子”的结构包括厚度、边距（边缘与其他物体的距离）、填充（填充厚度）。引申到 CSS 中，就是 border、margin 和 padding。当然，不能少了内容。也就是说整个盒子在页面中占的位置大小应该是内容的大小加上填充的厚度加上边框的厚度再加上它的边距。

盒模型将页面中的每个元素看作一个矩形框，这个框由元素的内容（content）、内边距（padding）、边框（border）和外边距（margin）组成，如图 5-1 所示。对象的尺寸与边框等样式表属性的关系，如图 5-2 所示。

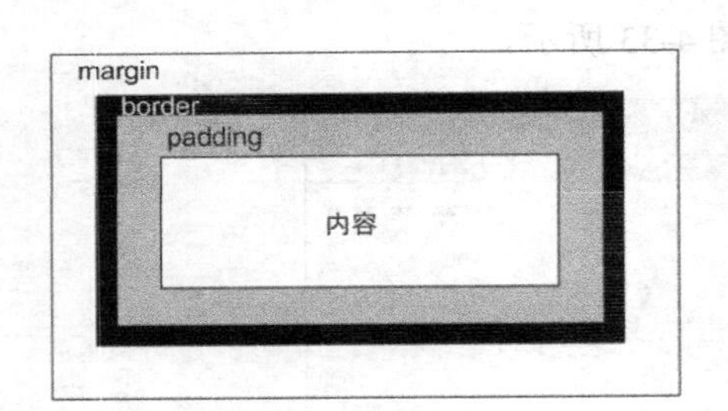

图 5-1　CSS 盒模型

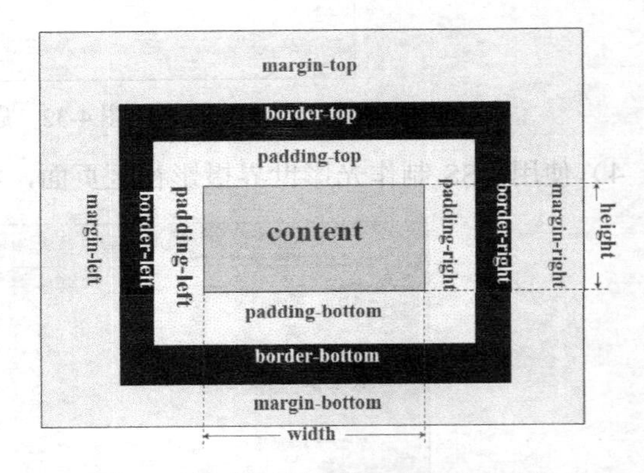

图 5-2　尺寸与边框等样式表属性的关系

一个页面由许多这样的盒子组成，这些盒子之间会互相影响，因此掌握盒子模型需要从两方面来理解：一是理解一个孤立的盒子的内部结构；二是理解多个盒子之间的相互关系。

盒模型最里面的部分就是实际的内容，内边距紧紧包围在内容区域的周围，如果给某个元素添加背景色或背景图像，那么该元素的背景色或背景图像也将出现在内边距中。在内边距的外侧边缘是边框，边框以外是外边距。边框的作用就是在内边外距之间创建一个隔离带，以避免视觉上的混淆。

例如，在如图 5-3 所示的相框列表中，可以把相框看成是一个个盒子，相片看成盒子的内容（content）；相片和相框之间的距离就是内边距（padding）；相框的厚度就是边框（border）；相框之间的距离就是外边距（margin）。

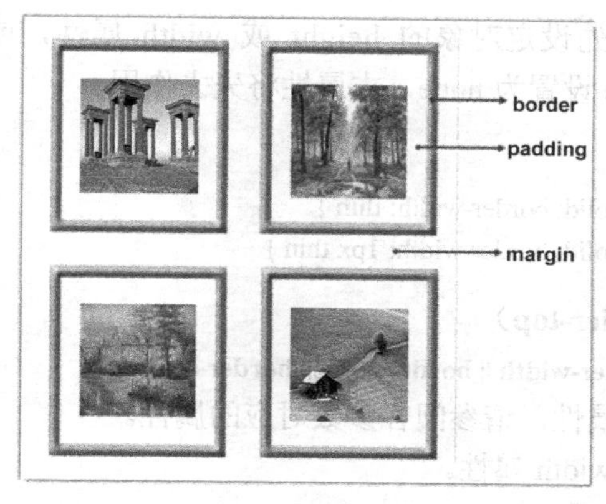

图 5-3　盒模型示例

默认情况下盒子的边框是无，背景色是透明，所以在默认情况下看不到盒子。内边距、边框和外边距这些属性都是可选的，默认值都是 0。但是，许多元素将由用户代理样式表设置外边距和内边距。为了解决这个问题，可以通过将元素的 margin 和 padding 设置为 0 来覆盖这些浏览器样式。通常在 CSS 样式文件中输入以下代码：

```
*{
  margin: 0;
  padding: 0;
}
```

5.2　边框、外边距与内边距

padding-border-margin 模型是一个极其通用的描述盒子布局形式的方法。对于任何一个盒子，都可以分别设定 4 条边的 padding、border 和 margin，实现各种各样的排版效果。

5.2.1　边框

边框一般用于分隔不同元素，边框的外围即为元素的最外围。边框是围绕元素内容和内边距的一条或多条线，border 属性允许规定元素边框的宽度、颜色和样式。

常用的边框属性有 7 项：border-top、border-right、border-bottom、border-left、border-width、border-color、border-style。其中 border-width 可以一次性设置所有的边框宽度，border-color 设置四面边框的颜色时，可以连续写上 4 种颜色，并用空格分隔。上述连续设置的边框都是按 border-top、border-right、border-bottom、border-left 的顺序（顺时针）。

1．所有边框宽度（border-width）

语法：**border-width : medium | thin | thick | length**

参数：medium 为默认宽度，thin 为小于默认宽度，thick 为大于默认宽度。length 是由数字和单位标识符组成的长度值，不可为负值。

说明：如果提供全部 4 个参数值，将按上、右、下、左的顺序作用于 4 个边框。如果只提供一个，将用于全部的 4 条边。如果提供两个，第 1 个用于上、下，第 2 个用于左、右。如果提供 3 个，第 1 个用于上，第 2 个用于左、右，第 3 个用于下。

要使用该属性，必须先设定对象的 height 或 width 属性，或者设定 position 属性为 absolute。如果 border-style 设置为 none，本属性将失去作用。

示例：

```
span { border-style: solid; border-width: thin }
span { border-style: solid; border-width: 1px thin }
```

2．上边框宽度（border-top）

语法：**border-top : border-width || border-style || border-color**

参数：该属性是复合属性。请参阅各参数对应的属性。

说明：请参阅 border-width 属性。

示例：

```
div { border-bottom: 25px solid red; border-left: 25px solid yellow; border-right: 25px solid blue;
border-top: 25px solid green }
```

3．右边框宽度（border-right）

语法：**border-right : border-width || border-style || border-color**

参数：该属性是复合属性。请参阅各参数对应的属性。

说明：请参阅 border-width 属性。

4．下边框宽度（border-bottom）

语法：**border-bottom : border-width || border-style || border-color**

参数：该属性是复合属性。请参阅各参数对应的属性。

说明：请参阅 border-width 属性。

5．左边框宽度（border-left）

语法：**border-left : border-width || border-style || border-color**

参数：该属性是复合属性。请参阅各参数对应的属性。

说明：请参阅 border-width 属性。

示例：

```
h4{border-top-width: 2px; border-bottom-width: 5px; border-left-width: 1px; border-right-width: 1px}
```

6．边框颜色（border-color）

语法：**border-color : color**

参数：color 指定颜色。

说明：要使用该属性，必须先设定对象的 height 或 width 属性，或者设定 position 属性为 absolute。如果 border-width 等于 0 或 border-style 设置为 none，本属性将失去作用。

示例：

```
body { border-color: silver red }
body { border-color: silver red rgb(223, 94, 77) }
body { border-color: silver red rgb(223, 94, 77) black }
h4 { border-color: #ff0033; border-width: thick }
p { border-color: green; border-width: 3px }
p { border-color: #666699 #ff0033 #000000 #ffff99; border-width: 3px }
```

7．边框样式（border-style）

语法：**border-style : none | hidden | dotted | dashed | solid | double | groove | ridge | inset | outset**

参数：border-style 属性包括以下多个边框样式的参数。

none：无边框，与任何指定的 border-width 值无关。

dotted：边框为点线。

dashed：边框为长短线。

solid：边框为实线。

double：边框为双线。两条单线与其间隔的和等于指定的 border-width 值。

groove：根据 border-color 的值画三维凹槽。

ridge：根据 border-color 的值画菱形边框。

inset：根据 border-color 的值画三维凹边。

outset：根据 border-color 的值画三维凸边。

说明：如果提供全部 4 个参数值，将按上、右、下、左的顺序作用于 4 个边框。如果只提供 1 个，将用于全部的 4 条边。如果提供两个，第 1 个用于上、下，第 2 个用于左、右。如果提供 3 个，第 1 个用于上，第 2 个用于左、右，第 3 个用于下。

要使用该属性，必须先设定对象的 height 或 width 属性，或者设定 position 属性为 absolute。

如果 border-width 不大于 0，本属性将失去作用。

【演练 5-1】 边框样式的不同表现形式。本例文件 5-1.html 在 IE 浏览器中的显示效果如图 5-4 所示，在 Opera 浏览器中的显示效果如图 5-5 所示。

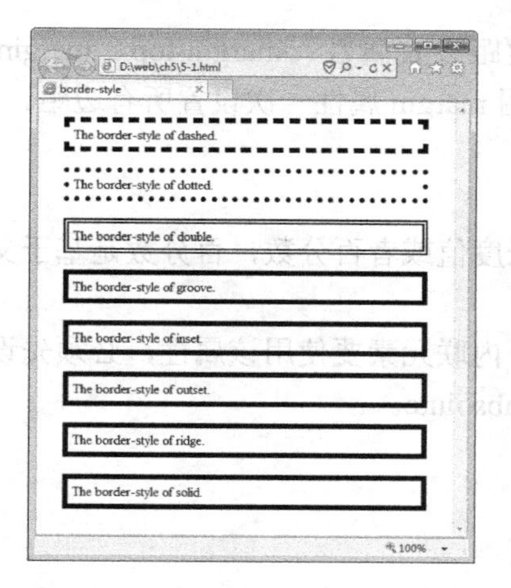

图 5-4　IE 浏览器中的边框样式效果

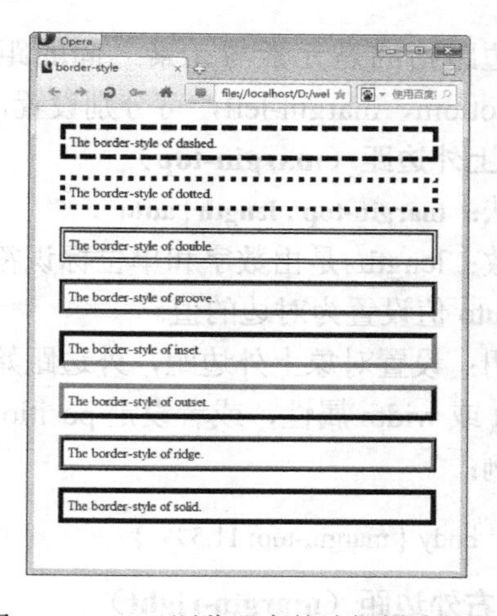

图 5-5　Opera 浏览器中的边框样式效果

代码如下。

```
<html>
<head>
<title>border-style</title>
<style type="text/css">
div{
	border-width:6px;				/*边框宽度为 6px*/
```

```
        border-color:#000000;          /*边框颜色为黑色*/
        margin:20px;                   /*外边距为 20px*/
        padding:5px;                   /*外边距为 5px*/
        background-color:#FFFFCC;      /*背景色为淡黄色*/
}
</style>
</head>
<body>
        <div style="border-style:dashed">The border-style of dashed.</div>
        <div style="border-style:dotted">The border-style of dotted.</div>
        <div style="border-style:double">The border-style of double.</div>
        <div style="border-style:groove">The border-style of groove.</div>
        <div style="border-style:inset">The border-style of inset.</div>
        <div style="border-style:outset">The border-style of outset.</div>
        <div style="border-style:ridge">The border-style of ridge.</div>
        <div style="border-style:solid">The border-style of solid.</div>
</body>
</html>
```

【说明】 本例的执行结果在 IE 浏览器和 Opera 浏览器中略有不同，可以看到，IE 对于 groove、inset 和 ridge 这几种值的支持不够理想。

5.2.2 外边距

外边距指的是元素与元素之间的距离，外边距设置属性：margin-top、margin-right、margin-bottom、margin-left，可分别设置，也可以用 margin 属性一次设置所有边距。

1．上外边距（margin-top）

语法：**margin-top : length | auto**

参数：length 是由数字和单位标识符组成的长度值或者百分数，百分数是基于父对象的高度；auto 值设置为对边的值。

说明：设置对象上外边距，外边距始终透明。内联元素要使用该属性，必须先设定元素的 height 或 width 属性，或者设定 position 属性为 absolute。

示例：

```
body { margin-top: 11.5%  }
```

2．右外边距（margin-right）

语法：**margin-right : length | auto**

参数：同 margin-top。

说明：同 margin-top。

示例：

```
body { margin-right: 11.5%; }
```

3．下外边距（margin-bottom）

语法：**margin-bottom : length | auto**

参数：同 margin-top。
说明：同 margin-top。
示例：

```
body { margin-bottom: 11.5%; }
```

4．左外边距（margin-left）

语法：**margin-left : length | auto**
参数：同 margin-top。
说明：同 margin-top。
示例：

```
body { margin-left: 11.5%; }
```

以上 4 项属性可以控制一个要素四周的边距，每一个边距都可以有不同的值。或者设置一个边距，然后让浏览器用默认设置设定其他几个边距也可以将边距应用于文字和其他元素。

示例：

```
h4 { margin-top: 20px; margin-bottom: 5px; margin-left: 100px; margin-right: 55px }
```

边距参数值最常用的方法是利用长度单位（px、pt 等）设定，也可以用比例值设定。

将边距值设为负值，就可以将两个对象叠在一起，例如把下边距设为-55px，右边距为60px。

5．外边距（margin）

语法：**margin : length | auto**

参数：length 是由数字和单位标识符组成的长度值或百分数，百分数是基于父对象的高度；对于行级元素来说，左右外边距可以是负数值。auto 值设置为对边的值。

说明：设置对象四边的外边距，如图 5-2 所示，位于盒模型的最外层，包括 4 项属性：margin-top（上外边距）、margin-right（右外边距）、margin-bottom（下外边距）、margin-left（左外边距），外延边距始终是透明的。

如果提供全部 4 个参数值，将按 margin-top（上）、margin-right（右）、margin-bottom（下）、margin-left（左）的顺序作用于 4 边（顺时针），每个参数中间用空格分隔；如果只提供 1 个，将用于全部的 4 边；如果提供两个，第 1 个用于上、下，第 2 个用于左、右；如果提供 3 个，第 1 个用于上，第 2 个用于左、右，第 3 个用于下。

行级元素要使用该属性，必须先设定对象的 height 或 width 属性，或者设定 position 属性为 absolute。

示例：

```
body { margin: 36pt 24pt 36pt }
body { margin: 11.5% }
body { margin: 10% 10% 10% 10% }
```

需要注意的是，body 是一个特殊的盒子，在默认的情况下，body 会有一个若干像素的 margin，具体数值各个浏览器不尽相同。因此，在 body 中的其他盒子就不会紧贴着浏览器窗口的边框了。为了验证这一点，可以给 body 这个盒子也加一个边框，代码如下。

```
body {
        border:1px solid black;
        background:#0cc;
}
```

在 body 设置了边框和背景色后，页面显示效果如图 5-6 所示。此时可以看到，在细黑线外面的部分就是 body 的 margin。

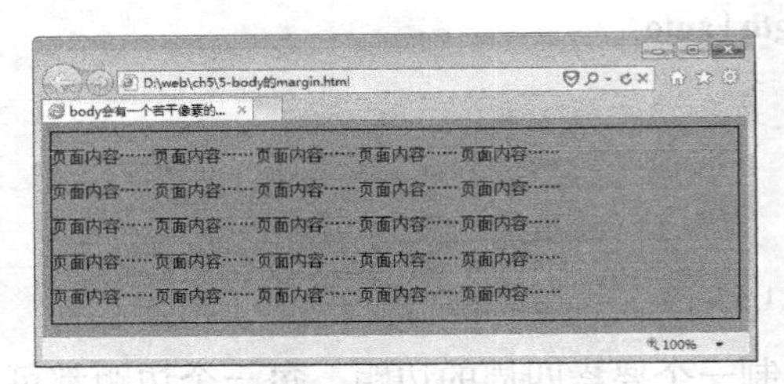

图 5-6　页面显示效果

【演练 5-2】 使用外边距（margin）属性实现某个分区的缩进及位置的居中，本例文件 5-2.html 在浏览器中的显示效果如图 5-7 所示。

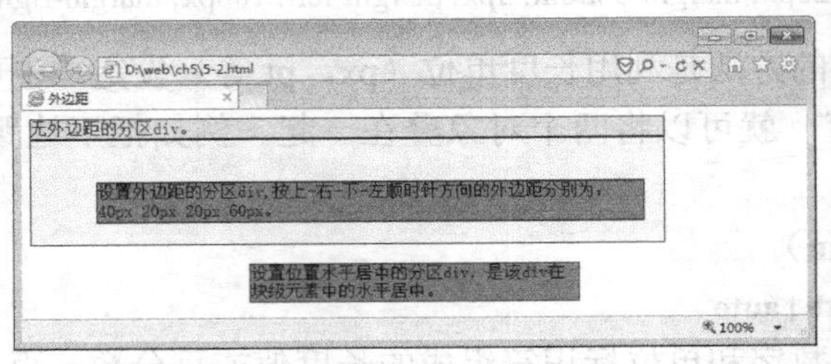

图 5-7　页面显示效果

代码如下。

```
<!doctype html>
<html>
<head><title>外边距</title></head>
<style type="text/css">
.margin{
   background-color:#f66;
   border:1px solid #00f;              /*边框为 1px 蓝色实线*/
   width:500px;
   margin:40px 20px 20px 60px;         /*按上-右-下-左方向的外边距分别为：40px 20px 20px 60px*/
}
.automargin{
   background-color:#f66;
   border:1px solid #00f;              /*边框为 1px 蓝色实线*/
   width:300px;
   margin:0px auto;                    /*块级元素的水平居中*/
}
</style>
```

```
<body>
  <div style="width:580px;border:1px solid #00f;background-color:#6ff">无外边距的分区 div。</div>
  <div style="width:580px;border:1px solid #00f;background-color:#ff6">  <!--外层容器-->
    <div class="margin">设置外边距的分区 div,按上-右-下-左顺时针方向的外边距分别为：40px 20px 20px 60px。</div>
  </div><br/>
  <div class="automargin">设置位置水平居中的分区 div，是该 div 在块级元素中的水平居中。</div>
</body>
</html>
```

【说明】

1）需要注意的是，当使用了盒子属性后，切忌删除页面代码第 1 行的 doctype 文档类型声明，其目的是使 IE 浏览器支持块级元素的水平居中“margin:0px auto;”。代码如下。

```
<!doctype html>
```

上面的代码称作声明。doctype 是 document type（文档类型）的简写，用来说明使用的 HTML 的版本。

如果页面第 1 行没有上述文档类型声明，在 IE 浏览器中块级元素将不能实现水平居中。但在 Firefox 和 Opera 浏览器中，不需要加入上述文档类型声明就能实现块级元素水平居中。

2）如果实现文字内容的水平居中，例如，设置段落<p>内的文字水平居中，则设置块级元素的“text-align:center;”属性即可实现文字水平居中。

3）如果实现文字内容的垂直居中，可以设置文字所在行的高度 height 与文字行高属性 line-height 一致。

【演练 5-3】 实现如图 5-8 所示的文字垂直居中效果。

代码如下。

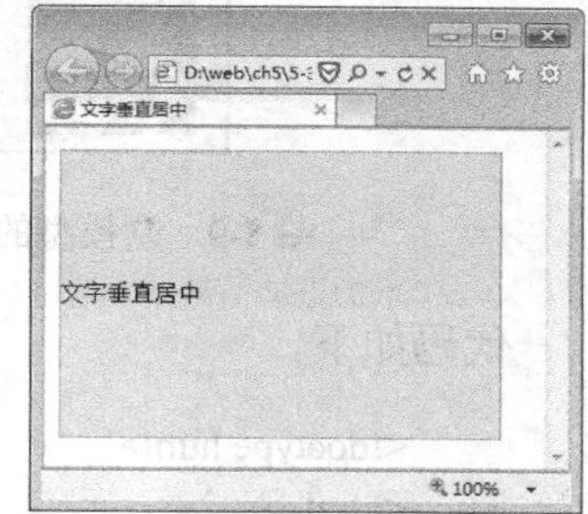

图 5-8 文字垂直居中效果

```
<html>
<head>
<title>文字垂直居中</title>
</head>
<style type="text/css">
div{
  background-color:#6ff;
  width:300px;              /*容器的宽度为 300px*/
  height:200px;             /*容器（文字所在行）的高度为 200px*/
  line-height:200px;        /*文字行高为 200px*/
  border:1px solid #999;    /*边框为 1px 灰色实线*/
}
</style>
<body>
  <div>文字垂直居中</div>
</body>
</html>
```

5.2.3 内边距

内边距用于控制内容与边框之间的距离，padding 属性定义元素内容与元素边框之间的空白区域。内边距包括 4 项属性：padding-top（上内边距）、padding-right（右内边距）、padding-bottom（下内边距）、padding-left（左内边距），内边距属性不允许负值。与外边距类似，内边距也可以用 padding 一次性设置所有的对象间隙，格式也和 margin 相似，这里不再一一列举。

讲解了盒模型的 border、margin 和 padding 属性之后，需要说明的是，各种元素盒子属性的默认值不尽相同，区别如下。

- 大部分 html 元素的盒子属性（margin、padding）默认值都为 0；
- 有少数 html 元素的盒子属性（margin、padding）浏览器默认值不为 0，例如：<body>、<p>、<ul>、<li>、<form>标签等，有时有必要先设置它们的这些属性为 0。
- <input>元素的边框属性默认不为 0，可以设置为 0 达到美化输入框和按钮的目的。

【演练 5-4】 使用内边距（padding）属性设置内容与边框之间的距离，盒模型的布局如图 5-9 所示，本例文件 5-4.html 在浏览器中的显示效果如图 5-10 所示。

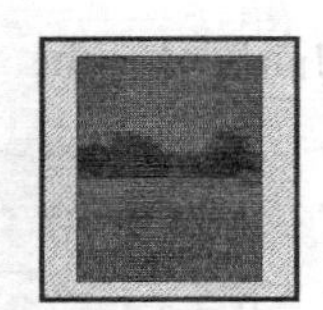

图 5-9　盒模型的布局

图 5-10　页面显示效果

代码如下。

```
<!doctype html>
<html>
<head>
<title>内边距</title>
<style type="text/css">
div{
    width:117px;              /*容器内容宽度 117px=图像的宽度+图像的左右边框宽度*/
    border:2px solid red;     /*容器边框为 2px 红色实线*/
    padding:10px 20px;        /*容器上、下内边距为 10px，左、右内边距为 20px*/
}
img{
    width:115px;              /*图像宽度 115px */
    height:146px;
    border:1px solid blue;    /*图像边框为 1px 蓝色实线*/
}
```

```
</style>
</head>
<body>
<div><img src="images/fields1.jpg" /></div>
</body>
</html>
```

【说明】 内边距（padding）并非实体，而是透明留白，所以没有修饰属性。

5.3 盒模型的宽度与高度

当设计人员布局一个网页的时候，经常会遇到这样一种情况，那就是最终网页成型的宽度或高度会超出事先预算的数值，这就是盒模型宽度或高度的计算误差造成的。

在 CSS 中 width 和 height 属性也经常用到，它们分别表示内容区域的宽度和高度。增加或减少内边距、边框和外边距不会影响内容区域的尺寸，但是会增加元素的总尺寸。盒模型的宽度和高度要在 width 和 height 属性值基础上加上内边距、边框和外边距。

1. 盒模型的宽度

盒模型的宽度=左外边距（margin-left）+左边框（border-left）+左内边距（padding-left）+内容宽度（width）+右内边距（padding-right）+右边框（border-right）+右外边距（margin-right）

2. 盒模型的高度

盒模型的高度=上外边距（margin-top）+上边框（border-top）+上内边距（padding-top）+内容高度（height）+下内边距（padding-bottom）+下边框（border-bottom）+下外边距（margin-bottom）

为了更好地理解盒模型的宽度与高度，定义某个元素的 CSS 样式，代码如下。

```
#test{
  margin:10px 20px;                /*定义元素上下外边距为 10px，左右外边距为 20px*/
  padding:20px 10px;               /*定义元素上下内边距为 20px，左右内边距为 10px*/
  border-width:10px 20px;          /*定义元素上下边框宽度为 10px，左右边框宽度为 20px*/
  border:solid #f00;               /*定义元素边框类型为实线型，颜色为红色*/
  width:100px;                     /*定义元素宽度为 100px*/
  height:100px;                    /*定义元素高度为 100px*/
}
```

盒模型的宽度=20px+20px+10px+100px+10px+20px+20px=200px
盒模型的高度=10px+10px+20px+100px+20px+10px+10px=180px

5.4 块级元素与行级元素宽度和高度的区别

在前面的章节中已经讲到块级元素与行级元素的区别，本节重点讲解两者宽度、高度属性的区别。默认情况下，块级元素可以设置宽度、高度，但行级元素是不能设置的。

【演练 5-5】 块级元素与行级元素宽度和高度的区别，本例文件 5-5.html 在浏览器中的显示效果如图 5-11 所示。

代码如下。

```
<!doctype html>
<html>
<head>
<style type="text/css">
.special{
        border:1px solid #036;          /*元素边框为 1px 蓝色实线*/
        width:200px;                    /*元素宽度 200px*/
        height:50px;                    /*元素高度 200px*/
        background:#ccc;                /*背景色灰色*/
        margin:5px                      /*元素外边距 5px*/
}
</style>
</head>
<body>
  <div class="special">这是 div 元素</div>
  <span class="special">这是 span 元素</span>
</body>
</html>
```

【说明】代码中设置行级元素 span 的样式.special 后，由于行级元素设置宽度、高度无效，因此样式中定义的宽度 200px 和高度 50px 并未影响 span 元素的外观。

如何让行级元素也能设置宽度、高度属性呢？这里要用到前面章节讲解的元素显示类型的知识，只需要让元素的 display 属性设置为 display:block（块级显示）即可。在上面的.special 样式的定义中添加一行定义 display 属性的代码，代码如下。

```
display:block;                  /*块级元素显示*/
```

再次浏览网页，即可看到 span 元素的宽度和高度设置为样式中定义的宽度和高度，如图 5-12 所示。

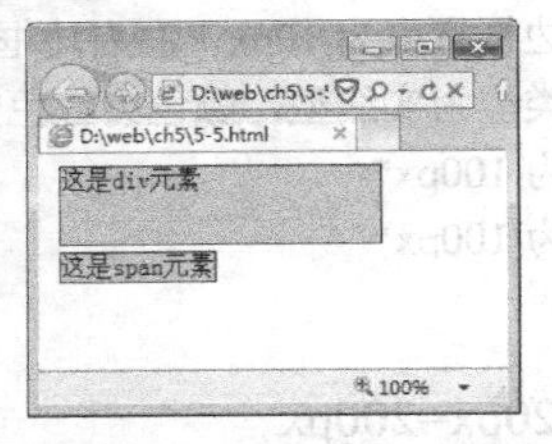

图 5-11　默认情况下行级元素不能设置高度

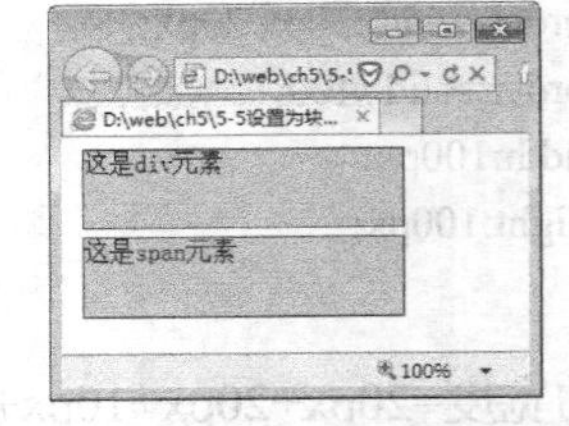

图 5-12　设置行级元素的宽度和高度

5.5　盒子的 margin 叠加问题

如果要精确地控制盒子的位置，就必须对 margin 有更深入的了解。padding 只存在于一个盒子内部，所以通常它不会涉及与其他盒子之间的关系和相互的影响的问题。margin 则用于调整不同盒子之间的位置关系，因此要对 margin 在不同情况下的性质有非常深入的了解。

5.5.1 行级元素之间的水平 margin 叠加

这里来看两个行级元素并排的情况，如图 5-13 所示。

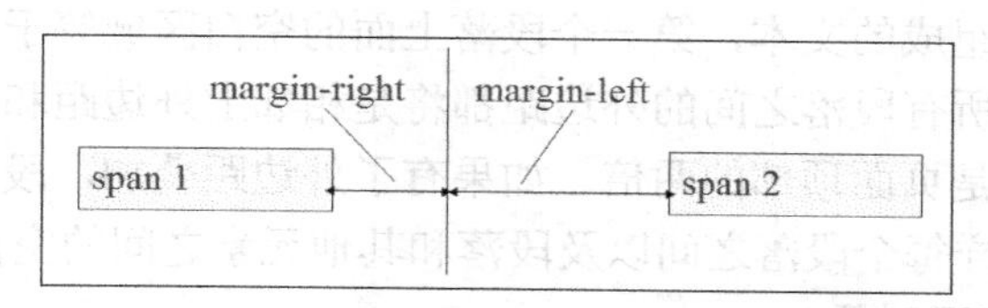

图 5-13 行级元素之间的 margin

当两个行级元素紧邻时，元素之间水平 margin 不会叠加，它们之间的距离为第 1 个元素的 margin-right 加上第 2 个元素的 margin-left。

【演练 5-6】 行级元素之间的水平 margin 叠加示例，本例文件 5-6.html 在浏览器中的显示效果如图 5-14 所示。

代码如下。

```
<html>
<head>
<title>两个行级元素的 margin</title>
<style type="text/css">
span{
        background-color:#a2d2ff;
        text-align:center;
        font-family:Arial, Helvetica, sans-serif;
        font-size:12px;
        padding:10px;
}
span.left{
        margin-right:30px;
        background-color:#a9d6ff;
}
span.right{
        margin-left:40px;
        background-color:#eeb0b0;
}
</style>
</head>
<body>
        <span class="left">行级元素 1</span><span class="right">行级元素 2</span>
</body>
</html>
```

图 5-14 页面显示效果

【说明】 从执行结果来看，两个行级元素之间的距离为 30px+40px=70px。

5.5.2 块级元素之间的垂直 margin 叠加

上一节讲解了行级元素之间水平 margin 叠加的问题，但如果不是行级元素，而是垂直排列的块级元素，情况就会有所不同。块级元素之间的垂直 margin 叠加是指当两个块级元素的外边距垂直相遇时，它们将形成一个外边距。叠加后的外边距高度等于两个发生叠加的外边距的高度中的较大者。

例如，有几个段落组成的文本，第一个段落上面的空白区域等于段落的上外边距，如果没有外边距叠加，后续所有段落之间的外边距都将是相邻上外边距和下外边距的和，这意味着段落之间的空白区域是页面顶部的两倍。如果有了外边距叠加，段落之间的上外边距和下外边距叠加在一起，这样每个段落之间以及段落和其他元素之间的空白区域就一样了。

1．两个元素垂直相遇时叠加

当两个元素垂直相遇时，第一个元素的下外边距与第二个元素的上外边距会发生叠加合并，合并后的外边距的高度等于这两个元素的外边距值的较大者，如图 5-15 所示。

2．两个元素包含时叠加

假设两个元素没有内边距和边框，且一个元素包含另一个元素，它们的上外边距或下外边距也会发生叠加合并，如图 5-16 所示。

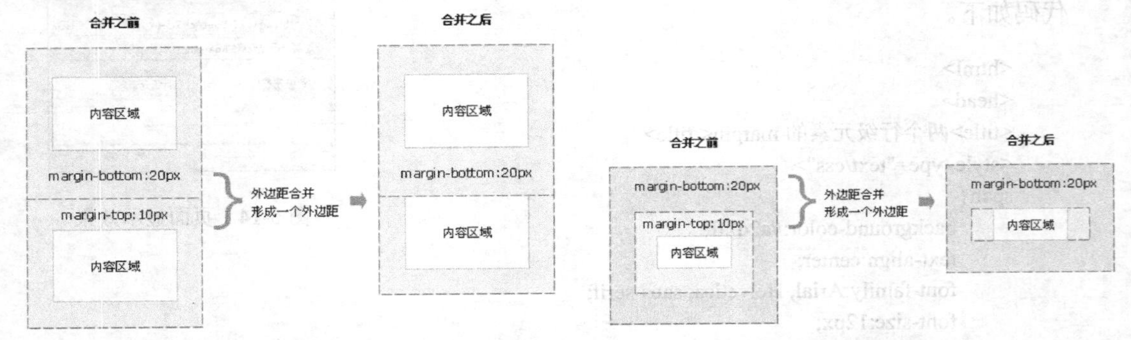

图 5-15　两个元素垂直相遇时合并　　　　图 5-16　两个元素包含时合并

【演练 5-7】 块级元素之间的垂直 margin 叠加示例，叠加示意图如图 5-17 所示，本例文件 5-7.html 在浏览器中的显示效果如图 5-18 所示。

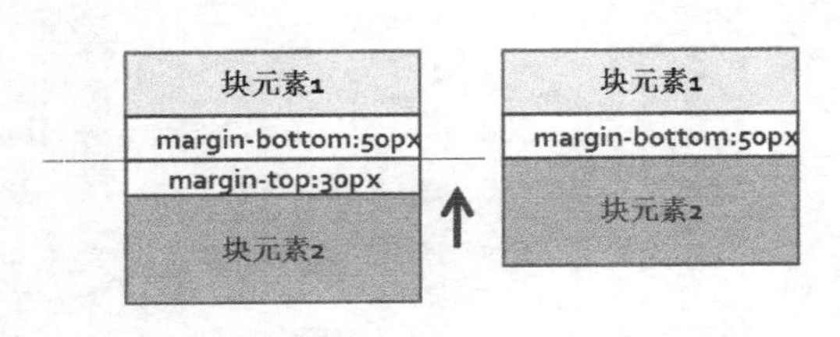

图 5-17　垂直 margin 叠加示意图

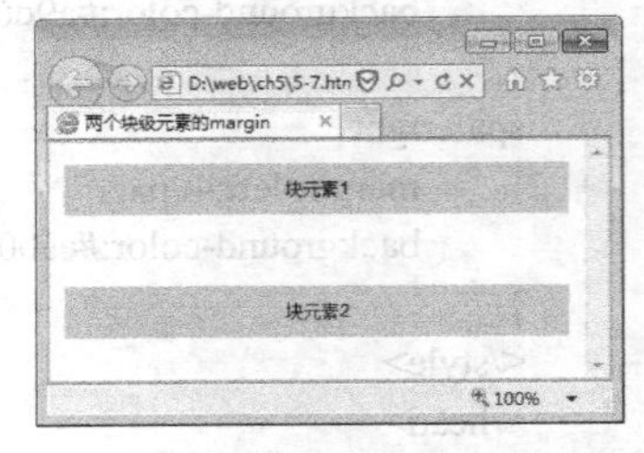

图 5-18　页面显示效果

代码如下。

```
<html>
<head>
<title>两个块级元素的 margin</title>
<style type="text/css">
<!--
div{
```

```
		background-color:#a2d2ff;
		text-align:center;
		font-family:Arial, Helvetica, sans-serif;
		font-size:12px;
		padding:10px;
	}
	-->
	</style>
	</head>
	<body>
		<div style="margin-bottom:50px;">块元素 1</div>
		<div style="margin-top:30px;">块元素 2</div>
	</body>
	</html>
```

【说明】 从执行结果来看，如果将块元素 2 的 margin-top 修改为 40px（小于块元素 1 的 margin-bottom 值 50px），执行结果没有任何变化；如果再修改其值为 60px（大于块元素 1 的 margin-bottom 值 50px），就会发现块元素 2 向下移动了 10 个像素。

5.6 盒模型综合案例——制作光影世界高端外景局部页面

在讲解了盒模型的基础知识之后，本节讲解一个综合案例，将前面讲解的分散的技术要点加以整合，提高读者使用 CSS 美化页面的能力。

【演练 5-8】 使用盒模型技术制作光影世界高端外景局部页面，页面的布局效果如图 5-19 所示，本例文件 5-8.html 在浏览器中的显示效果如图 5-20 所示。

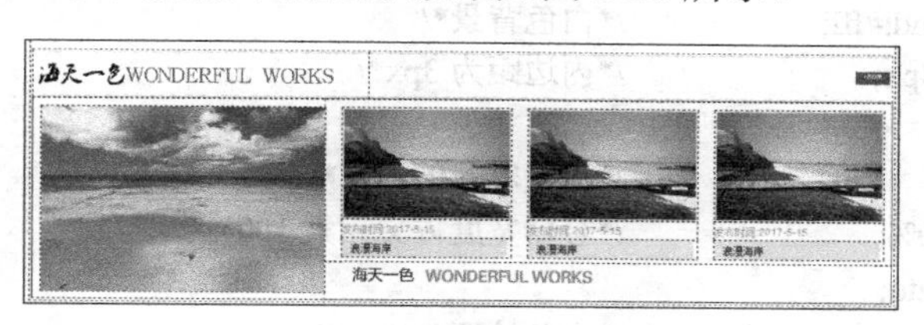

图 5-19 页面的布局效果

1．前期准备

（1）栏目目录结构

在栏目文件夹下创建文件夹 images 和 css，分别用来存放图像素材和外部样式表文件。

图 5-20 页面的显示效果

（2）页面素材

将本页面需要使用的图像素材存放在文件夹 images 下。

（3）外部样式表

在文件夹 css 下新建一个名为 style.css 的样式表文件。

2．制作页面

CSS 文件的代码如下。

```
/*页面全局样式——父元素*/
body {
    font-family:arial;
    font-size:12px;                /*文字大小为 12px*/
    padding:0px;                   /*内边距为 0px*/
    margin:0px;                    /*外边距为 0px*/
    background:#f8f8f8;            /*浅灰色背景*/
}
a{
    text-decoration:none;          /*链接无修饰*/
}
img{
    border:none;                   /*图像无边框*/
}
/*页面主体样式*/
.main {                            /*设置页面主体的样式*/
    width:1000px;                  /*页面主体宽度为 1000px*/
    margin:auto;                   /*上下左右都自动适应*/
    background:#fff;               /*白色背景*/
    padding:3px;                   /*内边距为 3px*/
}
.matter4{                          /*设置容器的样式*/
    width:100%;                    /*容器宽度占父元素 100%*/
    margin:auto;
    margin-top:8px;                /*上外边距为 8px*/
}
.matter4 .info{                    /*设置上方栏目区域的样式*/
    background:url(../images/img_6.jpg) repeat-x;          /*背景图像水平重复*/
    width:100%;                    /*容器宽度占父元素 100%*/
    height:57px;
    overflow:hidden;               /*溢出隐藏*/
}
.matter4 .title{                   /*设置上方栏目标题图像的样式*/
    background:url(../images/wonderful.jpg) no-repeat;    /*背景图像不重复*/
    width:390px;
    height:57px;
    float:left;                    /*向左浮动*/
}
.matter4 .more{                    /*设置上方栏目右侧区域的样式*/
```

```
        background:#a82c8c;           /*背景色为紫红色*/
        width:40px;
        height:15px;
        float:right;                  /*向右浮动*/
        text-align:center;            /*文字水平居中对齐*/
        margin-top:20px;              /*上外边距为 20px*/
        margin-right:3px;             /*右外边距为 3px*/
}
.matter4 .more a{                     /*设置上方栏目右侧超链接的样式*/
        color:#fff;                   /*正常链接的颜色为白色*/
        font-size:8px;
}
.matter4 .content{                    /*设置内容区域的样式*/
        overflow:hidden;              /*溢出隐藏*/
        padding-left:10px;            /*左内边距为 10px*/
}
.matter4 .content .left{              /*设置内容区域左侧的样式*/
        float:left;                   /*向左浮动*/
        width:330px;
        margin-top:10px;              /*上外边距为 10px*/
}
.matter4 .content .right{             /*设置内容区域右侧的样式*/
        width:660px;
        float:right;                  /*向右浮动*/
}
.ghtr{                                /*设置内容区域右侧整体图像容器的样式*/
        overflow:hidden;              /*溢出隐藏*/
}
.tp3{                                 /*设置内容区域右侧单个图像容器的样式*/
        width:197px;
        margin:10px 0px 6px 20px;     /*上、右、下、左外边距分别为 10px、0px、6px、20px*/
        float:left;                   /*向左浮动*/
        display:inline;               /*显示为行级元素*/
}
.tp3 .sbr{                            /*设置内容区域右侧单个图像的样式*/
        border:1px solid #e1dce0;     /*边框为 1px 实线浅色边框*/
        padding:1px;                  /*内边距为 1px*/
}
.tp3 .jiy{                            /*设置内容区域右侧图像发布时间的样式*/
        color:#9a968d;
        height:22px;                  /*高度为 22px*/
        line-height:22px;             /*行高等于高度，文字垂直方向居中对齐*/
}
.tp3 .dfr{                            /*设置内容区域右侧图像发布者的样式*/
        background:url(../images/img_11.jpg) no-repeat;        /*背景图像不重复*/
        width:187px;
```

```
        height:22px;                    /*高度为 22px*/
        line-height:22px;               /*行高等于高度，文字垂直方向居中对齐*/
        padding-left:10px;              /*左内边距为 10px*/
}
.sbzl{                                  /*设置内容区域右侧下方图像的样式*/
        padding-left:20px;              /*左内边距为 20px*/
}
```

网页结构文件的 HTML 代码如下。

```
<!doctype html>
<html>
<head>
<meta charset="gb2312">
<title>光影世界高端外景</title>
<link href="css/style.css" rel="stylesheet" type="text/css" />
</head>
<body>
<div class="main">
   <div class="matter4">
      <div class="info">
         <div class="title">
         </div>
         <div class="more"><a href="#">+more</a>
         </div>
      </div>
      <div class="content">
         <div class="left">
            <a href="#"><img src="images/sea.jpg" width="330" height="218" /></a>
         </div>
         <div class="right">
            <div class="ghtr">
               <div class="tp3">
                  <div class="sbr">
                     <a href="#"><img src="images/outdoor.jpg" width="193" height="128" /></a>
                  </div>
                  <div class="jiy">发布时间:2017-5-15
                  </div>
                  <div class="dfr">浪漫海岸
                  </div>
               </div>
               <div class="tp3">
                  <div class="sbr">
                     <a href="#"><img src="images/outdoor.jpg" width="193" height="128" /></a>
                  </div>
                  <div class="jiy">发布时间:2017-5-15
                  </div>
```

```
            <div class="dfr">浪漫海岸
            </div>
          </div>
          <div class="tp3">
            <div class="sbr">
              <a href="#"><img src="images/outdoor.jpg" width="193" height="128" /></a>
            </div>
            <div class="jiy">发布时间:2017-5-15
            </div>
            <div class="dfr">浪漫海岸
            </div>
          </div>
        </div>
        <div class="sbzl">
          <img src="images/wonder_1.jpg" width="620" height="44" />
        </div>
      </div>
    </div>
  </div>
</div>
</body>
</html>
```

【说明】

1）设置文字的行高等于高度，可以使文字在垂直方向居中对齐。

2）本例页面中使用了背景图像的样式设置，分别使用了“background-image”和“background-repeat”两个背景属性，指定了背景图像在页面中的显示方式和重复方式，请读者参考后续章节讲解的使用 CSS 设置背景图像的相关知识。

5.7 盒子的定位

前面介绍了独立的盒模型以及在标准流情况下的盒子的相互关系。如果按照标准流的方式进行排版，则只能按照仅有的几种可能性进行排版，限制太大。CSS 的制定者也想到了排版限制的问题，因此又给出了若干不同的手段以实现各种排版需要。

定位（position）的基本思想很简单，它允许用户定义元素框相对于其正常位置应该出现的位置，这个属性定义建立元素布局所用的定位机制。

5.7.1 定位属性

1．定位方式（position）

position 属性可以选择 4 种不同类型的定位方式，语法如下：

position : static | relative | absolute | fixed

参数：static 静态定位为默认值，为无特殊定位，对象遵循 HTML 定位规则；relative 生成相对定位的元素，相对于其正常位置进行定位；absolute 生成绝对定位的元素，元素的位置通过 left、top、right 和 bottom 属性进行规定；fixed 生成绝对定位的元素，相对于浏览器窗口进行定位，元素的位置通过 left、top、right 以及 bottom 属性进行规定。

2. 左、右、上、下位置

语法：

```
left:auto | length
right:auto | length
top:auto | length
bottom:auto | length
```

参数：auto 无特殊定位，根据 HTML 定位规则在文档流中分配；length 是由数字和单位标识符组成的长度值或百分数。必须定义 position 属性值为 absolute 或者 relative，此取值方可生效。

说明：用于设置对象与其最近一个定位的父对象左边相关的位置。

3. 宽度（width）

语法：**width:auto | length**

参数：auto 无特殊定位，根据 HTML 定位规则在文档中分配；length 是由数字和单位标识符组成的长度值或百分数，百分数是基于父对象的宽度，不可为负值。

说明：用于设置对象的宽度。对于 img 对象来说，仅指定此属性，其 height 值将根据图片原尺寸进行等比例缩放。

4. 高度（height）

语法：**height:auto | length**

参数：同宽度（width）。

说明：用于设置对象的高度。对于 img 对象来说，仅指定此属性，其 width 值将根据图片原尺寸进行等比例缩放。

5. 最小高度（min-height）

语法：**min-height:auto | length**

参数：同宽度（width）。

说明：用于设置对象的最小高度，即为对象的高度设置一个最低限制。因此，元素可以比指定值高，但不能比其低，也不允许指定负值。

需要注意的是，IE 浏览器是从 IE 7 才开始支持 min-height 属性的，IE 6 及之前的浏览器都不支持该属性。

6. 可见性（visibility）

语法：**visibility:inherit | visible | collapse | hidden**

参数：inherit 继承上一个父对象的可见性；visible 使对象可见，如果希望对象可见，其父对象也必须是可见的；hidden 使对象被隐藏；collapse 主要用来隐藏表格的行或列，隐藏的行或列能够被其他内容使用，对于表格外的其他对象，其作用等同于 hidden。

说明：用于设置是否显示对象。与 display 属性不同，此属性为隐藏的对象保留其占据的物理空间，即当一个对象被隐藏后，它仍然要占据浏览器窗口中的原有空间。所以，如果将文字包围在一幅被隐藏的图像周围，则其显示效果是文字包围着一块空白区域。这条属性在编写语言和使用动态 HTML 时很有用，例如可以使某段落或图像只在鼠标指针滑过时才显示。

5.7.2 定位方式

1．静态定位

静态定位是 position 属性的默认值，盒子按照标准流（包括浮动方式）进行布局，即该元素出现在文档的常规位置，不会重新定位。

【演练 5-9】 静态定位示例。本例文件 5-9.html 在浏览器中的显示效果如图 5-21 所示。

代码如下。

```
<!doctype html>
<html>
<head>
<title>静态定位</title>
<style type="text/css">
body{
        margin:20px;                        /*页面整体外边距为 20px*/
        font :Arial 12px;
}
#father{
        background-color:#a0c8ff;                /*父容器的背景为蓝色*/
        border:1px dashed #000000;               /*父容器的边框为 1px 黑色实线*/
        padding:15px;                            /*父容器内边距为 15px*/
}
#block_one{
        background-color:#fff0ac;                /*盒子的背景为黄色*/
        border:1px dashed #000000;               /*盒子的边框为 1px 黑色实线*/
        padding:10px;                            /*盒子的内边距为 10px*/
}
</style>
</head>
<body>
        <div id="father">
                <div id="block_one">盒子 1</div>
        </div>
</body>
</html>
```

图 5-21　静态定位的效果

【说明】 “盒子 1”没有设置任何 position 属性，相当于使用静态定位方式，页面布局也没有发生任何变化。

2．相对定位

使用相对定位的盒子，会相对于自身原本的位置，通过偏移指定的距离到达新的位置。使用相对定位，除了要将 position 属性值设置为 relative 外，还需要指定一定的偏移量。其中，水平方向的偏移量由 left 和 right 属性指定；竖直方向的偏移量由 top 和 bottom 属性指定。

【演练 5-10】 相对定位示例。本例文件 5-10.html 在浏览器中的显示效果如图 5-22 所示。

修改演练 5-9 中 id="block_one"盒子的 CSS 定义，代码如下。

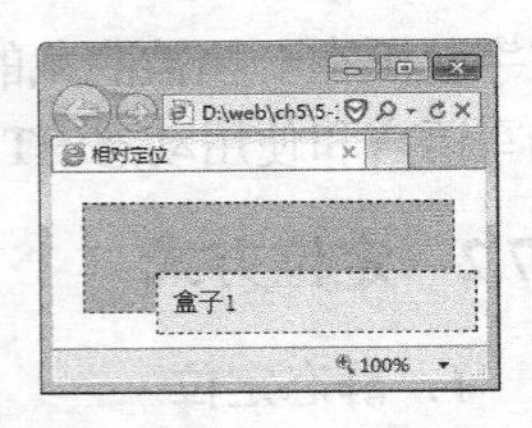

图 5-22　相对定位的效果

```
#block_one{
        background-color:#fff0ac;              /*盒子背景为黄色*/
        border:1px dashed #000000;             /*边框为 1px 黑色实线*/
        padding:10px;                          /*盒子的内边距为 10px*/
        position:relative;                     /*relative 相对定位*/
        left:30px;                             /*距离父容器左端 30px*/
        top:30px;                              /*距离父容器顶端 30px*/
}
```

【说明】

1）id="block_one"的盒子使用相对定位方式定位，因此向下并且“相对于”初始位置向右各移动了 30px。

2）使用相对定位的盒子仍在标准流中，它对父容器没有影响。

3．绝对定位

使用绝对定位的盒子以它的“最近”的一个“已经定位”的“祖先元素”为基准进行偏移。如果没有已经定位的祖先元素，就以浏览器窗口为基准进行定位。

绝对定位的盒子从标准流中脱离，对其后的兄弟盒子的定位没有影响，其他的盒子就好像这个盒子不存在一样。原先在正常文档流中所占的空间会关闭，就好像元素原来不存在一样。元素定位后生成一个块级框，而不论原来它在正常流中生成何种类型的框。

【演练 5-11】 绝对定位示例。本例文件 5-11.html 中的父容器包含 3 个使用相对定位的盒子，对“盒子 2”使用绝对定位前的浏览效果如图 5-23 所示；对“盒子 2”使用绝对定位后的浏览效果如图 5-24 所示。

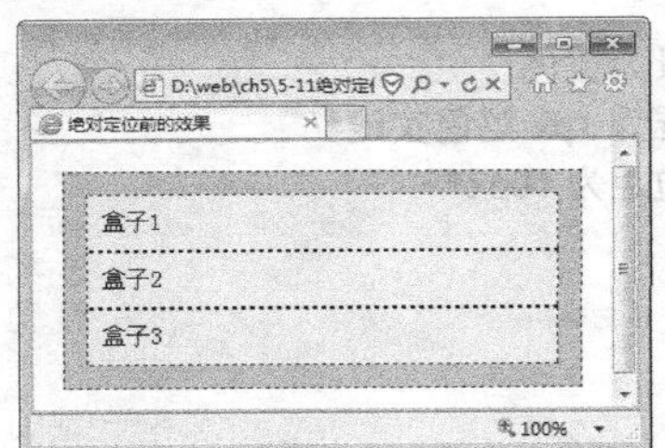

图 5-23　“盒子 2”使用绝对定位前的效果

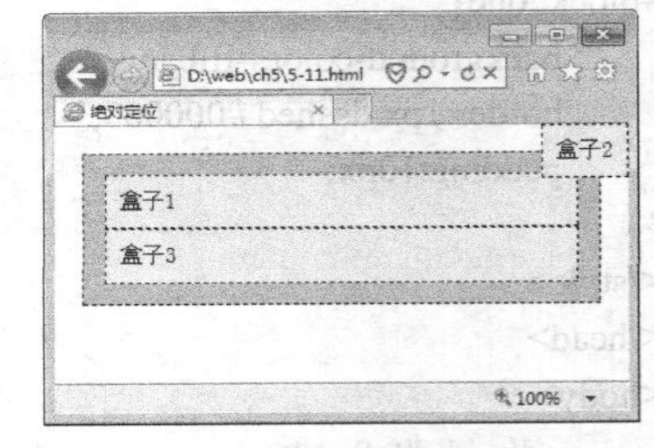

图 5-24　“盒子 2”使用绝对定位后的效果

对“盒子 2”使用绝对定位前的代码如下。

```
<!doctype html>
<html>
<head>
<title>绝对定位前的效果</title>
<style type="text/css">
body{
        margin:20px;                           /*页面整体外边距为 20px*/
        font :Arial 12px;
}
#father{
        background-color:#a0c8ff;              /*父容器的背景为蓝色*/
```

```
        border:1px dashed #000000;          /*父容器的边框为 1px 黑色实线*/
        padding:15px;                       /*父容器内边距为 15px*/
    }
    #block_one{
        background-color:#fff0ac;           /*盒子的背景为黄色*/
        border:1px dashed #000000;          /*盒子的边框为 1px 黑色实线*/
        padding:10px;                       /*盒子的内边距为 10px*/
        position:relative;                  /*relative 相对定位 */
    }
    #block_two{
        background-color:#fff0ac;           /*盒子的背景为黄色*/
        border:1px dashed #000000;          /*盒子的边框为 1px 黑色实线*/
        padding:10px;                       /*盒子的内边距为 10px*/
        position:relative;                  /*relative 相对定位 */
    }
    #block_three{
        background-color:#fff0ac;           /*盒子的背景为黄色*/
        border:1px dashed #000000;          /*盒子的边框为 1px 黑色实线*/
        padding:10px;                       /*盒子的内边距为 10px*/
        position:relative;                  /*relative 相对定位 */
    }
    </style>
    </head>
    <body>
        <div id="father">
            <div id="block_one">盒子 1</div>
            <div id="block_two">盒子 2</div>
            <div id="block_three">盒子 3</div>
        </div>
    </body>
    </html>
```

父容器中包含 3 个使用相对定位的盒子，浏览效果如图 5-23 所示。接下来，只修改“盒子 2”的定位方式为绝对定位，代码如下。

```
    #block_two{
        background-color:#fff0ac;           /*盒子的背景为黄色*/
        border:1px dashed #000000;          /*盒子的边框为 1px 黑色实线*/
        padding:10px;                       /*盒子的内边距为 10px*/
        position:absolute;                  /*absolute 绝对定位 */
        top:0;                              /*向上偏移至浏览器窗口顶端 */
        right:0;                            /*向右偏移至浏览器窗口右端 */
    }
```

【说明】

1）“盒子 2”采用绝对定位后从标准流中脱离，对其后的兄弟盒子（“盒子 3”）的定位没有影响。

2）“盒子 2”最近的“祖先元素”就是 id="father"的父容器，但由于该容器不是“已经定位”的“祖先元素”。因此，对“盒子 2”使用绝对定位后，“盒子 2”以浏览器窗口为基准进行定位，向右偏移至浏览器窗口顶端，向上偏移至浏览器窗口右端，即“盒子 2”偏移至浏览器窗口的右上角，如图 5-24 所示。

怎样才能让“盒子 2”以 id="father"的父容器为基准进行定位呢？只需要为该父容器设置定位方式即可，修改 id="father"的父容器的 CSS 定义，代码如下。

```
#father{
        background-color:#a0c8ff;           /*父容器的背景为蓝色*/
        border:1px dashed #000000;          /*父容器的边框为 1px 黑色实线*/
        padding:15px;                       /*父容器内边距为 15px*/
        position:relative;                  /*relative 相对定位 */
}
```

重新浏览网页，“盒子 2”偏移至 id="father"父容器的右上角，浏览效果如图 5-25 所示。读者还可以修改“盒子 2”CSS 定义中的水平、垂直偏移量，改变元素在祖先元素中的相对位置，浏览效果如图 5-26 所示。代码如下。

```
#block_two{
        background-color:#fff0ac;           /*盒子的背景为黄色*/
        border:1px dashed #000000;          /*盒子的边框为 1px 黑色实线*/
        padding:10px;                       /*盒子的内边距为 10px*/
        position:absolute;                  /*absolute 绝对定位 */
        top:10px;                           /*距离父容器顶端 10px */
        right:50px;                         /*距离父容器右端 50px */
}
```

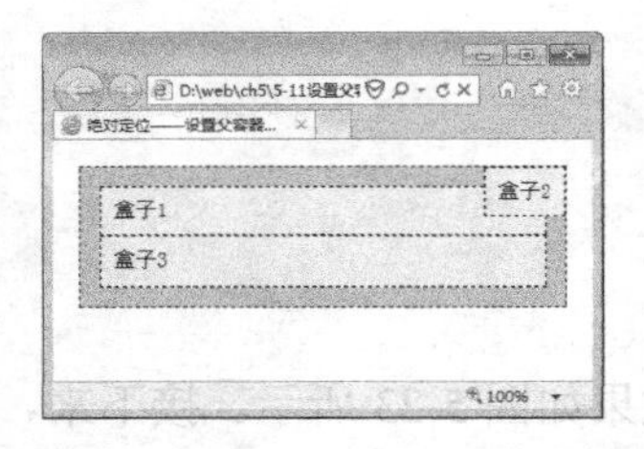

图 5-25　设置父容器的定位方式

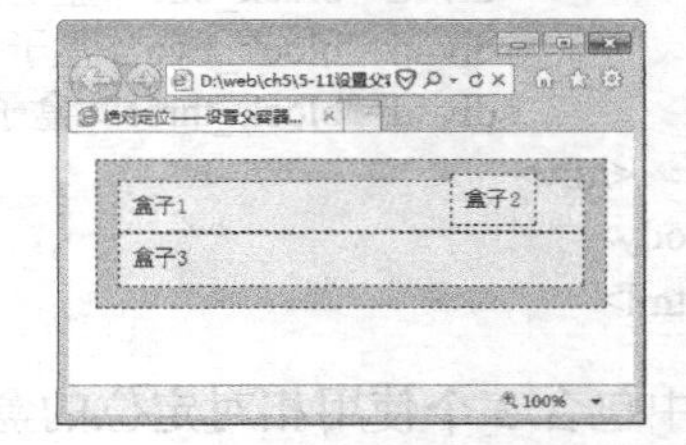

图 5-26　修改“盒子 2”的水平、垂直偏移量

4．固定定位

固定定位（position:fixed;）其实是绝对定位的子类别，一个设置了 position:fixed 的元素是相对于视窗固定的，就算页面文档发生了滚动，它也会一直待在相同的地方。

【演练 5-12】 固定定位示例。为了对固定定位演示得更加清楚，将“盒子 2”进行固定定位，并且调整页面高度使浏览器显示出滚动条。本例文件 5-12.html 在浏览器中显示的效果如图 5-27 所示。

在【演练 5-11】的基础上只修改“盒子 2”的 CSS 定义即可，代码如下。

```
#block_two{
        background-color:#fff0ac;           /*盒子的背景为黄色*/
        border:1px dashed #000000;          /*盒子的边框为 1px 黑色实线*/
        padding:10px;                       /*盒子的内边距为 10px*/
        position:fixed;                     /*fixed 固定定位*/
```

```
        top:0;                          /*向上偏移至浏览器窗口顶端 */
        right:0;                        /*向右偏移至浏览器窗口右端 */
    }
```

【说明】 页面预览后，当向下滚动页面时注意观察页面右上角的“盒子 2”，其仍然固定于屏幕上同样的地方（浏览器窗口右上角）。

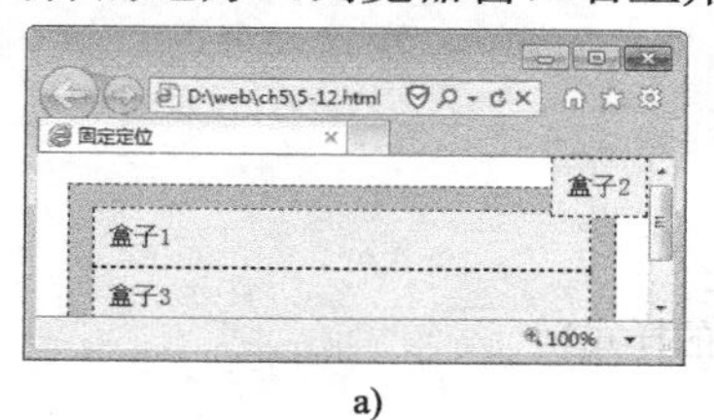

a)

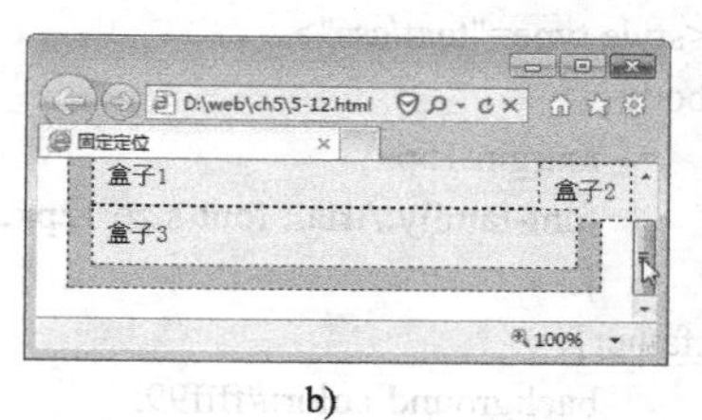

b)

图 5-27　固定定位的效果

a) 初始状态　b) 向下拖动滚动条时的状态

5.8　浮动与清除浮动

浮动（float）是使用率较高的一种定位方式。有时希望相邻块级元素的盒子左右排列（所有盒子浮动）或者希望一个盒子被另一个盒子中的内容所环绕（一个盒子浮动）做出图文混排的效果，这时最简单的办法就是运用浮动属性使盒子在浮动方式下定位。

5.8.1　浮动

浮动元素可以向左或向右移动，直到它的外边距边缘碰到包含块内边距边缘或另一个浮动元素的外边距边缘为止。float 属性定义元素在哪个方向浮动，任何元素都可以浮动，浮动元素会变成一个块状元素。

语法：**float : none | left |right**

参数：none 为对象不浮动，left 为对象浮在左边，right 为对象浮在右边。

说明：该属性的值指出了对象是否浮动及如何浮动。

【演练 5-13】 向右浮动的元素。本例文件 5-13.html 页面布局的初始状态如图 5-28a 所示，“盒子 1”向右浮动后的结果如图 5-28b 所示。

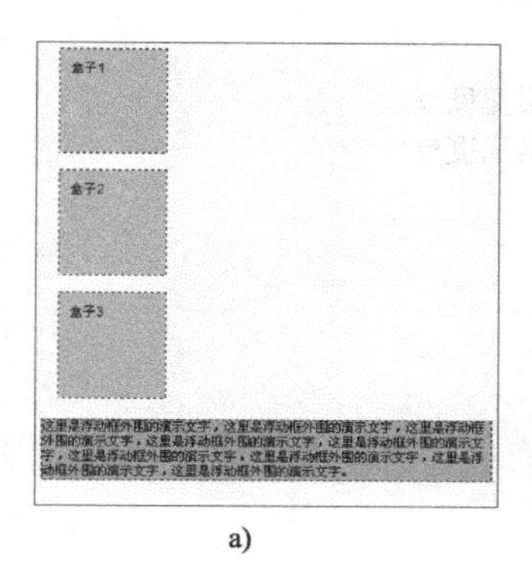

a)

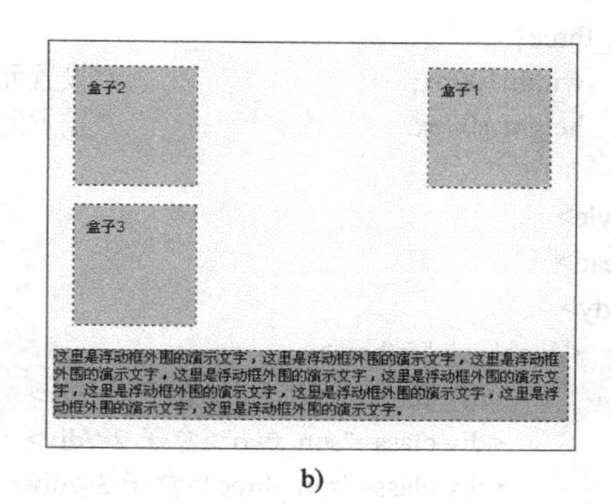

b)

图 5-28　向右浮动的元素

a) 没有浮动的初始状态　b) 向右浮动的盒子 1

代码如下。

```
<!doctype html>
<html>
<head>
<title>向右浮动</title>
<style type="text/css">
body{
    margin:15px;
    font-family:Arial; font-size:12px;
    }
.father{                                /*设置容器的样式*/
    background-color:#ffff99;
    border:1px solid #111111;
    padding:5px;
    }
.father div{                            /*设置容器中 div 标签的样式*/
    padding:10px;
    margin:15px;
    border:1px dashed #111111;
    background-color:#90baff;
    }
.father p{                              /*设置容器中段落的样式*/
    border:1px dashed #111111;
    background-color:#ff90ba;
    }
.son_one{
    width:100px;                        /*设置元素宽度*/
    height:100px;                       /*设置元素高度*/
    float:right;                        /*向右浮动*/
}
.son_two{
    width:100px;                        /*设置元素宽度*/
    height:100px;                       /*设置元素高度*/
}
.son_three{
    width:100px;                        /*设置元素宽度*/
    height:100px;                       /*设置元素高度*/
}
</style>
</head>
<body>
    <div class="father">
        <div class="son_one">盒子 1</div>
        <div class="son_two">盒子 2</div>
        <div class="son_three">盒子 3</div>
        <p>这里是浮动框外围的演示文字，这里是浮动框外围的……（此处省略文字）</p>
    </div>
```

```
</body>
</html>
```

【说明】 本例页面中首先定义了一个类名为.father 的父容器，然后在其内部又定义了 3 个并列关系的 Div 容器。当把其中的类名为.son_one 的 Div（“盒子 1”）增加“float:right;”属性后，“盒子 1”便脱离文档流向右移动，直到它的右边缘碰到包含框的右边缘。

【演练 5-14】 向左浮动的元素。使用上面的【演练 5-13】继续讨论，只将“盒子 1”向左浮动的页面布局如图 5-29a 所示，所有元素向左浮动后的结果如图 5-29b 所示。

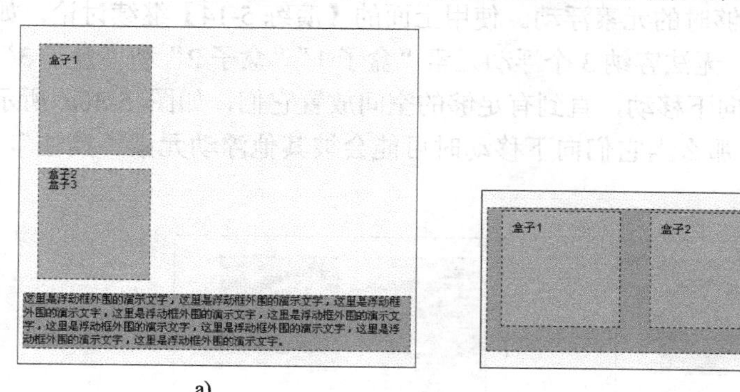

a)

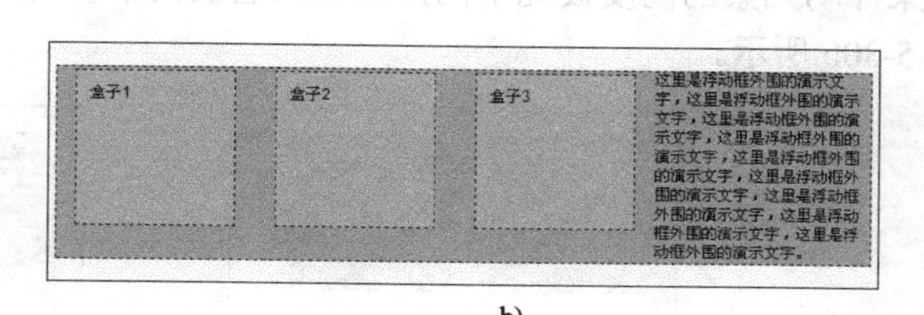

b)

图 5-29 向左浮动的元素

a) 单个元素向左浮动 b) 所有元素向左浮动

单个元素向左浮动的布局中只修改了“盒子 1”的 CSS 定义，代码如下。

```
.son_one{
    width:100px;                /*设置元素宽度*/
    height:100px;               /*设置元素高度*/
    float:left;                 /*向左浮动*/
}
```

所有元素向左浮动的布局中修改了“盒子 1”“盒子 2”和“盒子 3”的 CSS 定义，代码如下。

```
.son_one{
    width:100px;                /*设置元素宽度*/
    height:100px;               /*设置元素高度*/
    float:left;                 /*向左浮动*/
}
.son_two{
    width:100px;                /*设置元素宽度*/
    height:100px;               /*设置元素高度*/
    float:left;                 /*向左浮动*/
}
.son_three{
    width:100px;                /*设置元素宽度*/
    height:100px;               /*设置元素高度*/
    float:left;                 /*向左浮动*/
}
```

【说明】

1）本例页面中如果只将“盒子 1”向左浮动，该元素同样脱离文档流向左移动，直到它的左边缘碰到包含框的左边缘，如图 5-29a 所示。由于“盒子 1”不再处于文档流中，所以它不占据空间，实际上覆盖了“盒子 2”，导致“盒子 2”从布局中消失。

2）如果所有元素向左浮动，那么“盒子 1”向左浮动直到碰到左边框时静止，另外两个盒子也向左浮动，直到碰到前一个浮动框也静止，如图 5-29b 所示，这样就将纵向排列的 Div 容器，变成了横向排列。

【演练 5-15】 父容器空间不够时的元素浮动。使用上面的【演练 5-14】继续讨论，如果类名为.father 的父容器宽度不够，无法容纳 3 个浮动元素“盒子 1”“盒子 2”和“盒子 3”并排放置，那么部分浮动元素将会向下移动，直到有足够的空间放置它们，如图 5-30a 所示。如果浮动元素的高度彼此不同，那么当它们向下移动时可能会被其他浮动元素“挡住”，如图 5-30b 所示。

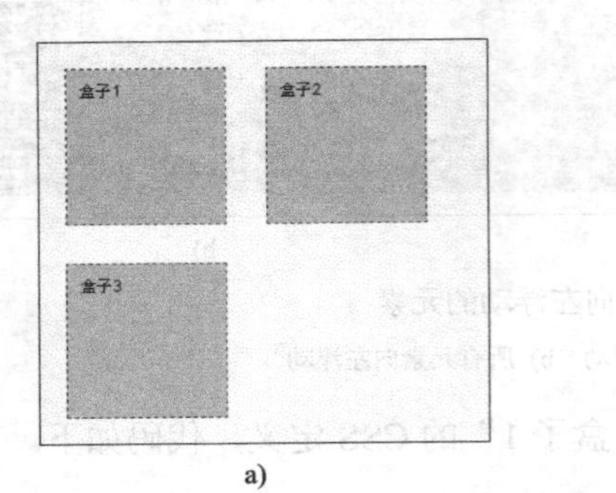

a)

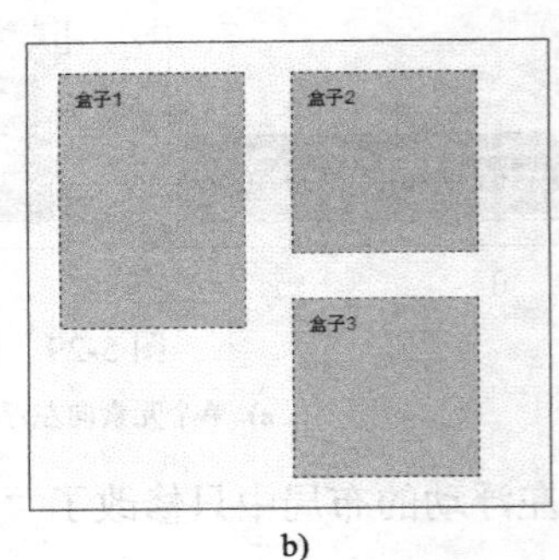

b)

图 5-30　父容器空间不够时的元素浮动

a) 父容器宽度不够时的状态　b) 父容器宽度不够且不同高度的浮动元素

当父容器宽度不够时，浮动元素“盒子 1”“盒子 2”和“盒子 3”的 CSS 定义同【演练 5-14】，此处只修改了父容器的 CSS 定义；同时，为了看清盒子之间的排列关系，去掉了父容器中段落的样式定义及结构代码，添加的父容器 CSS 定义代码如下。

```
.father{                          /*设置容器的样式*/
    background-color:#ffff99;
    border:1px solid #111111;
    padding:5px;
    width:330px;                  /*父容器的宽度不够，导致浮动元素“盒子 3”向下移动*/
    float:left;                   /*向左浮动*/
    }
```

当出现父容器宽度不够且不同高度的浮动元素时，“盒子 1”“盒子 2”和“盒子 3”的 CSS 定义代码如下。

```
.son_one{
    width:100px;                  /*设置元素宽度*/
    height:150px;                 /*浮动元素高度不同导致盒子 3 向下移动时被盒子 1“挡住”*/
    float:left;                   /*向左浮动*/
}
```

```
.son_two{
    width:100px;                /*设置元素宽度*/
    height:100px;               /*设置元素高度*/
    float:left;                 /*向左浮动*/
}
.son_three{
    width:100px;                /*设置元素宽度*/
    height:100px;               /*设置元素高度*/
    float:left;                 /*向左浮动*/
}
```

【说明】浮动元素“盒子 1”的高度超过了向下移动的浮动元素“盒子 3”的高度，因此才会出现“盒子 3”向下移动时被“盒子 1”挡住的现象。如果浮动元素“盒子 1”的高度小于浮动元素“盒子 3”的高度，就不会发生“盒子 3”向下移动时被“盒子 1”挡住的现象。

5.8.2 清除浮动

在页面布局时，当容器的高度设置为 auto 且容器的内容中有浮动元素时，容器的高度不能自动伸长以适应内容的高度，使得内容溢出到容器外面导致页面出现错位，这个现象称为“浮动溢出”。为了防止这个现象的出现而进行的 CSS 处理，就叫清除浮动。

在 CSS 样式中，浮动与清除浮动（clear）是相互对立的，使用清除浮动不仅能够解决页面错位的现象，还能解决子级元素浮动导致父级元素背景无法自适应子级元素高度的问题。

语法：**clear : none | left |right | both**

参数：none 允许两边都可以有浮动对象，both 不允许有浮动对象，left 不允许左边有浮动对象，right 不允许右边有浮动对象。

【演练 5-16】 清除浮动示例。使用上面的【演练 5-14】继续讨论，将“盒子 1”“盒子 2”设置为向左浮动，“盒子 3”设置为向右浮动，未清除浮动时的段落文字填充在“盒子 2”与“盒子 3”之间，如图 5-31a 所示，清除浮动后的状态如图 5-31b 所示。

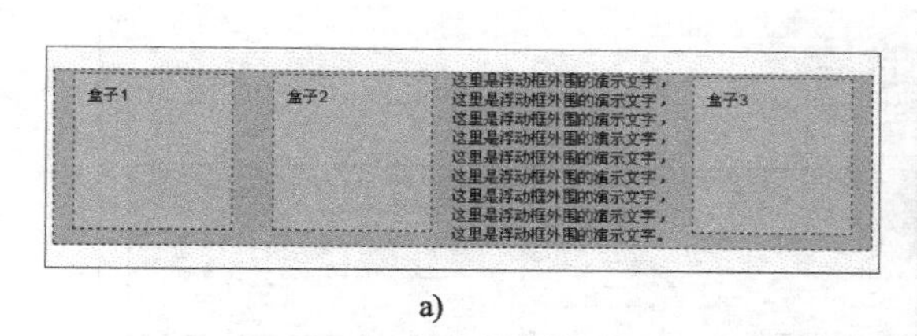

a)

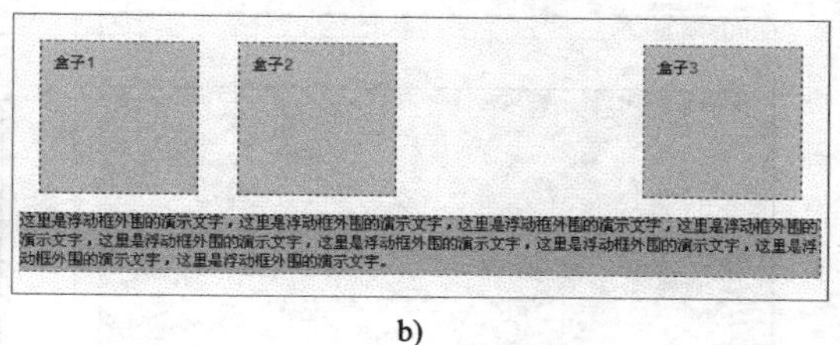

b)

图 5-31　清除浮动示例

a) 未清除浮动时的状态　b) 清除浮动后的状态

将“盒子 1”“盒子 2”设置为向左浮动，“盒子 3”设置为向右浮动的 CSS 代码如下。

```
.son_one{
    width:100px;                /*设置元素宽度*/
    height:100px;               /*设置元素高度*/
    float:left;                 /*向左浮动*/
}
```

```
.son_two{
      width:100px;                    /*设置元素宽度*/
      height:100px;                   /*设置元素高度*/
      float:left;                     /*向左浮动*/
}
.son_three{
      width:100px;                    /*设置元素宽度*/
      height:100px;                   /*设置元素高度*/
      float:right;                    /*向右浮动*/
}
```

设置段落样式中清除浮动的 CSS 代码如下。

```
.father p{                            /*设置容器中段落的样式*/
      border:1px dashed #111111;
      background-color:#ff90ba;
      clear:both;                     /*清除所有浮动*/
}
```

【说明】在对段落设置了“clear:both;”清除浮动后，可以将段落之前的浮动全部清除，使段落按照正常的文档流显示，如图 5-31b 所示。

5.9 课堂综合实训——家具商城登录页面整体布局

本节主要讲解家具商城登录页面整体布局的方法，重点练习 CSS 定位与浮动实现页面布局的各种技巧。

【实训要求】家具商城登录页面整体布局，本例文件 5-17.html 在未使用盒子浮动前的布局效果如图 5-32 所示，使用盒子浮动后的布局效果如图 5-33 所示。

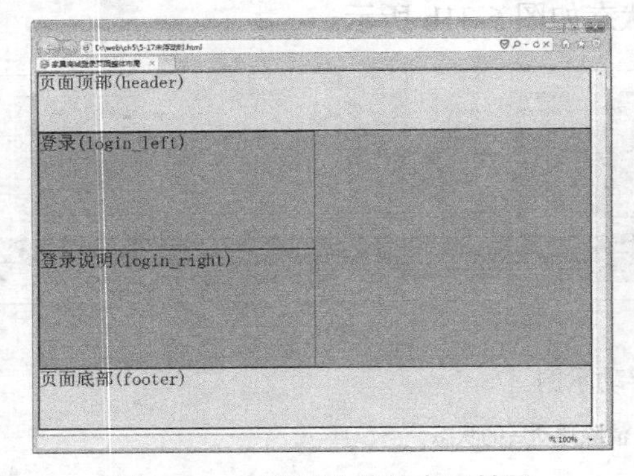

图 5-32　盒子浮动前的布局效果

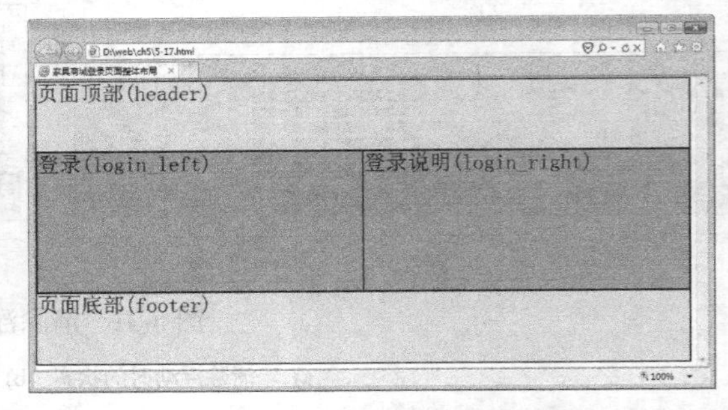

图 5-33　盒子浮动后的布局效果

在布局规划中，wrapper 是整个页面的容器，header 是页面的顶部区域，main 是页面的主体内容，其中又包含登录表单区域 login_left 和表单说明区域 login_right，footer 是页面的底部区域。

代码如下。

```
<html>
```

```
<head>
<title>家具商城登录页面整体布局</title>
</head>
<style type="text/css">
body {                          /*body 容器的样式*/
   margin:0px;                  /*外边距为 0px*/
   padding:0px;                 /*内边距为 0px*/
}
div{                            /*设置各 div 块的边框、字体和颜色*/
   border:1px solid #00f;
   font-size:30px;
   font-famliy:宋体;
}
#wrapper{                       /*整个页面容器 wrapper 的样式*/
   width:900px;
   margin:0px auto;             /*容器自动居中*/
}
#header{                        /*顶部区域的样式*/
   width:100%;                  /*宽度 100%*/
   height:100px;                /*高度 100%*/
   background:#6ff;
}
#main{                          /*主体内容区域的样式*/
   width:100%;                  /*宽度 100%*/
   height:200px;                /*高度 200px*/
   background:#f93;
}
.login_left{                    /*登录表单区域的样式*/
   width:50%;                   /*宽度占 50%*/
   height:100%;                 /*高度 100%*/
   float:left;                  /*向左浮动*/
}
.login_right{                   /*表单说明区域的样式*/
   width:50%;                   /*宽度占 50%*/
   height:100%;                 /*高度 100%*/
   float:left;                  /*向左浮动*/
}
#footer{                        /*底部区域的样式*/
   width:100%;                  /*宽度 100%*/
   height:100px;                /*高度 100%*/
   background:#6ff;
}
</style>
<body>
   <div id="wrapper">
      <div id="header">页面顶部(header)</div>
```

```
        <div id="main">
            <div class="login_left">登录(login_left)</div>
            <div class="login_right">登录说明(login_right)</div>
        </div>
        <div id="footer">页面底部(footer)</div>
    </div>
</body>
</html>
```

【说明】在定义 login_left 和 login_right 的样式时，如果没有设置“float:left;”向左浮动，则登录说明区域将另起一行显示，显然是不符合布局要求的。

习题

1）使用相对定位的方法制作如图 5-34 所示的页面布局。

2）使用盒模型技术制作如图 5-35 所示的家具商城首页产品特色的局部页面。

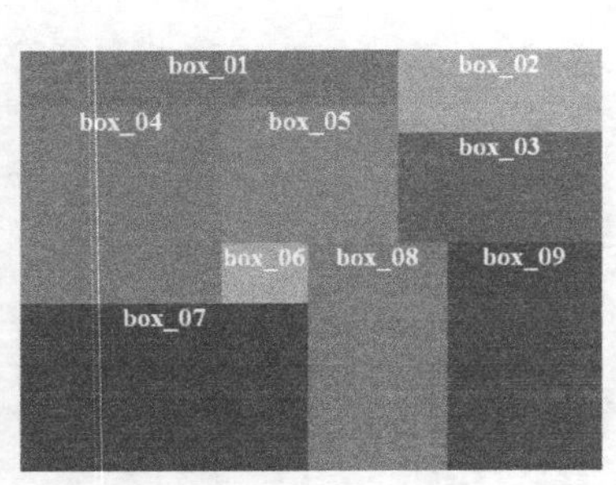

图 5-34　题 1 图

图 5-35　题 2 图

3）使用盒模型技术制作如图 5-36 所示的家具商城结算页面的局部信息。

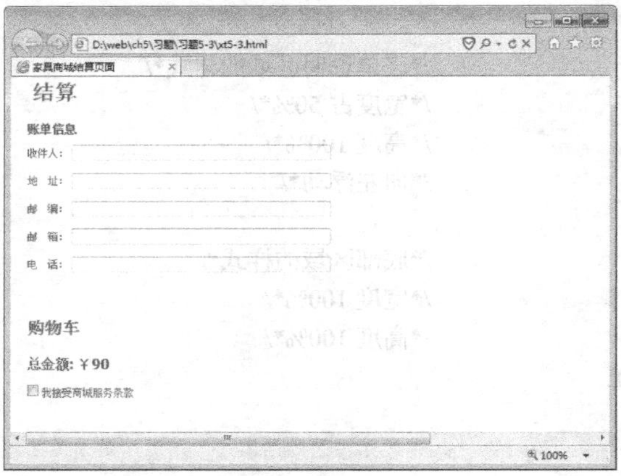

图 5-36　题 3 图

第 6 章　Div+CSS 布局页面

前面的章节介绍了 CSS 的基本概念及盒模型的基础知识，从本章开始将深入讲解 CSS 的核心原理。传统网站是采用表格进行布局的，但这种方式已经逐渐淡出设计舞台，取而代之的是符合 Web 标准的 Div+CSS 布局方式。随着 Web 标准在国内的逐渐普及，许多网站已经开始重构。Web 标准提出将网页的内容与表现分离，同时要求 HTML 文档具有良好的结构。

6.1　Div+CSS 布局技术简介

使用 Div+CSS 布局页面是当前制作网站流行的技术。网页设计师必须按照设计要求，首先搭建一个可视的排版框架，这个框架有自己在页面中显示的位置、浮动方式，然后再向框架中填充排版的细节，这就是 Div+CSS 布局页面的基本理念。

6.1.1　Div+CSS 布局的优点

传统的 HTML 标签中，既有控制结构的标签（如<title>标签和<p>标签），又有控制表现的标签（如<font>标签和<b>标签），还有本意用于结构后来被滥用于控制表现的标签（如<h1>标签和<table>标签）。页面的整个结构标签与表现标签混合在一起。

相对于其他 HTML 继承而来的元素，Div 标签是一种块级元素，更容易被 CSS 代码控制样式。

Div+CSS 的页面布局不仅仅是设计方式的转变，而且是设计思想的转变，这一转变为网页设计带来了许多便利。虽然在设计中使用的元素依然没有改变，在旧的表格布局中，也会使用到 Div 和 CSS，但它们却没有被用于页面布局。采用 Div+CSS 布局方式的优点如下。

- Div 用于搭建网站结构，CSS 用于创建网站表现，将表现与内容分离，便于大型网站的协作开发和维护。
- 缩短了网站的改版时间，设计者只要简单地修改 CSS 文件就可以轻松改版。
- 强大的字体控制和排版能力，使设计者能够更好地控制页面布局。
- 使用只包含结构化内容的 HTML 代替嵌套的标签，提高搜索引擎对网页的索引效率。
- 用户可以将许多网页的风格格式同时更新。

6.1.2　使用嵌套的 Div 实现页面排版

使用 Div+CSS 布局页面完全有别于传统的网页布局习惯，它将页面首先在整体上进行 Div 标签的分块，然后对各个块进行 CSS 定位，最后再在各个块中添加相应的内容。

Div 标签是可以被嵌套的，这种嵌套的 Div 主要用于实现更为复杂的页面排版。下面以两个示例说明嵌套的 Div 之间的关系。

【演练 6-1】 未嵌套的 Div 容器，本例文件的 Div 布局效果如图 6-1 所示。

代码如下。

```
<body>
<div id="top">此处显示 id "top" 的内容</div>
<div id="main">此处显示 id "main" 的内容</div>
<div id="footer">此处显示 id "footer" 的内容</div>
</body>
</html>
```

以上代码中分别定义了 id="top"、id="main"和 id="footer"的 3 个 Div 标签，它们之间是并列关系，没有嵌套。在页面布局结构中以垂直方向顺序排列。而在实际的工作中，这种布局方式并不能满足需要，经常会遇到 Div 之间的嵌套。

【演练 6-2】 嵌套的 Div 容器，本例文件的 Div 布局效果如图 6-2 所示。

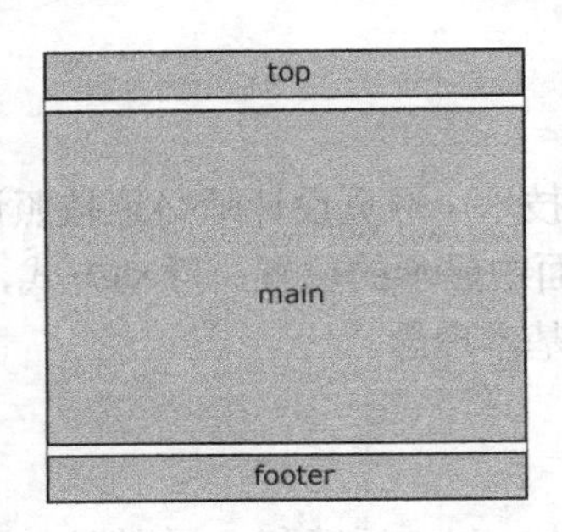

图 6-1　未嵌套的 Div

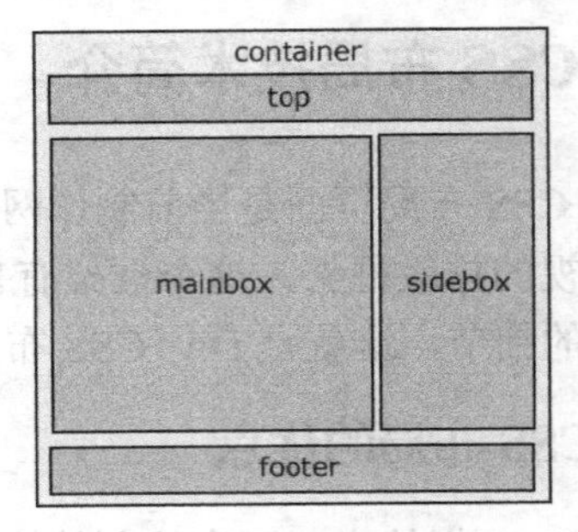

图 6-2　嵌套的 Div

代码如下。

```
<body>
<div id="container">
  <div id="top">此处显示 id "top" 的内容</div>
  <div id="main">
    <div id="mainbox">此处显示 id "mainbox" 的内容</div>
    <div id="sidebox">此处显示 id "sidebox" 的内容</div>
  </div>
  <div id="footer">此处显示 id "footer" 的内容</div>
</div>
</body>
```

本例中，id="container"的 Div 作为盛放其他元素的容器，它所包含的所有元素对于 id="container"的 Div 来说都是嵌套关系。对于 id="main"的 Div 容器，则根据实际情况进行布局，这里分别定义 id="mainbox"和 id="sidebox"两个 Div 标签，虽然新定义的 Div 标签之间是并列的关系，但都处于 id="main"的 Div 标签内部，因此它们与 id="main"的 Div 形成一个嵌套关系。

6.2　典型的 CSS 布局样式

网页设计师为了让页面外观与结构分离，就要用 CSS 样式来规范布局。使用 CSS 样式规范布局可以让代码更加简洁和结构化，使站点的访问和维护更加容易。通过前面的学习，读者已经对页面布局的实现过程有了基本理解。

网页设计的第一步是设计版面布局。就像传统的报纸杂志编辑一样，将网页看作一张报纸或者一本杂志来进行排版布局。本节结合目前较为常用的CSS布局样式，向读者进一步讲解布局的实现方法。

6.2.1 两列布局样式

许多网站都有一些共同的特点，即页面顶部放置一个大的导航或广告条，右侧是链接或图片，左侧放置主要内容，页面底部放置版权信息等，如图 6-3 所示的布局就是经典的两列布局。

一般情况下，此类页面布局的两列都有固定的宽度，而且从内容上很容易区分主要内容区域和侧边栏。页面布局整体上分为上、中、下 3 部分，即 header 区域、container 区域和 footer 区域。其中的 container 又包含 mainBox（主要内容区域）和 sideBox（侧边栏），布局示意图如图 6-4 所示。

图 6-3 经典的两列布局

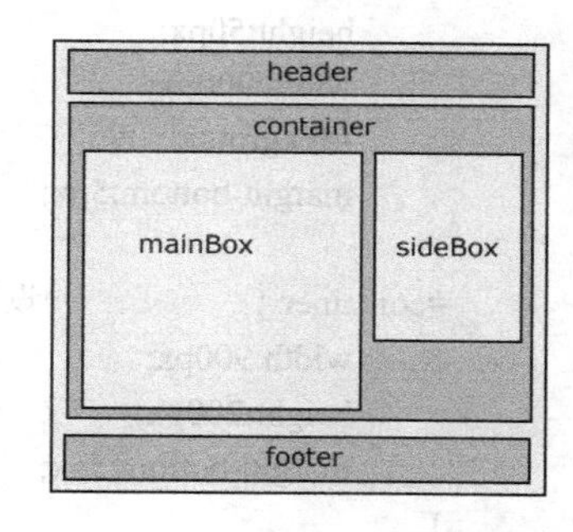

图 6-4 两列页面布局示意图

下面以最经典的三行两列宽度固定布局为例讲解最基础的固定分栏布局。

【演练 6-3】 三行两列宽度固定布局。该布局比较简单，首先使用 id="wrap"的 Div 容器将所有内容包裹起来。在 wrap 内部，id="header"的 Div 容器、id="container"的 Div 容器和 id="footer"的 Div 容器把页面分成 3 部分，而中间的 container 又被 id="mainBox"的 Div 容器和 id="sideBox"的 Div 容器分成两块，页面效果如图 6-5 所示。

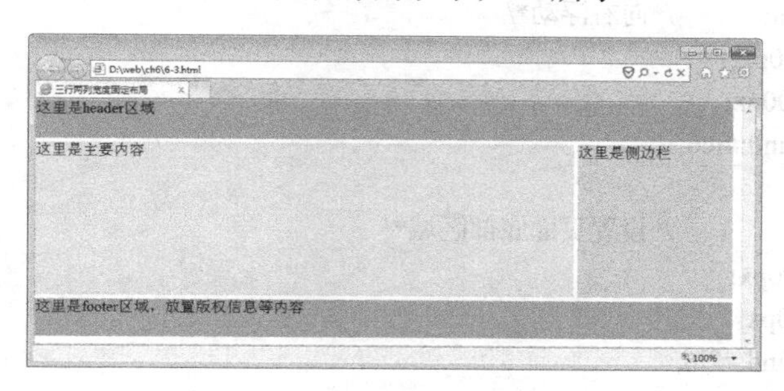

图 6-5 三行两列宽度固定布局的页面效果

代码如下。

```
<html>
<head>
<title>常用的 CSS 布局</title>
<style type="text/css">
* {
      margin:0;
      padding:0;
}
body {                    /*设置页面全局参数*/
      font-family:"华文细黑";
      font-size:20px;
}
#wrap {                   /*设置页面容器的宽度，并居中放置*/
      margin:0 auto;
      width:900px;
}
#header {                 /*设置页面头部信息区域*/
      height:50px;
      width:900px;
      background:#f96;
      margin-bottom:5px;
}
#container {              /*设置页面中部区域*/
      width:900px;
      height:200px;
      margin-bottom:5px;
}
#mainBox {                /*设置页面主内容区域*/
      float:left;         /*因为是固定宽度，采用浮动方法可避免 IE 3 的像素错误*/
      width:695px;
      height:200px;
      background:#fd9;
}
#sideBox {                /*设侧边栏区域*/
      float:right;        /*向右浮动*/
      width:200px;
      height:200px;
      background:#fc6;
}
#footer {                 /*设置页面底部区域*/
      width:900px;
      height:50px;
      background:#f96;
}
</style>
```

```
</head>
<body>
<div id="wrap">
    <div id="header">这里是 header 区域</div>
    <div id="container">
        <div id="mainBox">这里是</div>
        <div id="sideBox">这里是侧边栏</div>
    </div>
    <div id="footer">这里是 footer 区域，放置版权信息等内容</div>
</div>
</body>
</html>
```

【说明】

1）两列宽度固定指的是 mainBox 和 sideBox 两个块级元素的宽度固定，通过样式控制将其放置在 container 区域内。两列布局的方式主要是以 mainBox 和 sideBox 的浮动实现的。

2）需要注意的是，【演练 6-3】中的布局规则并不能满足实际情况的需要。例如，当 mainBox 中的内容过多时在 Opera 浏览器和 Firefox 浏览器中就会出现错位的情况。

对于与高度和宽度都固定的容器，当内容超过容器所容纳的范围时，可以使用 CSS 样式中的 overflow 属性将溢出的内容隐藏或者设置滚动条。

如果要真正解决这个问题，就要使用高度自适应的方法，即当内容超过容器高度时，容器能够自动延展。要实现这种效果，就要修改 CSS 样式的定义。首先要做的是删除样式中容器的高度属性，并将其后面的浮动效果清除。

下面的示例讲解了如何对 CSS 样式进行修改。

【演练 6-4】 使用高度自适应的方法进行三行两列宽度固定布局。在【演练 6-3】的基础上，删除 CSS 样式中 container、mainBox 和 sideBox 的高度，并且清除 footer 的浮动效果，最终的页面效果如图 6-6 所示。

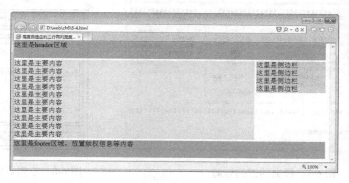

图 6-6　高度自适应的三行两列宽度固定布局的页面效果

修改 container、mainBox、sideBox 和 footer 的 CSS 定义，代码如下。

```
#container {                /*设置页面中部区域*/
    margin-bottom:5px;
}
```

```
#mainBox {               /*设置页面主内容区域*/
    float:left;          /*因为是固定宽度，采用浮动方法可避免 IE 3 的像素错误*/
    width:695px;
    background:#fd9;
}
#sideBox {               /*设侧边栏区域*/
    float:right;
    width:200px;
    background:#fc6;
}
#footer {                /*设置页面底部区域*/
    clear:both;          /*清除 footer 的浮动效果*/
    width:900px;
    height:50px;
    background:#f96;
}
```

【说明】 通过修改 CSS 样式定义，在 mainBox 和 sideBox 标签内部添加任何内容，都不会出现溢出容器之外的现象，容器会根据内容的多少自动调节高度。

6.2.2 三列布局样式

三列布局在网页设计时更为常用，如图 6-7 所示。对于这种类型的布局，浏览者的注意力最容易集中在中栏的信息区域，其次才是左右两侧的信息。

三列布局与两列布局非常相似，在处理方式上可以利用两列布局结构的方式处理，如图 6-8 所示的就是 3 个独立的列组合而成的三列布局。三列布局仅比两列布局多了一列内容，无论形式上怎么变化，最终还是基于两列布局结构演变出来的。

图 6-7　经典的三列布局

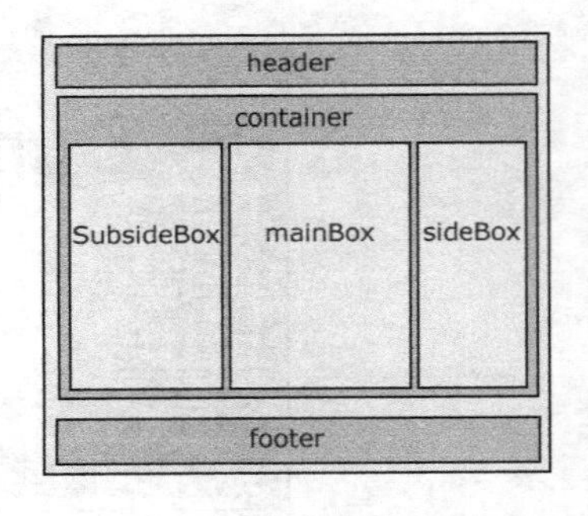

图 6-8　三列页面布局示意图

1．两列定宽中间自适应的三列结构

设计人员可以利用负边距原理实现两列定宽中间自适应的三列结构，这里负边距值指的是将某个元素的 margin 属性值设置成负值，对于使用负边距的元素可以将其他容器“吸引”到身边，从而解决页面布局的问题。

【演练 6-5】 两列定宽中间自适应的三列结构。页面中 id="container"的 Div 容器包含了主要内容区域（mainBox）、次要内容区域（SubsideBox）和侧边栏（sideBox），效果如图 6-9 所示。如果将浏览器窗口进行缩放，可以看到中间列自适应宽度的效果，如图 6-10 所示。

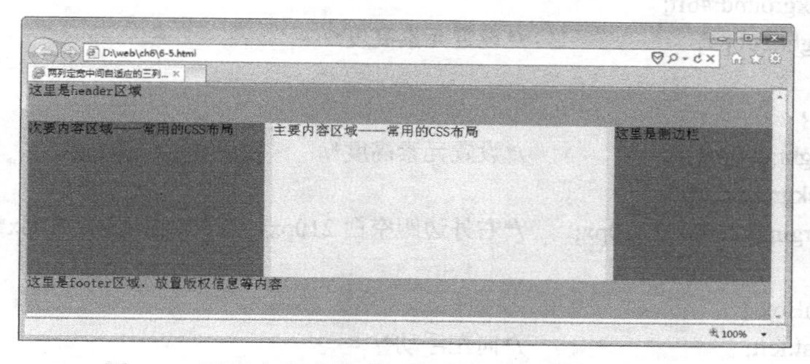

图 6-9　两列定宽中间自适应的三列结构的页面效果

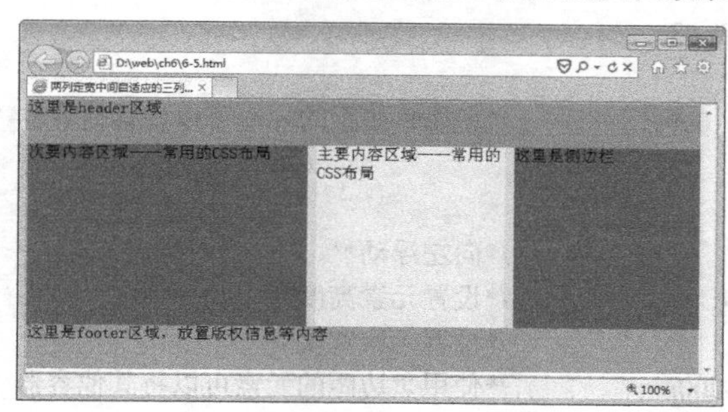

图 6-10　中间列自适应宽度的效果（浏览器窗口缩小时的状态）

代码如下。

```
<html>
<head>
<title>两列定宽中间自适应的三列结构</title>
<style type="text/css">
* {
	margin:0;
	padding:0;
}
body {
	font-family:"宋体";
	font-size:18px;
	color:#000;
}
#header {
	height:50px;                /*设置元素高度*/
	background:#0cf;
}
#container {
	overflow:auto;              /*溢出自动延展*/
}
#mainBox {
```

```
        float:left;                    /*向左浮动*/
        width:100%;
        background:#6ff;
        height:200px;                  /*设置元素高度*/
    }
    #content {
        height:200px;                  /*设置元素高度*/
        background:#ff0;
        margin:0 210px 0 310px;        /*右外边距空白 210px，左外边距空白 310px*/
    }
    #submainBox {
        float:left;                    /*向左浮动*/
        height:200px;                  /*设置元素高度*/
        background:#c63;
        width:300px;
        margin-left:-100%;             /*使用负边距的元素可以将其他容器“吸引”到身边*/
    }
    #sideBox {
        float:left;                    /*向左浮动*/
        height:200px;                  /*设置元素高度*/
        width:200px;                   /*设置元素宽度*/
        margin-left:-200px;            /*使用负边距的元素可以将其他容器“吸引”到身边*/
        background:#c63;
    }
    #footer {
        clear:both;                    /*清除 footer 的浮动效果*/
        height:50px;                   /*设置元素高度*/
        background:#3cf;
    }
    </style>
    </head>
    <body>
    <div id="header">这里是 header 区域</div>
    <div id="container">
      <div id="mainBox">
        <div id="content">主要内容区域——常用的 CSS 布局</div>
      </div>
      <div id="submainBox">次要内容区域——常用的 CSS 布局</div>
      <div id="sideBox">这里是侧边栏</div>
    </div>
    <div id="footer">这里是 footer 区域，放置版权信息等内容</div>
    </body>
    </html>
```

【说明】 本示例中的主要内容区域（mainBox）中又包含具体的内容区域（content），设计思路是利用 mainBox 的浮动特性，将其宽度设置为 100%，再结合 content 的左右外边距所留下的空白，并利用负边距原理将次要内容区域（SubsideBox）和侧边栏（sideBox）“吸引”到身边。

2．三列自适应结构

6.2.1 节讲解的示例中左右两列都是固定宽度的，能否将其中一列或两列都变成自适应结构呢？首先，介绍一下三列自适应结构的特点，如下所示。

- 三列都设置为自适应宽度。
- 中间列的主要内容首先出现在网页中。
- 可以允许任一个列的内容为最高。

下面以实例说明如何实现。

【演练 6-6】 三列自适应结构。三列自适应结构的页面效果如图 6-11 所示。将浏览器窗口进行缩放，可以清楚地看到三列自适应宽度的效果，如图 6-12 所示。

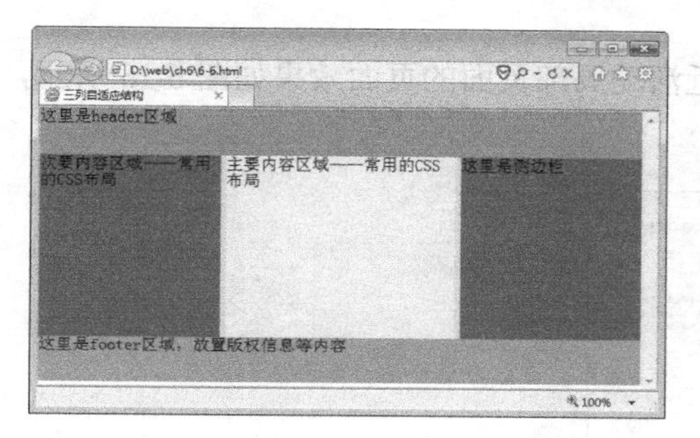

图 6-11　三列自适应结构的页面效果

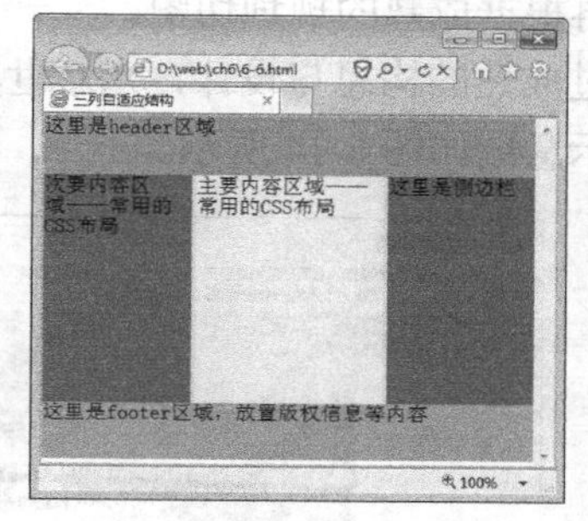

图 6-12　浏览器窗口缩小时的状态

本例只修改了 content、submainBox 和 sideBox 元素的 CSS 定义，代码如下。

```
#content {
    height:200px;                /*设置元素高度*/
    background:#ff0;
    margin:0 31% 0 31%;          /*设置外边距左右距离为自适应*/
}
#submainBox {
    float:left;                  /*向左浮动*/
    height:200px;                /*设置元素高度*/
    background:#c63;
    width:30%;                   /*设置宽度为 30%*/
    margin-left:-100%;           /*设置负边距为-100%*/
}
#sideBox {
    float:left;                  /*向左浮动*/
    height:200px;                /*设置元素高度*/
    width:30%;                   /*设置宽度为 30%*/
    margin-left:-30%;            /*设置负边距为-30%*/
    background:#c63;
}
```

【说明】 要实现三列自适应结构，要从改变列的宽度入手。首先，要将 submainBox

和 sideBox 两列的宽度设置为自适应；其次，要调整左右两列有关负边距的属性值；最后，要对内容区域 content 容器的外边距 margin 值加以修改。

6.3 综合案例——制作光影世界最近活动局部页面

在前面的章节中讲解过使用图文混排技术制作光影世界最近活动的页面，但当时采用的是基本的 HTML 结构代码实现的排版，虽然实现了简单的图文混排，但并不美观。本节主要讲解使用 Div+CSS 布局的方法重新排版该页面，重点练习 Div+CSS 布局页面的相关知识。

6.3.1 页面布局规划

页面布局的首要任务是弄清网页的布局方式，分析版式结构，待整体页面搭建有明确规划后，再根据成熟的规划切图。

通过成熟的构思与设计，光影世界最近活动局部页面的页面效果如图 6-13 所示，页面局部布局示意图如图 6-14 所示。

图 6-13 光影世界最近活动局部页面的效果

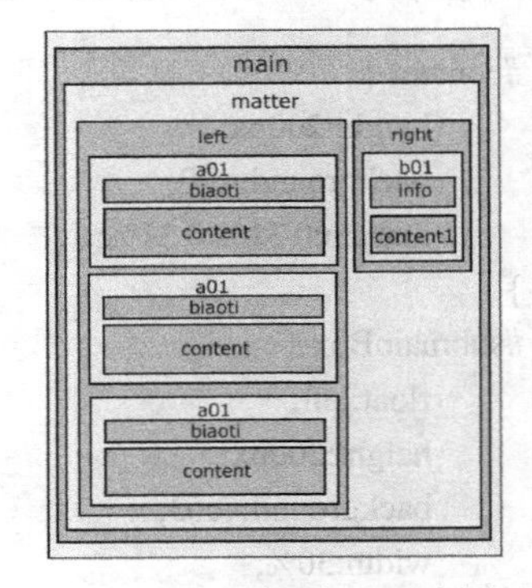

图 6-14 页面布局示意图

从页面布局示意图可以看出，main 是页面主体内容的容器，left 是页面主体内容的左侧区域，其中又包含 3 个子区域 a01，用于显示活动的图文信息；right 是页面主体内容的右侧区域，其中又包含 1 个子区域 b01，用于显示客服服务信息。

6.3.2 页面的制作过程

1. 前期准备

（1）栏目目录结构

在栏目文件夹下创建文件夹 images 和 css，分别用来存放图像素材和外部样式表文件。

（2）页面素材

将本页面需要使用的图像素材存放在文件夹 images 下。

（3）外部样式表

在文件夹 css 下新建一个名为 style.css 的样式表文件。

2．制作页面

本例的样式表文件为 style.css，代码如下。

```
/*页面全局样式——父元素*/
body {
        font-family:arial;
        font-size:12px;                    /*文字大小为 12px*/
        padding:0px;                       /*内边距为 0px*/
        margin:0px;                        /*外边距为 0px*/
        background:#f8f8f8;                /*浅灰色背景*/
}
a{
        text-decoration:none;              /*链接无修饰*/
}
img{
        border:none;                       /*图像无边框*/
}
/*页面主体样式*/
.main {                                    /*设置页面主体的样式*/
        width:1000px;                      /*页面主体宽度为 1000px*/
        margin:auto;                       /*上下左右都自动适应*/
        background:#fff;                   /*白色背景*/
        padding:3px;                       /*内边距为 3px*/
}
.matter{                                   /*设置容器的样式*/
        width:100%;                        /*容器宽度占父元素 100%*/
        margin:auto;
        overflow:hidden;                   /*溢出隐藏*/
}
.matter .left{                             /*设置左侧区域的样式*/
        float:left;                        /*向左浮动*/
        width:740px;                       /*宽度 740px*/
}
.matter .right{                            /*设置右侧区域的样式*/
        float:right;                       /*向右浮动*/
        width:250px;                       /*宽度 250px*/
}
.a01{                                      /*设置左侧区域容器的样式*/
        width:738px;
        background:#f3f3f3;                /*背景色浅灰色*/
        border:1px solid #d4d4d4;          /*边框为 1px 实线浅色边框*/
        padding-bottom:15px;               /*下内边距为 15px*/
```

```
	margin-bottom:10px;          /*下外边距为 10px*/
}
.a01 .biaoti{                    /*设置左侧标题区域的样式*/
	font-family:'Microsoft Yahei','黑体',Tahoma,Helvetica,arial,sans-serif;
	font-size:20px;              /*文字大小为 20px*/
	padding:10px;                /*内边距为 10px*/
}
.a01 .biaoti h1{                 /*设置 h1 标题的样式*/
	font:bold 28px/1.4 'Microsoft Yahei','黑体',Tahoma,Helvetica,arial,sans-serif;
	padding:0px 0px 10px 0px;    /*上、右、下、左内边距分别为 0px、0px、10px、0px*/
	margin:0px;                  /*外边距为 0px*/
}
.a01 .content{                   /*设置左侧内容区域的样式*/
	width:700px;
	margin:auto;
	overflow:hidden;             /*溢出隐藏*/
}
.a01 .content .m{                /*设置左侧内容中报名区域的样式*/
	width:205px;
	float:left;                  /*向左浮动*/
}
.a01 .content .n{                /*设置左侧内容中图像信息的样式*/
	width:458px;
	float:left;                  /*向左浮动*/
	border:8px solid #1693ff;    /*边框为 8px 实线蓝色边框*/
}
.baomi{                          /*设置左侧内容中报名人数的样式*/
	color:#515151;               /*灰色文字*/
	font-size:24px;
	font-weight:bold;            /*字体加粗*/
}
.shuzi{                          /*设置左侧内容中活动价格的样式*/
	color:#fa0002;               /*红色文字*/
	font-size:50px;
	font-weight:bold;            /*字体加粗*/
}
.b01{                            /*设置右侧区域容器的样式*/
	width:248px;
	border:1px solid #d4d4d4;    /*边框为 1px 实线浅色边框*/
	margin-bottom:8px;           /*下外边距为 8px*/
}
.b01 .info{                      /*设置右侧区域标题文字的样式*/
	color:#000000;
	font:18px/1.4 'Microsoft Yahei','黑体',Tahoma,Helvetica,arial,sans-serif;
	border-bottom:1px dashed #cccccc;        /*底部边框为 1px 虚线浅灰色边框*/
	width:240px;
```

```
        margin:auto;
        height:30px;
        line-height:30px;               /*行高等于高度，文字垂直方向居中对齐*/
        padding-left:10px;              /*左内边距为 10px*/
    }
    .b01 .content{                      /*设置右侧区域客服电话的样式*/
        text-align:center;              /*文字水平居中对齐*/
        padding:6px 0px;                /*上、下内边距为 6px，左、右内边距为 0px*/
    }
    .b01 .content1{                     /*设置右侧区域客服宗旨的样式*/
        padding:10px;                   /*内边距为 10px*/
        color:#333333;                  /*深灰色文字*/
        line-height:24px;
    }
    .red{                               /*设置右侧区域"尊敬的客户"文字的样式*/
        color:#F00;                     /*红色文字，醒目显示*/
    }
```

网页的结构文件 activity.html 的代码如下。

```
<!doctype html>
<html>
<head>
<meta charset="gb2312">
<title>最近活动页</title>
<link href="css/style.css" rel="stylesheet" type="text/css" />
</head>
<body>
<div class="main">
  <div class="matter">
    <div class="left">
      <div class="a01">
        <div class="biaoti">
          <h1>海天一色海岛游</h1>
              仅售 1988 元！价值 9999 元的海天一色海岛游开启梦幻之旅，免费精品酒店住宿 2 晚，免费提供 WiFi，成就一个永恒的幸福瞬间。
        </div>
        <div class="content">
          <div class="m">
            <table width="100%" border="0" cellspacing="0" cellpadding="0">
              <tr>
                <td>
                  <a href="#"><img src="images/join.jpg" width="206" height="61" /></a>
                </td>
              </tr>
              <tr>
                <td height="30"></td>
```

```
                </tr>
                <tr>
                    <td align="center" class="baomi">共 298 人已报名</td>
                </tr>
                <tr>
                    <td height="30"></td>
                </tr>
                <tr>
                    <td align="center" class="shuzi">&yen;1988 </td>
                </tr>
                <tr>
                    <td> </td>
                </tr>
            </table>
        </div>
        <div class="n"><img src="images/island.jpg" width="458" height="279" />
        </div>
      </div>
    </div>
    <!--……其余两个 class="a01"的 div 内容完全一致，这里省略代码。-->
  </div>
  <div class="right">
    <div class="b01">
      <div class="info">客服服务</div>
      <div class="content"><img src="images/sevice.jpg" width="232" height="43" /></div>
    </div>
    <div class="b01">
      <div class="info">客服服务</div>
      <div class="content1">
        <span class="red">尊贵的客户</span>，您好！欢迎进入光影世界……（此处省略文字）
      </div>
    </div>
  </div>
</div>
</div>
</body>
</html>
```

【说明】 由于样式表目录 style 和图像目录 images 是同级目录，因此，样式中访问图像时使用的是相对路径“../images/图像文件名”的写法。

6.4 课堂综合实训——制作家具商城产品明细局部页面

本节主要讲解家具商城产品明细局部页面的布局方法，重点练习 Div+CSS 布局页面的相关知识。

6.4.1 页面布局规划

通过成熟的构思与设计，家具商城产品明细局部内容的页面效果如图 6-15 所示，页面局部布局示意图如图 6-16 所示。

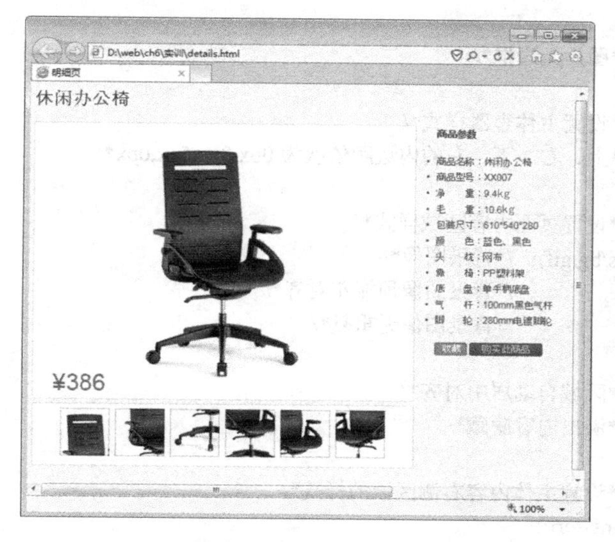

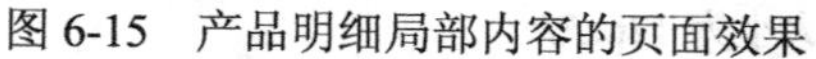

图 6-15 产品明细局部内容的页面效果

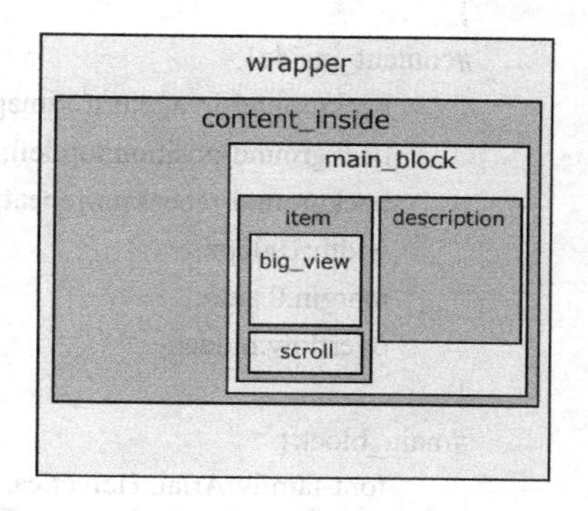

图 6-16 页面局部布局示意图

从页面布局示意图可以看出，由于产品明细局部信息在整个页面中位于主体内容的右侧，因此，在布局规划中，wrapper 是整个主体内容容器，content_inside 是页面内容区域，main_block 是页面内容的右侧区域，其中又包含左、右两个子区域。左边子区域 item 用于显示家具的大图和缩略图；右边子区域 description 用于显示家具的详细商品参数。

6.4.2 页面的制作过程

1．前期准备

（1）栏目目录结构

在栏目文件夹下创建文件夹 images 和 css，分别用来存放图像素材和外部样式表文件。

（2）页面素材

将本页面需要使用的图像素材存放在文件夹 images 下。

（3）外部样式表

在文件夹 css 下新建一个名为 style.css 的样式表文件。

2．制作页面

本例的样式表文件为 style.css，代码如下。

```
*{                                  /* *表示针对 HTML 的所有元素*/
    padding:0px;                    /*内边距为 0px*/
    margin:0px;                     /*外边距为 0px*/
    line-height: 20px;              /*行高 20px*/
}
```

```
body{                              /*设置页面整体样式*/
    height:100%;                   /*高度为相对单位*/
    background-color:#f3f1e9;      /*浅灰色背景*/
    position:relative;             /*相对定位*/
}
img{
    border:0px;                    /*图片无边框*/
}
#wrapper{                          /*设置主体容器样式*/
    padding:0 0 5px 0              /*上、右、下、左的内边距依次为 0px,0px,5px,0px*/
}
#content_inside{                   /*设置页面内容区域样式*/
    background-image:url(../images/bg.gif);  /*背景图像*/
    background-position:top left;            /*背景图像顶端左对齐*/
    background-repeat:no-repeat;             /*背景图像无重复*/
    width:1000px;
    margin:0 auto;                 /*区域自动居中对齐*/
    overflow:hidden                /*溢出内容隐藏*/
}
#main_block{                       /*设置主体内容右侧区域的样式*/
    font-family:Arial, Helvetica, sans-serif;
    font-size:12px;                /*设置文字大小为 12px*/
    color:#464646;                 /*设置默认文字颜色为灰色*/
    overflow:hidden;               /*溢出隐藏*/
    float:left;                    /*向左浮动*/
    width:752px;                   /*设置容器宽度为 752px*/
}
.pad20{                            /*设置主体内容右侧区域内边距样式*/
    padding:0 0 20px 0             /*上、右、下、左的内边距依次为 0px,0px,20px,0px*/
}
#item{                             /*设置右侧区域家具大图和缩略图容器的样式*/
    padding:13px 0 0 5px;          /*上、右、下、左的内边距依次为 13px,0px,0px,5px*/
    float:left                     /*向左浮动*/
}
#item h4{                          /*设置家具大图和缩略图容器标题文字的样式*/
    font-family:Arial, Helvetica, sans-serif;
    font-size:24px;                /*字体大小 24x*/
    color:#242424;                 /*灰色文字*/
    font-weight:normal;            /*字体正常粗细*/
}
.big_view{                         /*设置家具大图区域的样式*/
    width:478px;                   /*宽度 478px*/
    padding:20px 0 12px 0;         /*上、右、下、左的内边距依次为 20px,0px,12px,0px*/
    vertical-align:middle;         /*垂直方向居中对齐*/
    border:1px solid #D6D3C7;      /*边框 1px 浅灰色实线*/
    background-color:#FFFFFF;      /*背景色为白色*/
```

```
        position:relative;              /*相对定位*/
        text-align:center;              /*文字居中对齐*/
}
.big_view span{                         /*设置家具价格文字的样式*/
        font-size:30px;                 /*字体大小 30x*/
        color:#E9410E;                  /*红色文字*/
        display:block;                  /*块级元素*/
        position:absolute;              /*绝对定位*/
        bottom:10px;                    /*距离容器底部 10px*/
        left:25px;                      /*距离容器左端 25px*/
}
.scroll{                                /*设置家具缩略图区域的样式*/
        width:478px;                    /*宽度 478px*/
        border:1px solid #D6D3C7;       /*边框 1px 浅灰色实线*/
        background-color:#FFFFFF;
        padding:6px 0;                  /*上、右、下、左的内边距依次为 6px,0px,6px,0px*/
        text-align:center;              /*文字居中对齐*/
        margin:5px 0 0 0;               /*上、右、下、左的外边距依次为 5px,0px,0px,0px*/
}
.scroll a{                              /*设置家具缩略图区域超链接的样式*/
        margin:0 2px;                   /*上、右、下、左的外边距依次为 0px,2px,0px,2px*/
}
.description{                           /*设置家具详细商品参数的样式*/
        width:220px;                    /*宽度 200px*/
        float:left;                     /*向左浮动*/
        padding:55px 0 0 25px;          /*上、右、下、左的内边距依次为 55px,0px,0px,25px*/
}
.description p{                         /*设置商品参数段落的样式*/
        padding-bottom:15px;            /*下内边距 15px*/
}
.view{                                  /*设置查看按钮的样式*/
        display:block;                  /*块级元素*/
        float:left;                     /*向左浮动*/
        line-height:18px;               /*行高 18px*/
        margin:3px 3px 0 0;
        width:41px;
        text-align:center;              /*文字居中对齐*/
        background-image:url(../images/view_bg.gif);  /*背景图像*/
        background-position:top left;                 /*背景图像顶端左对齐*/
        background-repeat:no-repeat;                  /*背景图像无重复*/
        color:#fff;
        text-decoration:none            /*链接无修饰*/
}
.buy{                                   /*设置购买此商品按钮的样式*/
        display:block;                  /*块级元素*/
        float:left;                     /*向左浮动*/
```

```
        line-height:18px;              /*行高 18px*/
        margin:3px 3px 0 0;
        width:92px;
        text-align:center;             /*文字居中对齐*/
        background-image:url(../images/buy_bg.gif);    /*背景图像*/
        background-position:top left;                  /*背景图像顶端左对齐*/
        background-repeat:no-repeat;                   /*背景图像无重复*/
        color:#CAFF34;
        text-decoration:none           /*链接无修饰*/
}
```

网页的结构文件 details.html 的代码如下。

```
<!doctype html>
<html>
<head>
<meta charset="gb2312">
<title>明细页</title>
<link rel="stylesheet" type="text/css" href="css/style.css" />
</head>
<body>
<div id="wrapper">
  <div id="content_inside">
    <div id="main_block" class="pad20">
      <div id="item">
        <h4>休闲办公椅</h4><br />
        <div class="big_view">
          <img src="images/photo.jpg" alt="" width="311" height="319" /><br />
          <span>&yen;386</span>
      </div>
        <div class="scroll">
          <a href="#"><img src="images/pic1.jpg" alt="" width="62" height="62" /></a>
          <a href="#"><img src="images/pic2.jpg" alt="" width="62" height="62" /></a>
          <a href="#"><img src="images/pic3.jpg" alt="" width="62" height="62" /></a>
          <a href="#"><img src="images/pic4.jpg" alt="" width="62" height="62" /></a>
          <a href="#"><img src="images/pic5.jpg" alt="" width="62" height="62" /></a>
          <a href="#"><img src="images/pic6.jpg" alt="" width="62" height="62" /></a>
        </div>
      </div>
      <div class="description">
        <p>
        <strong>商品参数</strong><br/>
        <ul>
            <li>商品名称：休闲办公椅 </li>
            <li>商品型号：XX007 </li>
            <li>净      重：9.4kg </li>
            <li>毛      重：10.6kg </li>
```

```
                <li>包装尺寸：610*540*280 </li>
                <li>颜    色：蓝色、黑色 </li>
                <li>头    枕：网布 </li>
                <li>靠    椅：PP 塑料架 </li>
                <li>底    盘：单手柄底盘 </li>
                <li>气    杆：100mm 黑色气杆 </li>
                <li>脚    轮：280mm 电镀脚轮 </li>
            </ul>
            </p>
             <p><a href="#" class="view">收藏</a><a href="#" class="buy">购买此商品</a></p>
        </div>
     </div>
   </div>
 </div>
 </body>
 </html>
```

习题

1）制作如图 6-17 所示的两列固定宽度型布局。

2）制作如图 6-18 所示的三列固定宽度居中型布局。

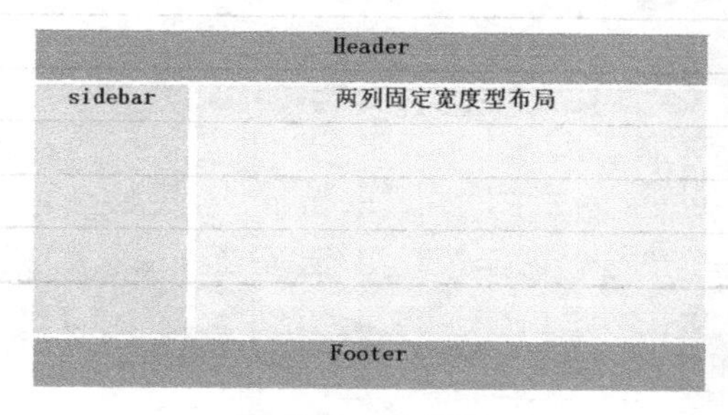

图 6-17　题 1 图

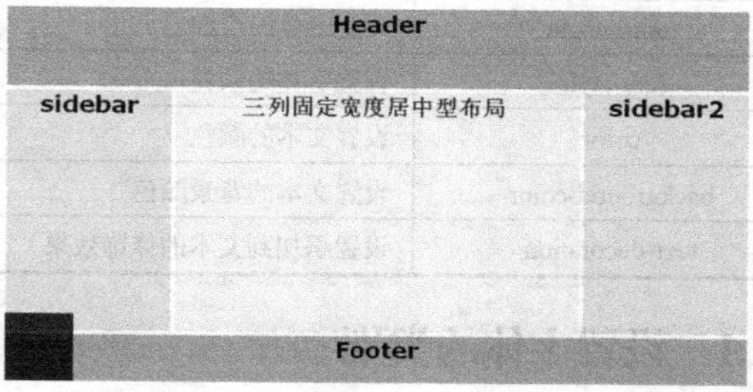

图 6-18　题 2 图

3）综合使用 Div+CSS 布局技术创建如图 6-19 所示的博客页面。

图 6-19　题 3 图

第 7 章　使用 CSS 修饰网页元素

前面的章节介绍了 CSS 设计中必须了解的 4 个核心基础——盒模型、标准流、浮动和定位。在此基础上，从本章开始逐一介绍网页设计的各种元素，例如文本、图像、表格、表单、链接、列表、导航菜单等，如何使用 CSS 来进行样式设置。

7.1　文本控制

在学习 HTML 的时候，通常也会使用 HTML 对文本进行一些非常简单的样式设置，而使用 CSS 对文本的样式进行设置远比使用 HTML 灵活、精确得多。

CSS 样式中有关文本控制的常用属性见表 7-1。

表 7-1　文本控制的常用属性

属　性	说　明
font-family	设置字体的类别
font-size	设置字体的大小
font-weight	设置字体的粗细
font-style	设置字体的倾斜
color	设置文本的颜色
background-color	设置文本的背景颜色
text-decoration	设置添加到文本的修饰效果

7.1.1　设置字体的类别

字体具有两方面的作用：一是传递语义功能，二是美学效应。由于不同的字体给人带来不同的风格感受，所以对于网页设计人员来说，首先需要考虑的问题就是准确选择字体。

通常，访问者的计算机中不会安装诸如“方正综艺简体”和“方正水柱简体”等特殊字体，如果网页设计者使用这些字体，极有可能造成访问者看到的页面效果与设计者的本意存在很大差异。为了避免这种情况的发生，一般使用系统默认的“宋体”“仿宋体”“黑体”“楷体”“Arial”“Verdana”和“Times New Roman”等常规字体。

CSS 提供 font-family 属性来控制文字的字体类型。

语法：**font-family：字体名称**

参数：字体名称按优先顺序排列，以逗号隔开。如果字体名称包含空格，则应用引号括起。

说明：用 font-family 属性可控制显示字体。不同的操作系统，其字体名是不同的。对于 Windows 系统，其字体名就如 Word 中的“字体”列表中所列出的字体名称。

【演练 7-1】 字体设置，本例页面 7-1.html 的显示效果如图 7-1 所示。

代码如下。

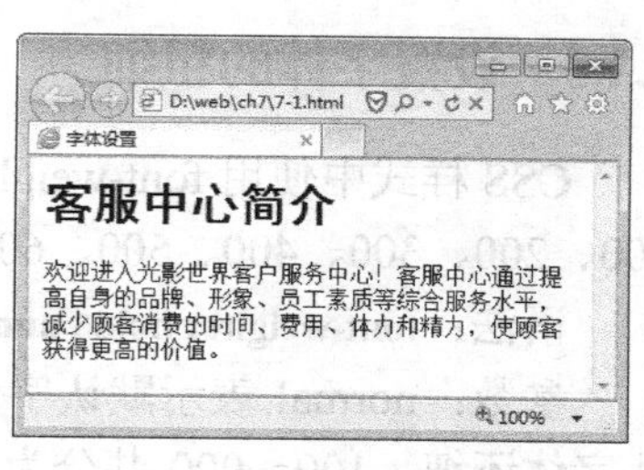

图 7-1 页面显示效果

```
<html>
<head>
<meta charset="gb2312">
<title>字体设置</title>
<style type="text/css">
  h1{
    font-family:黑体;
  }
  p{
    font-family: Arial, "Times New Roman";
  }
</style>
</head>
<body>
<h1>客服中心简介</h1>
<p>欢迎进入光影世界客户服务中心！客服中心通过提高自身的品牌、形象、员工素质等综合服务水平，减少顾客消费的时间、费用、体力和精力，使顾客获得更高的价值。 </p>
</body>
</html>
```

【说明】中文页面尽量首先使用“宋体”，英文页面可以使用“Arial”“Times New Roman”和“Verdana”等字体。

7.1.2 设置字体的尺寸

在设计页面时，通常使用不同尺寸的字体来突出要表现的主题，在 CSS 样式中使用 font-size 属性设置字体的尺寸，其值可以是绝对值也可以是相对值。常见的有“px”（绝对单位）、“pt”（绝对单位）、“em”（相对单位）和“%”（相对单位）等。

语法：**font-size：绝对尺寸 | 相对尺寸**

参数：绝对字体尺寸是根据对象字体进行调节的，包括 xx-small、x-small、small、medium、large、x-large 和 xx-large 共 7 种字体尺寸，这些尺寸都没有精确定义，只是相对而言的，在不同的设备下，这些关键字可能会显示不同的字号。

相对尺寸是利用百分比或者 em 以相对父元素大小的方式来设置字体尺寸。

【演练 7-2】 字体尺寸设置，本例页面 7-2.html 的显示效果如图 7-2 所示。

在【演练 7-1】的基础上，本例只修改了段落的 CSS 定义，代码如下。

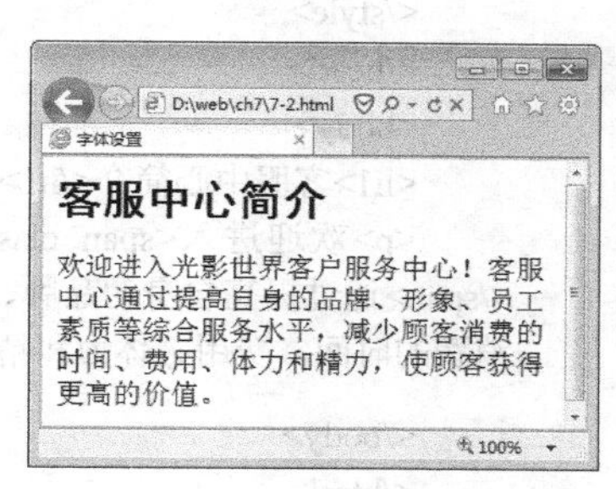

图 7-2 页面显示效果

```
p{
  font-family: Arial, "Times New Roman";
  font-size:16pt;
}
```

【说明】不同尺寸的字在网页中有些是美观的，有些却不合适。本例为了演示正文字体放大的效果，将段落的字体尺寸定义为 16pt。但在实际应用中，宋体 9pt 是公认的美观字号，绝大多数网页的正文都用它。

7.1.3 设置字体的粗细

CSS 样式中使用 font-weight 属性设置字体的粗细，它包含 normal、bold、bolder、lighter、100、200、300、400、500、600、700、800 和 900 多个属性值。

语法：**font-weight : bold | number | normal | lighter | 100-900**

参数：normal 表示默认字体，bold 表示粗体，bolder 表示粗体再加粗，lighter 表示比默认字体还细，100～900 共分为 9 个层次（100,200,…,900），数字越小字体越细、数字越大字体越粗，数字值 400 相当于关键字 normal，700 等价于 bold。

说明：设置文本字体的粗细。

【演练 7-3】 字体粗细设置，本例页面 7-3.html 的显示效果如图 7-3 所示。

代码如下。

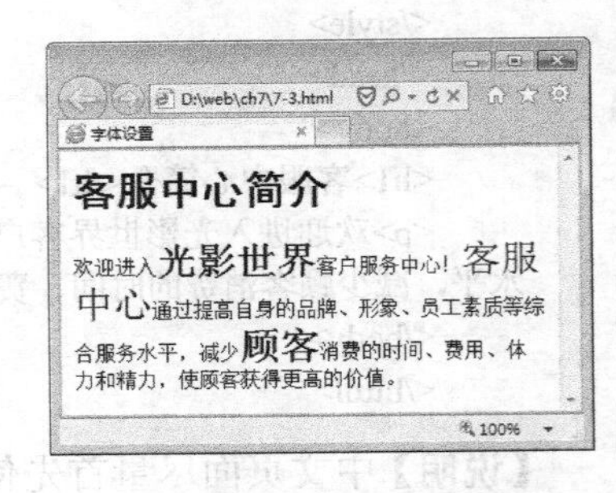

图 7-3 页面显示效果

```
<html>
<head>
<title>字体设置</title>
<style type="text/css">
  h1{
    font-family:黑体;
  }
  p{
    font-family: Arial, "Times New Roman";
  }
  .one {
    font-weight:bold;
    font-size:30px;
  }/*设置字体为粗体*/
  .two {
    font-weight:400;
    font-size:30px;
  }/*设置字体为 400 粗细*/
  .three {
    font-weight:900;
    font-size:30px;
  }/*设置字体为 900 粗细*/
</style>
</head>
<body>
<h1>客服中心简介</h1>
<p>欢迎进入<span class="one">光影世界</span>客户服务中心！<span class="two">客服中心
</span>通过提高自身的品牌、形象、员工素质等综合服务水平，减少<span class="three">顾客</span>
消费的时间、费用、体力和精力，使顾客获得更高的价值。 </p>

</body>
</html>
```

【说明】需要注意的是，实际上大多数操作系统和浏览器还不能很好地实现非常精细的文字加粗设置，通常只能设置“正常”（normal）和“加粗”（bold）两种粗细。

7.1.4 设置字体的倾斜

CSS 中的 font-style 属性用来设置字体的倾斜。

语法：**font-style : normal || italic || oblique**

参数：normal 为“正常”（默认值），italic 为“斜体”，oblique 为“倾斜体”。

说明：设置文本字体的倾斜。

【演练 7-4】 字体倾斜设置，本例页面 7-4.html 的显示效果如图 7-4 所示。

代码如下。

```
<html>
<head>
<meta charset="gb2312">
<title>字体设置</title>
<style type="text/css">
  h1{
    font-family:黑体;
  }
  p.italic {
    font-family: Arial, "Times New Roman";
    font-style:italic;           /*设置斜体*/
  }
</style>
</head>
<body>
<h1>客服中心简介</h1>
<p class="italic">欢迎进入光影世界客户服务中心！客服中心通过提高自身的品牌、形象、员工素
质等综合服务水平，减少顾客消费的时间、费用、体力和精力，使顾客获得更高的价值。</p>
</body>
</html>
```

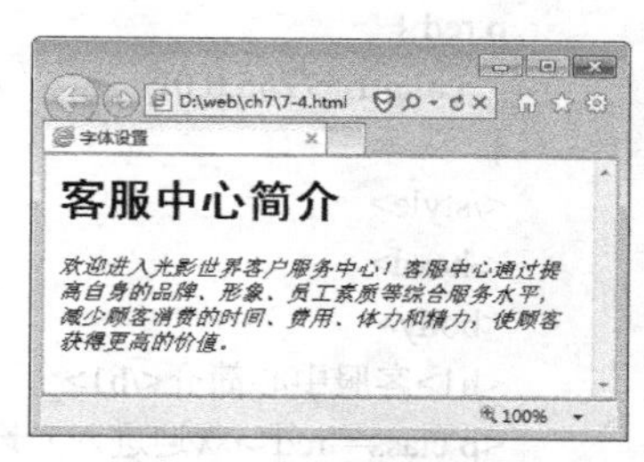

图 7-4　页面显示效果

7.1.5 设置文字的颜色

在 CSS 样式中，对文字增加颜色修饰十分简单，只需添加 color 属性即可。color 属性的语法格式：

color:颜色值;

这里颜色值可以使用多种书写方式：

```
color:red;                    /*规定颜色值为颜色名称的颜色*/
color: #000000;               /*规定颜色值为十六进制值的颜色*/
color:rgb(0,0,255);           /*规定颜色值为 rgb 代码的颜色*/
color:rgb(0%,0%,80%);         /*规定颜色值为 rgb 百分数的颜色*/
```

【演练 7-5】 文字颜色设置，本例页面 7-5.html 的显示效果如图 7-5 所示。

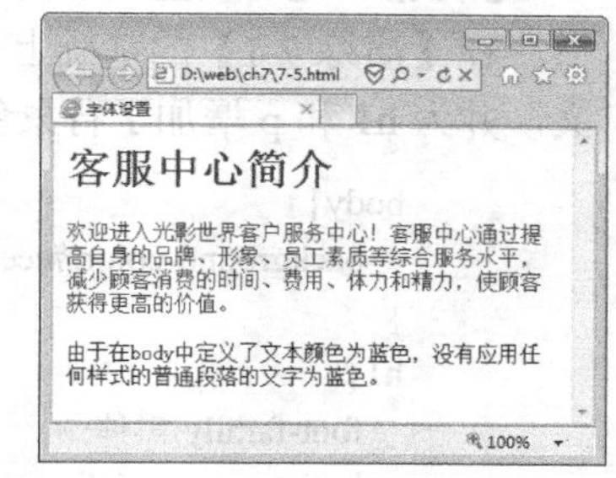

图 7-5　页面显示效果

代码如下。

```
<html>
<head>
<title>字体设置</title>
<style type="text/css">
body {
   color:blue;                    /*body 中的文本显示蓝色*/
}
h1 {
   color:#333;                    /*h1 标签的文本显示深灰色*/
}
p.red {
   color:rgb(255,0,0);            /*该段落中的文本是红色的*/
}
</style>
</head>
<body>
<h1>客服中心简介</h1>
<p class="red">欢迎进入光影世界客户服务中心！客服中心通过提高自身的品牌、形象、员工素质等综合服务水平，减少顾客消费的时间、费用、体力和精力，使顾客获得更高的价值。</p>
<p>由于在 body 中定义了文本颜色为蓝色，没有应用任何样式的普通段落的文字为蓝色。</p>
</body>
</html>
```

【说明】由于在 body 中定义了文本颜色为蓝色，因此，没有应用任何样式的普通段落的文字为蓝色。

7.1.6　设置文字的背景颜色

在 HTML 中，可以使用标签的 bgcolor 属性设置网页的背景颜色，而在 CSS 里，不仅可以用 background-color 属性来设置网页背景颜色，还可以设置文字的背景颜色。

语法：**background-color : color | transparent**

参数：color 指定颜色。transparent 表示透明的意思，也是浏览器的默认值。

说明：background-color 不能继承，默认值是 transparent，如果一个元素没有指定背景色，那么背景就是透明的，这样其父元素的背景才可见。

【演练 7-6】 设置文字的背景颜色，本例页面 7-6.html 的显示效果如图 7-6 所示。

在【演练 7-1】的基础上，本例增加了 body 背景色的定义，并为 h1 和 p 增加了背景色的定义，代码如下。

```
body{
   background-color:#eee;      /*十六进制色彩的背景色*/
}
h1{
   font-family:黑体;
   background-color:orange;  /*英文色彩名称的背景色*/
}
```

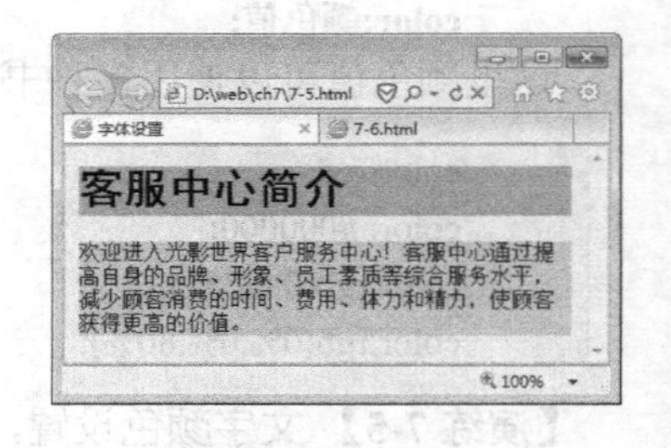

图 7-6　页面显示效果

```
p{
    font-family: Arial, "Times New Roman";
    background-color:rgb(0,255,255);                /*rgb 函数的背景色*/
}
```

【说明】需要说明的是，background-color 属性默认值为透明，如果一个元素没有指定背景色，则背景色就是透明的，这样其父元素的背景才能看见。

7.1.7 设置文本的修饰

使用 CSS 样式可以对文本进行简单的修饰，text 属性所提供的 text-decoration 属性，主要实现文字加下画线、顶线、删除线及文字闪烁等效果。

语法：**text-decoration : underline || blink || overline || line-through | none**

参数：underline 为下画线，blink 为闪烁，overline 为上画线，line-through 为贯穿线，none 为无装饰。

说明：设置对象中文本的修饰。对象 a、u、ins 的文字修饰默认值为 underline。对象 strike、s、del 的默认值是 line-through。如果应用的对象不是文本，则此属性不起作用。

【演练 7-7】 字体修饰设置，本例页面 7-7.html 的显示效果如图 7-7 所示。

代码如下。

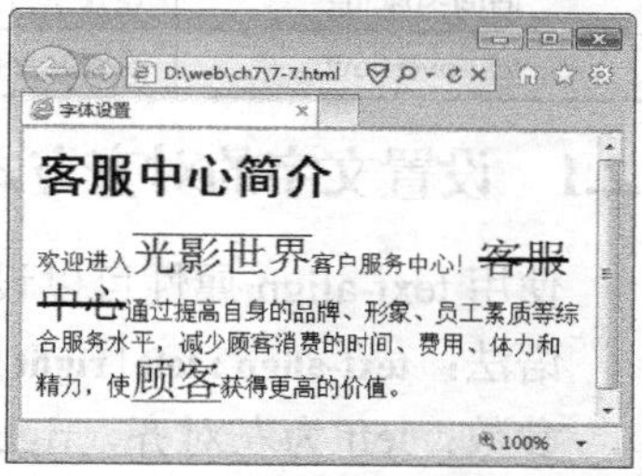

图 7-7 页面显示效果

```
<html>
<head>
<title>字体设置</title>
<style type="text/css">
  h1{
    font-family:黑体;
  }
  p{
    font-family: Arial, "Times New Roman";
  }
  .one {
    font-size:30px;
    text-decoration: overline;
  }/*设置上画线*/
  .two {
    font-size:30px;
    text-decoration: line-through;
  }/*设置贯穿线*/
  .three {
    font-size:30px;
    text-decoration: underline;
  }/*设置下画线*/
</style>
</head>
<body>
<h1>客服中心简介</h1>
<p>欢迎进入<span class="one">光影世界</span>客户服务中心！<span class="two">客服中心
```

```
</span>通过提高自身的品牌、形象、员工素质等综合服务水平，减少顾客消费的时间、费用、体力和精力，使<span class="three">顾客</span>获得更高的价值。</p>
    </body>
    </html>
```

7.2 段落控制

网页的排版离不开对文字段落的设置，本节主要讲述常用的段落样式，包括：文字对齐方式、段落首行缩进、行高、首字下沉和字符间距等。

CSS 样式中有关段落控制的常用属性见表 7-2。

表 7-2 段落控制的常用属性

属　性	说　明
text-align	设置文本的水平对齐方式
text-indent	设置段落的首行缩进
first-letter	设置首字下沉
line-height	设置行高
letter-spacing	设置字符间距
text-overflow	设置文字的截断

7.2.1 设置文字的对齐方式

使用 text-align 属性可以设置元素中文本的水平对齐方式。

语法：**text-align : left | right | center | justify**

参数：left 为左对齐，right 为右对齐，center 为居中，justify 为两端对齐。

说明：设置对象中文本的对齐方式。

【演练 7-8】 设置文字的对齐方式，本例页面 7-8.html 的显示效果如图 7-8 所示。

代码如下。

```
<html>
<head>
<meta charset="gb2312">
<title>设置文字的对齐方式</title>
<style type="text/css">
  h1{
    font-family:黑体;
    text-align: center;              /*文本居中对齐*/
  }
  p{
    font-family: Arial, "Times New Roman";
    text-align: left;                /*文本左对齐*/
  }
  p.right{
    text-align: right;               /*文本右对齐*/
}
```

图 7-8 页面显示效果

```
</style>
</head>
<body>
<h1>客服中心简介</h1>
<p class="right">作者：肥猫</p>
<p>欢迎进入光影世界客户服务中心！客服中心通过提高自身的品牌、形象、员工素质等综合服务水平，减少顾客消费的时间、费用、体力和精力，使顾客获得更高的价值。</p>
</body>
</html>
```

7.2.2　设置段落的首行缩进

首行缩进指的是段落的第一行从左向右缩进一定的距离，而首行以外的其他行保持不变，其目的是便于阅读和区分文章整体结构。

在 Web 页面中，将段落的第一行进行缩进，同样是一种最常用的文本格式化效果。在 CSS 样式中 text-indent 属性可以方便地实现文本缩进，可以为所有块级元素应用 text-indent，但不能应用于行级元素。如果想把一个行级元素的第一行缩进，可以用左内边距或外边距创造这种效果。

语法：**text-indent : length**

参数：length 为百分比数字或由浮点数字、单位标识符组成的长度值，允许为负值。

说明：设置对象中的文本段落的缩进。本属性只应用于整块的内容。

【演练 7-9】 设置段落的首行缩进，本例页面 7-9.html 的显示效果如图 7-9 所示。

在【演练 7-1】的基础上，本例只修改了段落的 CSS 定义，代码如下。

```
p{
    font-family: Arial, "Times New Roman";
    text-indent:2em;        /*设置段落缩进两个相对长度*/
}
```

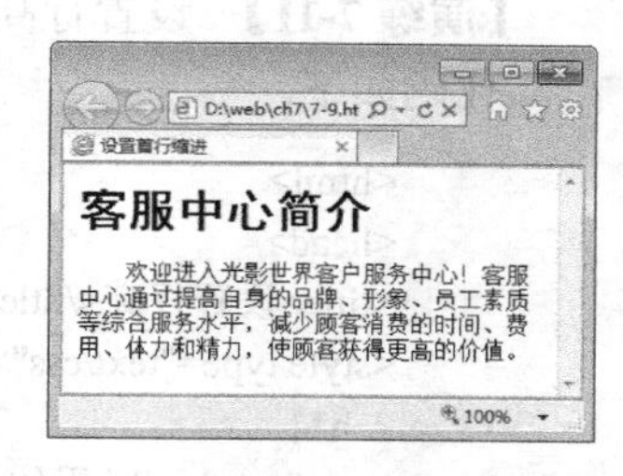

图 7-9　页面显示效果

【说明】 text-indent 属性是以各种长度为属性值，为了缩进两个汉字的距离，最经常用的是"2em"这个距离。1em 等于 1 个中文字符，两个英文字符相当于 1 个中文字符，因此，细心的读者一定发现英文段落首行缩进了 4 个英文字符。如果用户需要英文段落的首行缩进两个英文字符，只需设置"text-indent:1em;"即可。

7.2.3　设置首字下沉

在许多文档的排版中经常出现首字下沉的效果，所谓首字下沉指的是设置段落的第一行第一个字的字体变大，并且向下一定的距离，而段落的其他部分保持不变。

在 CSS 样式中伪对象:first-letter 可以实现对象内第一个字符的样式控制。

【演练 7-10】 设置首字下沉，本例页面 7-10.html 的显示效果如图 7-10 所示。

图 7-10　页面显示效果

在【演练 7-1】的基础上，本例只修改了段落的 CSS 定义，代码如下。

```
p:first-letter {
    float:left;              /*设置浮动，其目的是占据多行空间*/
    font-size:2em;           /*设置下沉字体大小为其他字体的 2 倍*/
    font-weight:bold;        /*设置首字体加粗显示*/
}
```

【说明】如果不使用伪对象“:first-letter”来实现首字下沉的效果，就要对段落中第一个文字添加<span>标签，然后定义<span>标签的样式。但是这样做的后果是，每个段落都要对第一个文字添加<span>标签，非常烦琐。因此，使用伪对象“:first-letter”来实现首字下沉提高了网页排版的效率。

7.2.4　设置行高

段落中两行文字之间的垂直距离称为行高。在 HTML 中是无法控制行高的，在 CSS 样式中，使用 line-height 属性控制行与行之间的垂直间距。

语法：**line-height : length | normal**

参数：length 为由百分比数字或由数值、单位标识符组成的长度值，允许为负值。其百分比取值是基于字体的高度尺寸。normal 为默认行高。

说明：设置对象的行高。

【演练 7-11】 设置行高，本例页面 7-11.html 的显示效果如图 7-11 所示。

代码如下。

```
<html>
<head>
<title>设置行高</title>
<style type="text/css">
  h1{
    font-family:黑体;
  }
  p.chinese {
    line-height:200%;        /*设置行高为字体高度的 2 倍*/
  }
</style>
</head>
<body>
<h1>客服中心简介</h1>
<p class="chinese">欢迎进入光影世界客户服务中心！客服中心通过提高自身的品牌、形象、员工素质等综合服务水平，减少顾客消费的时间、费用、体力和精力，使顾客获得更高的价值。</p>
</body>
</html>
```

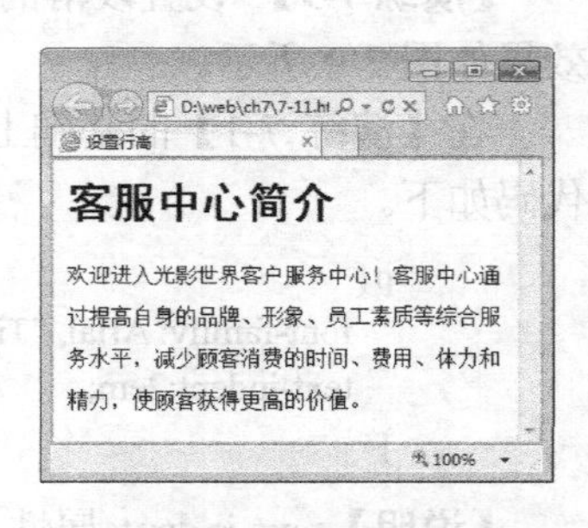

图 7-11　页面显示效果

【说明】需要注意的是，使用像素值对行高进行设置固然可以，但如果将当前文字字号放大或缩小，原本适合的行间距也会变得过紧或过松。解决的方法是，在 line-height 属性中使用百分比或数值对行高进行设置。因为设置的百分比值是基于当前字体尺寸的百分比行间距，而没有单位的数值会与当前的字体尺寸相乘，使用相乘的结果来设置行间距，不会出现因文字字号变化而行间距不变的情况。

7.2.5 设置字符间距

letter-spacing 字符间距属性，可以设置字符与字符间的距离。

语法：**letter-spacing ：length | normal**

参数：normal 指默认，定义字符间的标准间距；length 指由浮点数字和单位标识符组成的长度值，允许为负值。

说明：该属性定义元素中字符之间插入多少空白符。如果指定为长度值，会调整字符之间的标准间距，允许指定负长度值，这会让字符之间变得更拥挤。

【演练 7-12】 设置字符间距，本例页面 7-12.html 的显示效果如图 7-12 所示。

代码如下。

```
<html>
<head>
<title>设置字符间距</title>
<style type="text/css">
p.loose {
   letter-spacing: 30px;          /*段落中的字符变得松散*/
}
p.tight {
   letter-spacing: -0.25em;      /*段落中的字符变得拥挤*/
}
</style>
</head>
<body>
<h1>客服中心简介</h1>
<p class="loose">客服中心非常优秀</p>
<p class="tight">客服中心非常优秀</p>
<p>客服中心非常优秀</p>
</body>
</html>
```

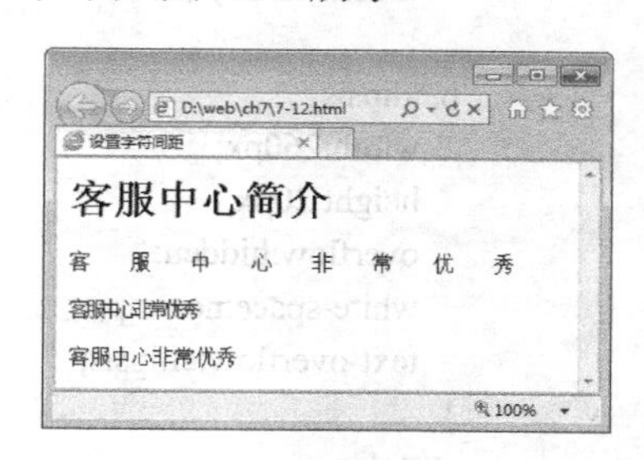

图 7-12　页面显示效果

【说明】从页面的显示效果可以看出，无论是英文段落还是中文段落，凡是应用了 loose 类样式的段落中的字符变得松散，应用了 tight 类样式的段落中的字符变得拥挤，而没有应用样式的段落中的字符保持默认的标准间距。

7.2.6 设置文字的截断

在 CSS 样式中，“text-overflow”属性可以实现文字的截断效果，该属性包含 clip 和 ellipsis 两个属性值。前者表示简单的裁切，不显示省略标记（…）；后者表示当文本溢出时显示省略标记（…）。

语法：**text-overflow ：clip | ellipsis**

参数：clip 定义简单的裁切，不显示省略标记（…）。ellipsis 定义当文本溢出时显示省略标记（…）。

说明：设置文字的截断。要实现溢出文本显示省略号的效果，除了使用 text-overflow 属性以外，还必须配合 white-space:nowrap（强制文本在一行内显示）和 overflow:hidden（溢出内容为隐藏）同时使用才能实现。

【演练 7-13】 设置文字的截断，本例页面 7-13.html 的显示效果如图 7-13 所示。

代码如下。

```
<html>
<head>
<meta charset="gb2312">
<title>设置文字的截断</title>
<style type="text/css">
  h1{
    font-family:黑体;
  }
p.ellipsis{
  width:260px;                   /*设置裁切的宽度*/
  height:20px;                   /*设置裁切的高度*/
  overflow:hidden;               /*溢出隐藏*/
  white-space:nowrap;            /*强制文本在一行内显示*/
  text-overflow:ellipsis;        /*当文本溢出时显示省略标记（…）*/
}
</style>
</head>
<body>
<h1>客服中心简介</h1>
<p class="ellipsis">欢迎进入光影世界客户服务中心！客服中心通过提高自身的品牌、形象、员工素质等综合服务水平，减少顾客消费的时间、费用、体力和精力，使顾客获得更高的价值。</p>
</body>
</html>
```

图 7-13 页面显示效果

7.3 设置图像样式

图像是网页中不可缺少的内容，它能使页面更加丰富多彩，能让人更直观地感受网页所要传达给浏览者的信息。本节详细介绍 CSS 设置图像风格样式的方法，包括图像的边框和图像的缩放、背景图像等。

图像即 img 元素，在页面中的风格样式仍然用盒模型来设计。CSS 样式中有关图像控制的常用属性见表 7-3。

表 7-3 图像控制的常用属性

属 性	说 明
border	设置图像边框样式
width、height	设置图像的缩放
background-image	设置背景图像
background-repeat	设置背景图像重复方式
background-position	设置背景图像定位

作为单独的图像本身，它的很多属性可以直接在HTML中进行调整，但是通过CSS统一管理，不但可以更加精确地调整图像的各种属性，还可以实现很多特殊的效果。首先讲解用CSS设置图像基本属性的方法，为进一步深入探讨打下基础。

7.3.1 设置图像边框

图像的边框就是利用border属性作用于图像元素而呈现的效果。在HTML中可以直接通过<img>标记的 border 属性值为图像添加边框，属性值为边框的粗细，以像素为单位，从而控制边框的粗细。当设置border属性值为0时，则显示为没有边框。例如以下示例代码：

```
<img src="images/fields.jpg" border="0">          <!--显示为没有边框-->
<img src="images/fields.jpg" border="1">          <!--设置边框的粗细为 1px-->
<img src="images/fields.jpg" border="2">          <!--设置边框的粗细为 2px -->
<img src="images/fields.jpg" border="3">          <!--设置边框的粗细为 3px -->
```

通过浏览器的解析，图像的边框粗细从左至右依次递增，效果如图7-14所示。

图 7-14 在HTML中控制图像的边框

然而使用这种方法存在很大的限制，即所有的边框都只能是黑色，而且风格十分单一，都是实线，只是在边框粗细上能够进行调整。

如果希望更换边框的颜色，或者换成虚线边框，仅仅依靠HTML都是无法实现的。下面的实例讲解了如何用CSS样式美化图像的边框。

【演练 7-14】 设置图像边框，本例页面7-14.html的显示效果如图7-15所示。

代码如下。

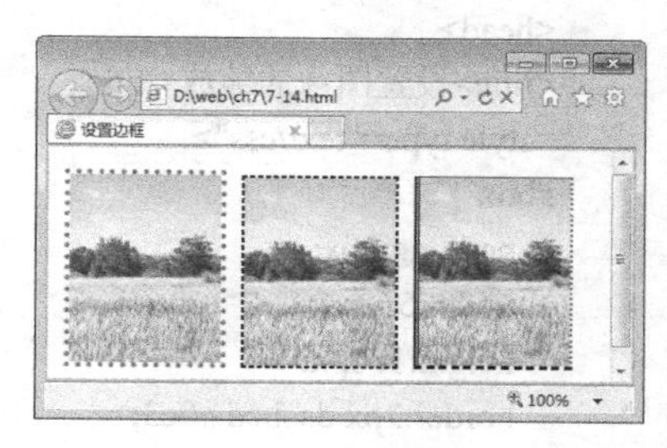

图 7-15 页面显示效果

```
<html>
<head>
<title>设置边框</title>
<style type="text/css">
.test1{
    border-style:dotted;         /* 点画线边框*/
    border-color:#996600;        /* 边框颜色为金黄色*/
    border-width:4px;            /* 边框粗细为 4px*/
    margin:2px;
}
.test2{
    border-style:dashed;         /* 虚线边框 */
    border-color:blue;           /* 边框颜色为蓝色*/
    border-width:2px;            /* 边框粗细为 2px*/
    margin:2px;
}
```

```
.test3{
    border-style:solid dotted dashed double;      /*4 条边的线型依次为实线、点画线、虚线和双线边框 */
    border-color:red green blue purple;           /*4 条边的颜色依次为红色、绿色、蓝色和紫色*/
    border-width:1px 2px 3px 4px;                 /*4 条边的边框粗细依次为 1px、2px、3px 和 4px*/
    margin:2px;
}
</style>
</head>
<body>
  <img src="images/fields.jpg" class="test1">
  <img src="images/fields.jpg" class="test2">
  <img src="images/fields.jpg" class="test3">
</body>
</html>
```

【说明】如果希望分别设置 4 条边框的不同样式，在 CSS 中也是可以实现的，只需要分别设定 border-left、border-right、border-top 和 border-bottom 的样式即可，依次对应于左、右、上、下 4 条边框。

7.3.2 设置图像缩放

使用 CSS 样式控制图像的大小，可以通过 width 和 height 两个属性来实现。需要注意的是，当 width 和 height 两个属性的取值使用百分比数值时，它是相对于父元素而言的。如果将这两个属性设置为相对于 body 的宽度或高度，就可以实现当浏览器窗口改变时，图像大小也发生相应变化的效果。

【演练 7-15】设置图像缩放，本例页面 7-15.html 的显示效果如图 7-16 所示。

代码如下。

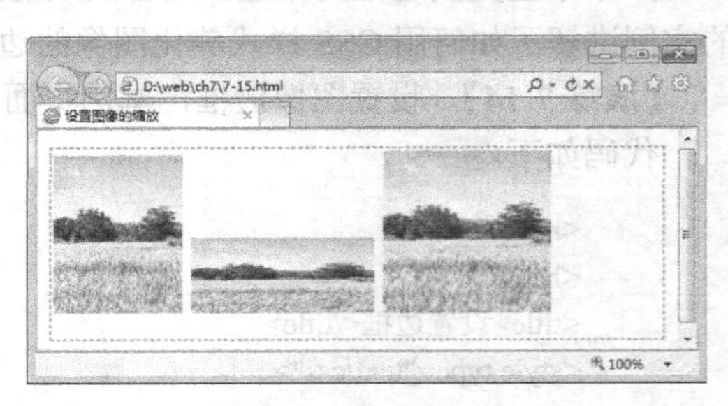

图 7-16 页面显示效果

```
<html>
<head>
<title>设置图像的缩放</title>
<style type="text/css">
#box {
    padding:2px;
    width:550px;
    height:180px;
    border:2px dashed #9c3;
}
img.test1{
    width:30%;          /* 相对宽度为 30% */
    height:40%;         /* 相对高度为 40% */
}
img.test2{
    width:150px;        /* 绝对宽度为 150px */
    height:150px;       /* 绝对高度为 150px */
}
</style>
```

```
</head>
<body>
<div id="box">
  <img src="images/fields.jpg">                          <!--图像的原始大小-->
  <img src="images/fields.jpg" class="test1">            <!--相对于父元素缩放的大小-->
  <img src="images/fields.jpg" class="test2">            <!--绝对像素缩放的大小-->
</div>
</body>
</html>
```

【说明】

1）本例中图像的父元素为 id="box"的 Div 容器，在 img.test1 中定义 width 和 height 两个属性的取值为百分比数值，该数值是相对于 id="box"的 Div 容器而言的，而不是相对于图像本身。

2）img.test2 中定义 width 和 height 两个属性的取值为绝对像素值，图像将按照定义的像素值显示大小。

7.3.3 设置背景图像

在网页设计中，无论是单一的纯色背景，还是加载的背景图片，都能够给整个页面带来丰富的视觉效果。CSS 除了可以设置背景颜色，还可以用 background-image 来设置背景图像。

语法：**background-image : url(url) | none**

参数：url 表示要插入背景图像的路径，none 表示不加载图像。

说明：设置对象的背景图像。若把图像添加到整个浏览器窗口，可以将其添加到<body>标签。

【演练 7-16】 设置背景图像，本例页面 7-16.html 的显示效果如图 7-17 所示。

代码如下。

```
body {
    background-color:#966;
    background-image:url(images/fields.jpg);
    background-repeat:no-repeat;
}
```

图 7-17　页面显示效果

【说明】需要说明的是，如果网页中某元素同时具有 background-image 属性和 background-color 属性，那么 background-image 属性优先于 background-color 属性，也就是说背景图像永远覆盖于背景色之上。

7.3.4 设置背景重复

背景重复（background-repeat）属性的主要作用是设置背景图片以何种方式在网页中显示。通过背景重复，设计人员使用很小的图片就可以填充整个页面，有效地减少图片字节的大小。

在默认情况下，图像会自动向水平和竖直两个方向平铺。如果不希望平铺，或者只希望沿着一个方向平铺，可以使用 background-repeat 属性来控制。

语法：**background-repeat : repeat | no-repeat | repeat-x | repeat-y**

参数：repeat 表示背景图像在水平和垂直方向平铺，是默认值；repeat-x 表示背景图像在水平方向平铺；repeat-y 表示背景图像在垂直方向平铺；no-repeat 表示背景图像不平铺。

说明：设置对象的背景图像是否平铺及如何平铺，必须先指定对象的背景图像。

【演练 7-17】 设置背景重复，本例页面 7-17.html 的显示效果如图 7-18 所示。

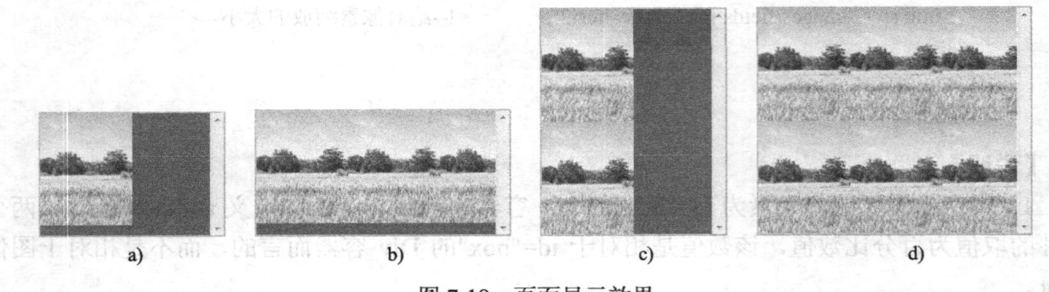

图 7-18 页面显示效果

a) 背景不重复 b) 背景水平重复 c) 背景垂直重复 d) 背景重复

背景不重复的 CSS 定义代码如下。

```
body {
        background-color:#966;
        background-image:url(images/fields.jpg);
        background-repeat: no-repeat;
}
```

背景水平重复的 CSS 定义代码如下。

```
body {
        background-color:#966;
        background-image:url(images/fields.jpg);
        background-repeat: repeat-x;
}
```

背景垂直重复的 CSS 定义代码如下。

```
body {
        background-color:#966;
        background-image:url(images/fields.jpg);
        background-repeat: repeat-y;
}
```

背景重复的 CSS 定义代码如下。

```
body {
        background-color:#966;
        background-image:url(images/fields.jpg);
        background-repeat: repeat;
}
```

7.3.5 设置背景图像定位

当在网页中插入背景图像时，每一次插入的位置都是位于网页的左上角，可以通过

background-position 属性来改变图像的插入位置。

语法：

```
background-position : length || length
background-position : position || position
```

参数：length 为百分比或者由数字和单位标识符组成的长度值。position 可取 top、center、bottom、left、right 之一。

说明：利用百分比和长度来设置图像位置时，都要指定两个值，并且这两个值都要用空格隔开。一个代表水平位置，一个代表垂直位置。水平位置的参考点是网页页面的左边，垂直位置的参考点是网页页面的上边。关键字在水平方向的主要有 left、center、right，关键字在垂直方向的主要有 top、center、bottom。水平方向和垂直方向相互搭配使用。

设置背景定位有以下 3 种方法。

1．使用关键字进行背景定位

关键字参数的取值及含义如下。

- top：将背景图像同元素的顶部对齐。
- bottom：将背景图像同元素的底部对齐。
- left：将背景图像同元素的左边对齐。
- right：将背景图像同元素的右边对齐。
- center：将背景图像相对于元素水平居中或垂直居中。

【演练 7-18】使用关键字进行背景定位，本例页面 7-18.html 的显示效果如图 7-19 所示。

代码如下。

图 7-19　页面显示效果

```
<html>
<head>
<title>设置背景定位</title>
<style type="text/css">
body {
  background-color:#966;
}
#box {
  width:400px;                      /*设置元素宽度*/
  height:300px;                     /*设置元素高度*/
  border:6px dashed #f33;           /*6px 红色虚线边框*/
  background-image:url(images/fields.jpg);      /*背景图像*/
  background-repeat:no-repeat;                  /*背景图像不重复*/
  background-position:center bottom;            /*定位背景向 box 的底部中央对齐*/
}
</style>
</head>
<body>
<div id="box"></div>
</body>
</html>
```

【说明】根据规范，关键字可以按任何顺序出现，只要保证不超过两个关键字，一个对应水平方向，另一个对象垂直方向。如果只出现一个关键字，则认为另一个关键字是 center。

2．使用长度进行背景定位

长度参数可以对背景图像的位置进行更精确的控制，实际上定位的是图像左上角相对于元素左上角的位置。

【演练 7-19】 使用长度进行背景定位，本例页面 7-19.html 的显示效果如图 7-20 所示。

在【演练 7-18】的基础上，修改 box 的 CSS 定义，代码如下。

```
#box {
    width:400px;                /*设置元素宽度*/
    height:300px;               /*设置元素高度*/
    border:6px dashed #f33;     /*6px 红色虚线边框*/
    background-image:url(images/fields.jpg);
    background-repeat:no-repeat;
    background-position: 150px 70px;
/*定位背景在距容器左 150px、距顶 70px 的位置*/
}
```

图 7-20　页面显示效果

3．使用百分比进行背景定位

使用百分比进行背景定位，其实是将背景图像的百分比指定的位置和元素的百分比位置对齐。也就是说，百分比定位改变了背景图像和元素的对齐基点，不再像使用关键字或长度单位定位时，使用背景图像和元素的左上角为对齐基点。

【演练 7-20】 使用百分比进行背景定位，本例页面 7-20.html 的显示效果如图 7-21 所示。

在【演练 7-18】的基础上，修改 box 的 CSS 定义，代码如下。

```
#box {
    width:400px;                /*设置元素宽度*/
    height:300px;               /*设置元素高度*/
    border:6px dashed #f33;     /*6px 红色虚线边框*/
    background-image:url(images/fields.jpg); /*背景图像*/
    background-repeat:no-repeat;      /*背景图像不重复*/
    background-position: 100% 50%;
/*背景在容器 100%(水平方向)、50%(垂直方向)的位置*/
}
```

图 7-21　页面显示效果

【说明】本例中使用百分比进行背景定位时，其实就是将背景图像的“100%(right),50%(center)”这个点和 box 容器的“100%(right),50%(center)”这个点对齐。

7.4　设置表格样式

在前面的章节中已经讲解了表格的基本用法，本节将重点讲解如何使用 CSS 设置表格样式进而美化表格的外观。

虽然我们一直强调网页的布局形式应该是 Div+CSS，但并不是所有的布局都应该如此，在某些时候表格布局更为便利。

7.4.1　常用的 CSS 表格属性

CSS 表格属性可以帮助设计者极大地改善表格的外观，以下是常用的 CSS 表格属性，如表 7-4 所示。

表 7-4　常用的 CSS 表格属性

属　　性	说　　明
border-collapse	设置表格的行和单元格的边是合并在一起还是按照标准的 HTML 样式分开
border-spacing	设置当表格边框独立时，行和单元格的边框在横向和纵向上的间距
caption-side	设置表格的 caption 对象是在表格的哪一边
empty-cells	设置当表格的单元格无内容时，是否显示该单元格的边框

1．border-collapse 属性

border-collapse 属性用于设置表格的边框是合并成单边框，还是分别有各自的边框。

语法：**border-collapse : separate | collapse**

参数：separate 为默认值，边框分开，不合并。collapse 为边框合并，即如果两个边框相邻，则共用一个边框。

示例：

```
<table style="border-collapse:collapse;background-color:#66f;width:100%">
    <tr style="background-color:#ff6;">
        <td>使用 collapse 合并时表格的效果</td>
        <td>使用 collapse 合并时表格的效果</td>
    </tr>
    <tr style="background-color:#ff6;">
        <td>使用 collapse 合并时表格的效果</td>
        <td>使用 collapse 合并时表格的效果</td>
    </tr>
</table>
```

上面的示例在浏览器中的浏览效果如图 7-22 所示，没有设置 border-collapse 样式或设置样式为"border-collapse:separate;"时的传统表格效果如图 7-23 所示。

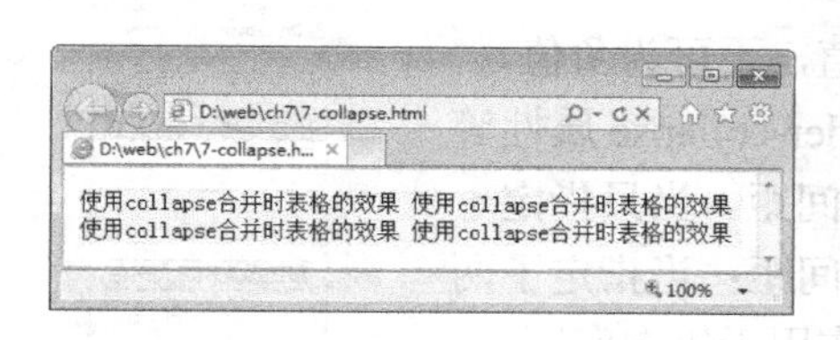

图 7-22　使用 collapse 合并时表格的效果

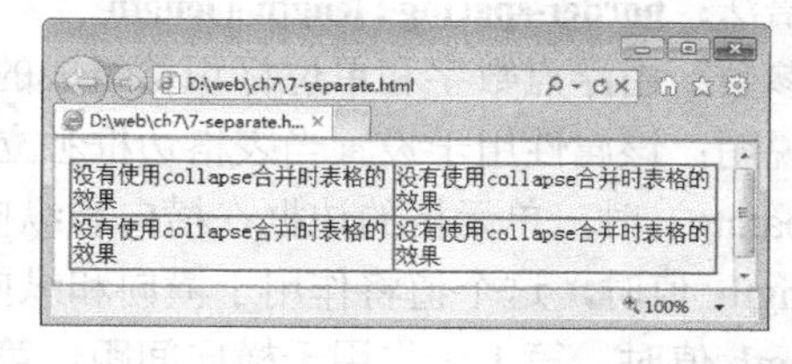

图 7-23　没有使用 collapse 合并时表格的效果

表格的默认样式虽然有点立体的感觉，但它在整体布局中并不是很美观。通常情况下，用户会把表格的 border-collapse 属性设置为 collapse（合并边框），然后设置表格单元格 td 的 border（边框）为 1px，即可显示细线表格的样式。

【演练 7-21】 使用合并边框技术制作细线表格，本例页面 7-21.html 的显示效果如图 7-24 所示。

图 7-24　细线表格

代码如下。

```
<head>
<meta charset="gb2312" />
<title>细线表格</title>
<style type="text/css">
table {
        border:1px solid #000000;
        font:12px/1.5em "宋体";
        border-collapse:collapse;        /*合并单元格边框*/
}
td {
        text-align:center;
        border:1px solid #000000;
        background: #e5f1f4;
} /*设置所有 td 内容单元格的文字居中显示，并添加黑色边框和背景颜色*/
</style>
</head>
<body>
<table width="300" border="0">
   <caption>光影世界风景列表</caption>
   <tr>
      <td>田园风光</td><td>海天一色</td>
   </tr>
   <tr>
      <td>北欧风情</td><td>南极风采</td>
   </tr>
</table>
</body>
</html>
```

2．border-spacing 属性

border-spacing 属性用来设置相邻单元格边框间的距离。

语法：**border-spacing : length || length**

参数：由浮点数字和单位标识符组成的长度值，不可为负值。

说明：该属性用于设置当表格边框独立（border-collapse 属性等于 separate）时，单元格的边框在横向和纵向上的间距。当只指定一个 length 值时，这个值将作用于横向和纵向上的间距；当指定了两个 length 值时，第 1 个作用于横向间距，第 2 个作用于纵向间距。

【演练 7-22】 使用 border-spacing 属性设置相邻单元格边框间的距离，本例页面 7-22.html 的显示效果如图 7-25 所示。

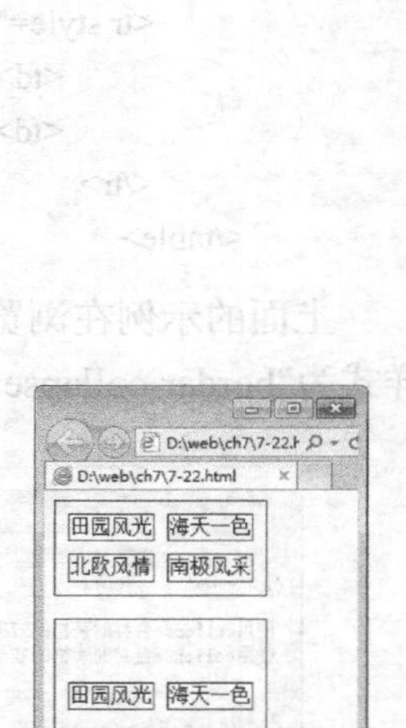

图 7-25　页面显示效果

代码如下。

```
<html>
```

```
<head>
<style type="text/css">
table.one
{
  border-collapse: separate;  /*表格边框独立*/
  border-spacing: 10px        /*单元格水平、垂直距离均为10px*/
}
table.two
{
  border-collapse: separate;  /*表格边框独立*/
  border-spacing: 10px 50px /*单元格水平距离为10px、垂直距离均为50px*/
}
</style>
</head>
<body>
<table class="one" border="1">
      <tr>
            <td>田园风光</td><td>海天一色</td></tr>
      <tr>
            <td>北欧风情</td><td>南极风采</td>
      </tr>
</table>
<br />
<table class="two" border="1">
      <tr>
            <td>田园风光</td><td>海天一色</td></tr>
      <tr>
            <td>北欧风情</td><td>南极风采</td>
      </tr>
</table>
</body>
</html>
```

3．caption-side 属性

caption-side 属性用于设置表格标题的位置。

语法：**caption-side : top| bottom | left |right**

参数如下。

top：默认值，把表格标题定位在表格之上。

bottom：把表格标题定位在表格之下。

left：把表格标题定位在表格左侧。

right：把表格标题定位在表格右侧。

说明：caption-side 属性必须和表格的 caption 标签一起使用。

4．empty-cells 属性

empty-cells 属性用于设置当表格的单元格无内容时，是否显示该单元格的边框。

语法：**empty-cells : hide | show**

参数：show 为默认值，表示当表格的单元格无内容时显示单元格的边框；hide 表示当表格的单元格无内容时隐藏单元格的边框。

说明：只有当表格边框独立时，该属性才起作用。

【演练 7-23】 使用 empty-cells 属性设置表格单元格无内容时隐藏单元格的边框，本例页面 7-23.html 的显示效果如图 7-26 所示。

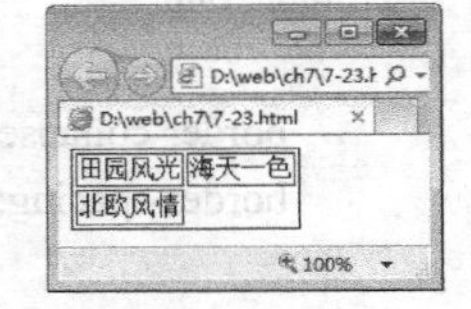

图 7-26　页面显示效果

```
<html>
<head>
<style type="text/css">
table
{
    border-collapse: separate;      /*表格边框独立*/
    empty-cells: hide;              /*表格的单元格无内容时隐藏单元格的边框*/
}
</style>
</head>
<body>
<table border="1">
    <tr>
        <td>田园风光</td><td>海天一色</td></tr>
    <tr>
        <td>北欧风情</td><td></td>
    </tr>
</table>
</body>
</html>
```

7.4.2　案例——使用隔行换色表格制作畅销活动排行榜

当表格的行和列都很多时，单元格若采用相同的背景色，用户在实际使用时会感到凌乱且容易看错行。通常的解决方法是制作隔行换色表格，以减少错误率。

【演练 7-24】 使用隔行换色表格制作畅销活动排行榜，本例页面 7-24.html 的显示效果如图 7-27 所示。

畅销活动排行榜

活动编号	活动名称	会员价	参加人数
001	田园风光	3800	800
002	海天一色	3600	700
003	北欧风情	3300	600
004	南极风采	3100	500

图 7-27　隔行换色表格

代码如下。

```
<!doctype html>
<head>
```

```
<meta charset="gb2312" />
<title>隔行换色表格</title>
<style type="text/css">
table {
      border:1px solid #000000;
      font:12px/1.5em "宋体";
      border-collapse:collapse;              /*合并单元格边框*/
}
caption {
      text-align:center;
}                                            /*设置标题信息居中显示 */
th {
      color:#F4F4F4;
      border:1px solid #000000;
      background: #328aa4;
}          /*设置表头的样式（表头文字颜色、边框、背景色）*/
td {
      text-align:center;
      border:1px solid #000000;
      background: #e5f1f4;
}          /*设置所有 td 内容单元格的文字居中显示，并添加黑色边框和背景颜色*/
.tr_bg td {
      background:#FDFBCC;
}          /*通过 tr 标签的类名修改相对应的单元格背景颜色 */
</style>
</head>
<body>
<table width="600" border="0">
  <caption>畅销活动排行榜</caption>
  <tr>
    <th>活动编号</th><th>活动名称</th><th>会员价</th><th>参加人数</th>
  </tr>
  <tr>
    <td>001</td><td>田园风光</td><td>3800</td><td>800</td>
  </tr>
  <tr class="tr_bg">
    <td>002</td><td>海天一色</td><td>3600</td><td>700</td>
  </tr>
  <tr>
    <td>003</td><td>北欧风情</td><td>3300</td><td>600</td>
  </tr>
  <tr class="tr_bg">
    <td>004</td><td>南极风采</td><td>3100</td><td>500</td>
  </tr>
</table>
</body>
</html>
```

7.5 设置表单样式

在前面章节中讲解的表单设计大多采用表格布局，这种布局方法对表单元素的样式控制很少，仅局限于功能上的实现。本节主要讲解如何使用 CSS 控制和美化表单。

7.5.1 使用 CSS 美化常用的表单元素

表单中的元素很多，包括常用的文本域、复选框、下拉菜单和按钮等。下面通过一个实例讲解怎样使用 CSS 美化常用的表单元素。

1．美化文本域

文本域主要用于采集用户在其中编辑的文字信息，通过 CSS 样式可以对文本域内的字体、颜色以及背景图像加以控制。下面以示例的形式介绍如何使用 CSS 美化文本域。

【演练 7-25】 使用 CSS 美化文本域，本例页面 7-25.html 的显示效果如图 7-28 所示。

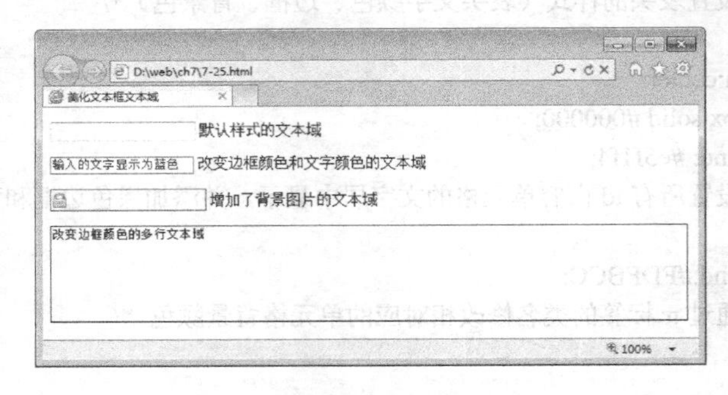

图 7-28 美化文本域

代码如下。

```
<!doctype html>
<html>
<head>
<meta charset="gb2312" />
<title>美化文本框文本域</title>
</head>
<style type="text/css">
.text1 {
	border:1px solid #f60;                    /*1px 实线红色边框*/
	color:#03C;                               /*文字颜色为蓝色*/
}
.text2 {
	border:1px solid #C3C;                    /*1px 实线紫红色边框*/
	height:20px;
	background:#fff url(images/password_bg.jpg) left center no-repeat; /*背景图像无重复*/
	padding-left:20px;
}
.area {
```

```
        border:1px solid #00f;                /*1px 实线蓝色边框*/
        overflow:auto;
        width:99%;
        height:100px;
    }
</style>
<body>
<p>
    <input type="text" name="normal"/>
    默认样式的文本域</p>
<p>
    <input name="chbd" type="text" value="输入的文字显示为蓝色" class="text1"/>
    改变边框颜色和文字颜色的文本域 </p>
<p>
    <input name="pass" type="password" class="text2"/>
    增加了背景图片的文本域</p>
<p>
    <textarea name="cha" cols="45" rows="5" class="area">改变边框颜色的多行文本域</textarea>
</p>
</body>
</html>
```

2．美化按钮

按钮主要用于控制网页中的表单。通过 CSS 样式可以对按钮的字体、颜色、边框以及背景图像加以控制。下面以示例的形式介绍如何使用 CSS 美化按钮。

【演练 7-26】 使用 CSS 美化按钮，本例页面 7-26.html 的显示效果如图 7-29 所示。代码如下。

```
<!doctype html>
<html>
<head>
<meta charset="gb2312" />
<title>美化按钮</title>
</head>
<style type="text/css">
.btn01 {
    background:  url(images/btn_bg02.jpg) repeat-x; /*背景图像水平重复*/
    border:1px solid #f00;                /*1px 实线红色边框*/
    height:32px;
    font-weight:bold;                     /*字体加粗*/
    padding-top:2px;
    cursor:pointer;                       /*鼠标样式为手型*/
    font-size:14px;
    color:#FFF;                           /*文字颜色为白色*/
}
.btn02 {
```

图 7-29 美化按钮

```
        background: url(images/btn_bg03.gif) 0 0 no-repeat; /*背景图像无重复*/
        width:107px;
        height:37px;
        border:none;                          /*无边框，背景图像本身就是边框风格的图像*/
        font-size:14px;
        font-weight:bold;                     /*字体加粗*/
        color:#d84700;
        cursor:pointer;                       /*鼠标样式为手型*/
    }
</style>
<body>
<p>
  <input name="button" type="submit" value="提交" />
  默认风格的提交按钮 </p>
<p>
  <input name="button01" type="submit" class="btn01" id="button1" value="自适应宽度按钮" />
  自适应宽度按钮</p>
<p>
  <input name="button02" type="submit" class="btn02" id="button2" value="免费注册" />
  固定背景图片的按钮</p>
</body>
</html>
```

3. 制作登录框

在许多网站中都有登录框的应用，而登录框所包含的元素通常有用户名文本域、密码域、验证码文本域、登录按钮和注册按钮等，这些元素是根据网站的实际需求而确定的。

【演练 7-27】 使用 CSS 制作登录框，本例页面 7-27.html 的显示效果如图 7-30 所示。代码如下。

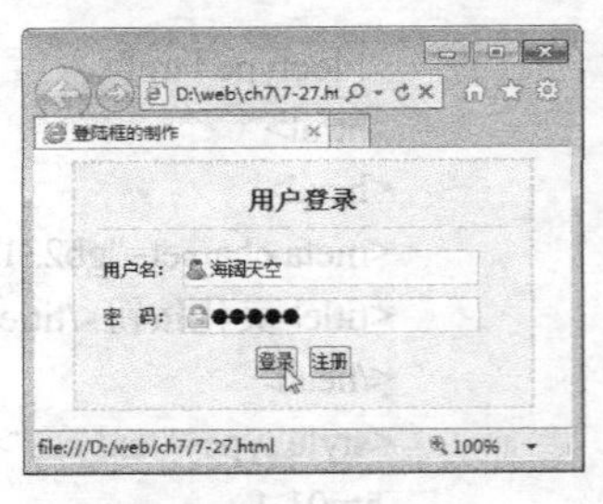

图 7-30 制作登录框

```
<!doctype html>
<html>
<head>
<meta charset="gb2312" />
<title>登录框的制作</title>
<style type="text/css">
.login {                              /*登录框容器的样式*/
    margin:0 auto;                    /*容器水平居中对齐*/
    width:280px;
    padding:14px;
    border: dashed 2px #b7ddf2;  /*2px 虚线淡蓝色边框*/
    background:#ebf4fb;
}
.login * {                            /*容器中所有元素的样式*/
    margin:0;
    padding:0;
    font-family:"宋体";
```

```
        font-size:12px;
        line-height:1.5em;
    }
    .login h2 {                    /*容器中 2 级标题的样式*/
        text-align:center;         /*文字水平居中对齐*/
        font-size:18px;
        font-weight:bold;          /*字体加粗*/
        margin-bottom:10px;
        padding-bottom:5px;
        border-bottom:solid 1px #b7ddf2;   /*下边框为 1px 实线淡蓝色边框*/
    }
    .login .content {              /*容器内容区域的样式*/
        padding:5px;
    }
    .login .frm_cont {             /*内容区域中提示文字的样式*/
        margin-bottom:8px;
    }
    .login .username input, .login .password input {      /*用户名文本域和密码域的样式*/
        width:180px;
        height:18px;
        padding:2px 0px 2px 18px;  /*文本框左内边距 18px 以便为背景图像预留显示空间*/
        border:solid 1px #aacfe4;  /*1px 实线淡蓝色边框*/
    }
    .login .username input {       /*用户名文本域背景图像*/
        background:#FFF url(images/username_bg.jpg) no-repeat left center;
    }
    .login .password input {       /*密码域背景图像*/
        background:#FFF url(images/password_bg.jpg) no-repeat left center;
    }
    .login .btns {                 /*按钮的样式*/
        text-align:center;         /*文字水平居中对齐*/
    }
    </style>
    </head>
    <body>
    <div class="login">
      <h2>用户登录</h2>
      <div class="content">
        <form action="" method="post">
          <div class="frm_cont username">用户名：
            <label for="username"></label>
            <input type="text" name="username" id="username" />
          </div>
          <div class="frm_cont password">密  码：
            <label for="password"></label>
```

```
        <input type="password" name="password" id="password" />
      </div>
      <div class="btns">
        <input type="submit" name="button1" id="button1" value="登录" />
        <input type="button" name="button2"id="button2" value="注册" />
      </div>
    </form>
  </div>
</div>
</body>
</html>
```

【说明】本例中设置用户文本域和密码域的左内边距为 18px，目的是为了给文本域背景图像（图像宽度 16px）预留显示空间，否则输入的文字将覆盖在背景图像之上，以致用户在输入文字时看不清输入内容。

7.5.2 案例——制作光影世界联系我们表单

前面讲解了使用 CSS 美化表单元素的各种技巧，下面讲解一个较为综合的案例，将多种表单元素整合在一起，制作光影世界联系我们表单。

【演练 7-28】 制作光影世界联系我们表单，本例页面 7-28.html 在浏览器中的显示效果如图 7-31 所示。

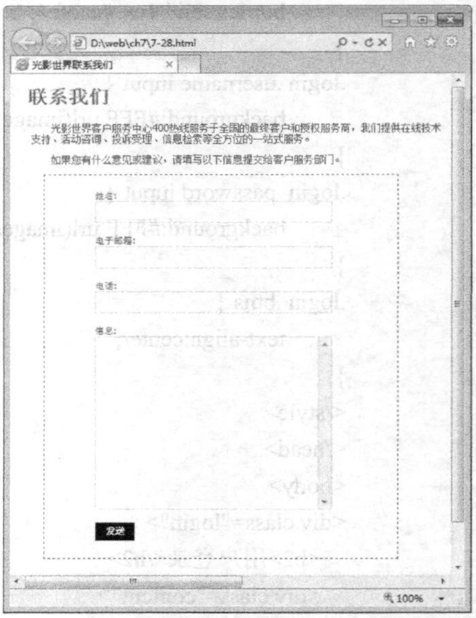

代码如下。

图 7-31 页面显示效果

```
<!doctype html>
<html>
<head>
<meta charset="gb2312">
<title>光影世界联系我们</title>
<style type="text/css">
body{                                    /*页面整体样式*/
    width:985px;
    margin:0 auto;                       /*页面居中对齐*/
    font-family:Tahoma;
    font-size:12px;                      /*文字大小 12px*/
    color:#565656;                       /*灰色文字*/
    position:relative                    /*相对定位*/
}
#contact{                                /*主体容器样式*/
    padding:0px 12px 30px 20px;
    float:left                           /*向左浮动*/
}
#contact p{                              /*容器中段落样式*/
    padding:0 0 10px 5px;
    margin:0px;
    text-indent:2em;                     /*首行缩进*/
```

```
}
#contact_content{                    /*内容区域样式*/
    width:500px;
}
#contact_form {                      /*表单容器样式*/
    padding:20px 60px;
    width: 300px;
    margin:0 0 40px 20px;
    border:1px dashed #5a5a5a;       /*表单边框 1px 灰色虚线*/
}
#contact_form form {                 /*表单样式*/
    margin: 0px;
    padding: 0px;
}
#contact_form form .input_field {    /*表单中文本框的样式*/
    font-family: Arial, Helvetica, sans-serif;
    width: 270px;
    padding: 5px;
    color: #808b98;
    background: #fff;
    border: 1px solid #dedede;       /*文本框边框 1px 灰色实线*/
}
#contact_form form label {           /*表单中标签的样式*/
    display: block;                  /*块级元素*/
    width: 100px;
    margin-right:12px;
    font-size: 11px
}
#contact_form form textarea {        /*表单中文本域的样式*/
    font-family: Arial, Helvetica, sans-serif;
    width: 270px;
    height: 200px;
    padding: 5px;
    color: #808b98;
    background: #fff;
    border: 1px solid #dedede;       /*文本域边框 1px 灰色实线*/
}
#contact_form form .submit_btn {     /*表单中按钮的样式*/
    display: block;                  /*块级元素*/
    padding: 5px 12px;
    text-align: center;              /*文字居中对齐*/
    text-decoration: none;
    font-weight: bold;               /*文字加粗*/
    background-color: #000;          /*黑色背景*/
    border: 1px solid #fff;
```

```
        color: #fff;                          /*白色文字*/
        font-size:11px;
    }
    </style>
    </head>
    <body>
    <div id="contact">
        <h1>联系我们</h1>
        <div id="contact_content">
        <p>光影世界客户服务中心 400 热线服务于全国的最终客户和授权服务商，我们提供在线技
术支持、活动咨询、投诉受理、信息检索等全方位的一站式服务。</p>
        <p>如果您有什么意见或建议，请填写以下信息提交给客户服务部门。</p>
            <div id="contact_form">
                <form method="post" name="contact" action="#">
                    <label for="author">姓名:</label>
                    <input type="text" id="author" name="author" class="input_field" /><br><br>
                    <label for="email">电子邮箱:</label>
                    <input type="text" id="email" name="email" class="input_field" /><br><br>
                    <label for="phone">电话:</label>
                    <input type="text" name="phone" id="phone" class="input_field" /><br><br>
                    <label for="text">信息:</label>
                    <textarea id="text" name="text" rows="0" cols="0"></textarea><br><br>
                    <input type="submit" class="submit_btn" id="submit" value="发送" />
                </form>
            </div>
        </div>
    </div>
    </body>
    </html>
```

7.6 综合案例——制作光影世界网络融资平台页面

前面已经讲解的 Div+CSS 布局页面的案例中，都是页面的局部布局，按照循序渐进的学习规律，本节从一个页面的全局布局入手，讲解光影世界网络融资平台页面的制作，重点练习使用 CSS 设置网页常用样式修饰的相关知识。

7.6.1 页面布局规划

页面布局的首要任务是弄清网页的布局方式，分析版式结构，待整体页面搭建有明确规划后，再根据成熟的规划切图。

通过成熟的构思与设计，光影世界网络融资平台页面的效果如图 7-32 所示，页面布局示意图如图 7-33 所示。页面中的主要内容包括顶部区域的导航、广告图片、平台简介，主体内容区域的欢迎栏目、合作伙伴栏目、解决方案栏目及底部的版权信息。

图 7-32　光影世界网络融资平台的页面效果

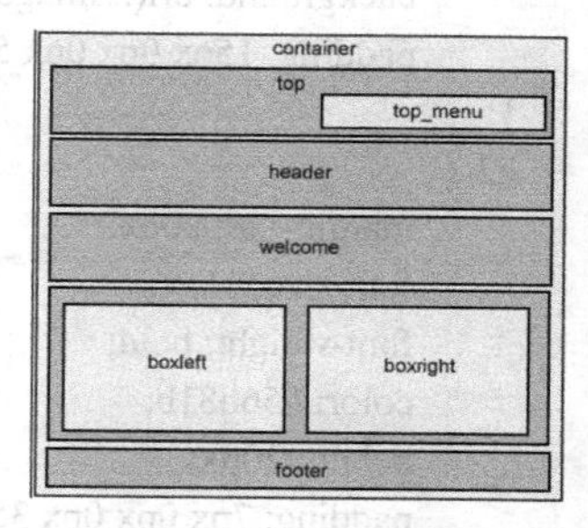

图 7-33　页面布局示意图

7.6.2　页面的制作过程

1．前期准备

（1）栏目目录结构

在栏目文件夹下创建文件夹 images 和 style，分别用来存放图像素材和外部样式表文件。

（2）页面素材

将本页面需要使用的图像素材存放在文件夹 images 下。

（3）外部样式表

在文件夹 style 下新建一个名为 style.css 的样式表文件。

2．制作页面

（1）制作页面的 CSS 样式

打开建立的 style.css 文件，定义页面的 CSS 规则，代码如下。

```
body {                              /*页面整体的 CSS 规则*/
    margin: 0;                      /*外边距为 0px*/
    padding:0;                      /*内边距为 0px*/
    font-family: Arial, Helvetica, sans-serif;
    font-size: 12px;
    line-height: 1.5em;
    color: #585858;
    background-color: #ededed;
}
a:link, a:visited {                 /*正常链接、访问过链接的样式*/
    color: #060;
    text-decoration: none;          /*链接无修饰*/
}
a:active, a:hover {                 /*鼠标按下、鼠标悬停链接的样式*/
    color: #c00;
```

```
    text-decoration: none;          /*链接无修饰*/
}
h1 {                                /*一级标题的 CSS 规则*/
    font-size: 22px;
    font-weight: bold;
    color: #38713a;
    height: 32px;
    background: url(../images/header1.jpg) no-repeat;      /*背景图像无重复*/
    padding: 15px 0px 0px 55px; /*上、右、下、左的内边距依次为 15px,0px,0px,55px*/
}
h2 {                                /*二级标题的 CSS 规则*/
    margin-top: 20px;               /*上外边距 20px*/
    font-size: 16px;
    font-weight: bold;
    color: #56b81b;
    height: 20px;
    padding: 7px 0px 0px 35px;  /*上、右、下、左的内边距依次为 7px,0px,0px,35px*/
    background: url(../images/header2.jpg) no-repeat;      /*背景图像无重复*/
}
#container {                        /*页面容器的 CSS 规则*/
    width: 900px;                   /*设置元素宽度*/
    margin: auto;                   /*设置元素自动居中对齐*/
    background-color: #fff;
}
#top {                              /*页面顶部的 CSS 规则*/
    float: right;                   /*向右浮动*/
    width: 900px;                   /*设置元素宽度*/
    height: 50px;                   /*设置元素高度*/
    background: url(../images/menu.jpg) no-repeat;         /*菜单背景图像无重复*/
}
.top_menu{                          /*页面顶部菜单的 CSS 规则*/
    float: right;                   /*向右浮动*/
    width: 580px;                   /*设置元素宽度*/
    padding-right: 20px;            /*右内边距 20px*/
}
.top_menu ul {                      /*菜单列表的 CSS 规则*/
    list-style: none;               /*列表无样式*/
    padding: 0px;                   /*内边距为 0px*/
    margin: 0px;                    /*外边距为 0px*/
}
.top_menu li{                       /*菜单列表项的 CSS 规则*/
    display: inline ;               /*内联元素*/
}
.top_menu li a{                     /*菜单列表项超链接的 CSS 规则*/
    float: left;                    /*实现横向菜单*/
    text-align: center;
    font-size: 11px;
    font-weight: bold;
```

```
        color: #fff;
        width: 77px;
        height: 30px;
        padding: 14px 0px 0px 5px; /*上、右、下、左的内边距依次为 14px,0px,0px,5px*/
}
.top_menu li a:hover{                    /*菜单列表项鼠标悬停的 CSS 规则*/
        color: #91e30c;
        text-decoration: underline;      /*下画线*/
}
#header {                                /*页面 header 简介区域的 CSS 规则*/
        float: left;                     /*向左浮动*/
        width: 410px;                    /*设置元素宽度*/
        height: 180px;                   /*设置元素高度*/
        color: #fff;
        text-align: justify;
        font-size: 11px;
        padding: 63px 140px 0px 350px; /*上、右、下、左的内边距依次为 63px,140px,0px,350px*/
        background: url(../images/header.jpg) no-repeat;       /*背景图像无重复*/
}
#header span {                           /*页面简介区域中 span 的 CSS 规则*/
        font-size: 18px;
        font-weight: bold;
}
#welcome {                               /*页面欢迎信息区域的 CSS 规则*/
        float: left;                     /*向左浮动*/
        width: 800px;
        text-align: justify;
        padding: 0px 50px 0px 50px; /*上、右、下、左的内边距依次为 0px,50px,0px,50px*/
}
#welcome img {                           /*页面欢迎信息中图像的 CSS 规则*/
        float: left;                     /*向左浮动*/
        padding-right: 10px;             /*右内边距 10px*/
}
#boxleft {                               /*页面内容区域左侧的 CSS 规则*/
        float: left;                     /*向左浮动*/
        width: 400px;
        padding-left: 50px;              /*左内边距 50px*/
}
#boxright {                              /*页面内容区域右侧的 CSS 规则*/
        float: left;                     /*向左浮动*/
        width: 430px;
        padding-left: 20px;              /*左内边距 20px*/
}
.box_left {                              /*内容左侧区域的 CSS 规则*/
        float: left;                     /*向左浮动*/
        width: 23px;
        height: 253px;
        background: url(../images/box_left.jpg) no-repeat;         /*背景图像无重复*/
```

```
}
.box_middle {                    /*内容中间区域的 CSS 规则*/
    float: left;                 /*向左浮动*/
    width: 330px;
    height: 253px;
    text-align: justify;
    padding: 0px 5px 0px 5px;    /*上、右、下、左的内边距依次为 0px,5px,0px,5px*/
    background: url(../images/box_middle.jpg) repeat-x;      /*背景图像水平重复*/
}
.box_middle img {                /*内容中间区域图像的 CSS 规则*/
    float: left;                 /*向左浮动*/
    padding-right: 10px;         /*右内边距 10px*/
}
.box_right {                     /*内容右侧区域的 CSS 规则*/
    float: left;                 /*向左浮动*/
    width: 23px;
    height: 253px;
    background: url(../images/box_right.jpg) no-repeat;      /*背景图像无重复*/
}
.more_button_1 {                 /*欢迎信息区域中按钮的 CSS 规则*/
    background: url(../images/morebutton1.jpg) no-repeat;    /*欢迎信息区域中按钮的背景图像*/
    font-size: 11px;
    height: 39px;
    width: 62px;
    padding: 8px 0px 0px 20px;   /*上、右、下、左的内边距依次为 8px,0px,0px,20px*/
    font-weight: bold;
}
.more_button_1 a {               /*欢迎信息区域中按钮超链接的 CSS 规则*/
    color: #fff;
}
.more_button_2 {                 /*内容区域中按钮的 CSS 规则*/
    float: right;                /*向右浮动*/
    background: url(../images/morebutton2.jpg) no-repeat;    /*内容区域中按钮的背景图像*/
    width: 51px;
    height: 28px;
    font-size: 10px;
    padding: 5px 0px 0px 10px;   /*上、右、下、左的内边距依次为 5px,0px,0px,10px*/
}
.more_button_2 a {               /*内容区域中按钮超链接的 CSS 规则*/
    font-weight: bold;           /*文字加粗*/
    color: #fff;
}
#footer {                        /*页面底部版权区域的 CSS 规则*/
    clear: both;                 /*清除浮动*/
    width: 900px;
    height: 23px;
    margin-top: 20px;            /*上外边距 20px*/
    background-color: #cbf0bb;
```

```
        text-align: center;
        padding-top: 7px;               /*上内边距 7px*/
    }
```

（2）制作页面的网页结构代码

为了使读者对页面的样式与结构有一个全面的认识，最后说明整个页面（index.html）的结构代码，代码如下。

```
<!doctype html>
<html>
<head>
<title>光影世界网络融资平台</title>
<link href="style/style.css" rel="stylesheet" type="text/css" />
</head>
<body>
<div id="container">
  <div id="top">
    <div class="top_menu">
      <ul>
        <li><a href="#">首页</a></li>
        <li><a href="#">公司</a></li>
        <li><a href="#">解决方案</a></li>
        <li><a href="#">服务</a></li>
        <li><a href="#">客户</a></li>
        <li><a href="#">网站地图</a></li>
        <li><a href="#">联系</a></li>
      </ul>
    </div>
  </div>
  <div id="header"><span>光影世界网络融资平台<br /></span>平台将摄影爱好和旅游消费进行了
完美的组合，旅游消费的商户发布在平台的信息都可以自动整合到光影世界。……（此处省略文字）
  </div>
  <div id="welcome">
    <h1>WELCOME TO 光影世界网络融资平台</h1>
    <p><img src="images/photo3.jpg" alt="" width="167" height="127" />摄影爱好和旅游消费----网
络融资平台的掘金秘诀</p>
    <p>继卖场、超市、专卖店之后，……（此处省略文字）</p>
    <p>各类商家、企业为满足越来越多的网上消费需求，……（此处省略文字）<br>
    </p>
    <div class="more_button_1"> <a href="#">更多</a></div>
  </div>
  <div id="boxleft">
    <div class="box_left"></div>
    <div class="box_middle">
      <h2>合作伙伴</h2>
      <p><img src="images/photo1.jpg" alt="" width="82" height="82" />光影世界平台的业务规模
不断扩大，通过优势基础的建设，整合了 B2C、B2B 渠道。……（此处省略文字）</p>
      <div class="more_button_2"><a href="#">更多</a></div>
    </div>
```

```
        <div class="box_right"></div>
      </div>
      <div id="boxright">
        <div class="box_left"></div>
        <div class="box_middle">
          <h2>解决方案</h2>
          <p><img src="images/photo2.jpg" alt="" width="90" height="83" />光影世界平台作为国内领
先的电子商务平台，针对网店融资作出具体分析。……（此处省略文字）。</p>
          <div class="more_button_2"><a href="#">更多</a></div>
        </div>
        <div class="box_right"></div>
      </div>
      <div id="footer">Copyright © 2017  光影世界  | Designed by <a href="#">海阔天空</a></div>
    </div>
    </body>
    </html>
```

【说明】本例代码中使用了<ul>列表、<li>列表项来设计主导航菜单，请读者参考第 8 章中使用 CSS 设置导航及菜单的相关知识。

7.7 课堂综合实训——制作家具商城会员注册页面

【实训要求】制作家具商城会员注册页面，页面效果如图 7-34 所示，布局示意图如图 7-35 所示。

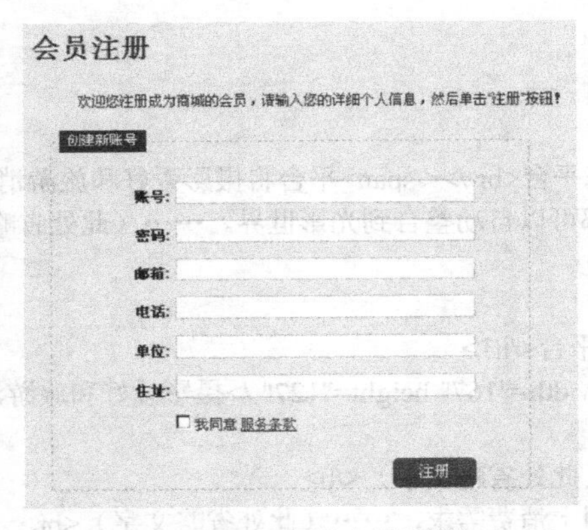

图 7-34　会员注册页面

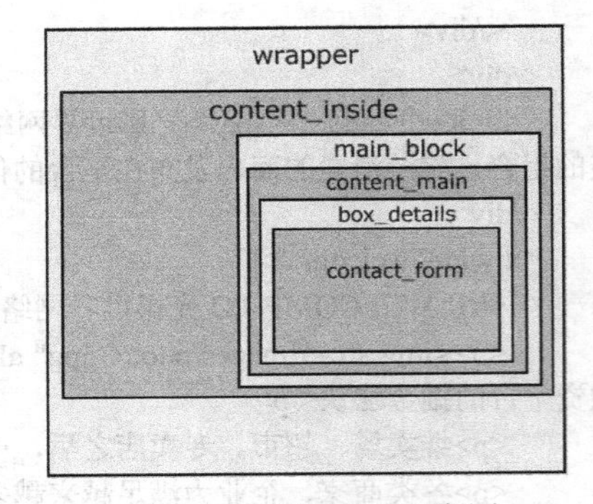

图 7-35　页面布局示意图

制作步骤。

1. 前期准备

（1）栏目目录结构

在栏目文件夹下创建文件夹 images 和 css，分别用来存放图像素材和外部样式表文件。

（2）页面素材

将本页面需要使用的图像素材存放在文件夹 images 下。

（3）外部样式表

在文件夹 css 下新建一个名为 style.css 的样式表文件。

2．制作页面

（1）制作页面的 CSS 样式

打开建立的 style.css 文件，定义页面的 CSS 规则，代码如下。

```
*{                                  /* *表示针对 HTML 的所有元素*/
    padding:0px;                    /*内边距为 0px*/
    margin:0px;                     /*外边距为 0px*/
    line-height: 20px;              /*行高 20px*/
}
body{                               /*设置页面整体样式*/
    height:100%;                    /*高度为相对单位*/
    background-color:#f3f1e9;       /*浅灰色背景*/
    position:relative;              /*相对定位*/
}
img{
    border:0px;                     /*图像无边框*/
}
#wrapper{                           /*设置主体容器样式*/
    padding:0 0 5px 0               /*上、右、下、左的内边距依次为 0px,0px,5px,0px*/
}
#content_inside{                    /*设置页面内容区域样式*/
    background-image:url(../images/bg.gif);   /*背景图像*/
    background-position:top left;             /*背景图像顶端左对齐*/
    background-repeat:no-repeat;              /*背景图像无重复*/
    width:1000px;
    margin:0 auto;                  /*区域自动居中对齐*/
    overflow:hidden                 /*溢出内容隐藏*/
}
#main_block{                        /*设置主体内容右侧区域的样式*/
    font-family:Arial, Helvetica, sans-serif;
    font-size:12px;                 /*设置文字大小为 12px*/
    color:#464646;                  /*设置默认文字颜色为灰色*/
    overflow:hidden;                /*溢出隐藏*/
    float:left;                     /*向左浮动*/
    width:752px;                    /*设置容器宽度为 752px*/
}
.pad20{                             /*设置主体内容右侧区域内边距样式*/
    padding:0 0 20px 0              /*上、右、下、左的内边距依次为 0px,0px,20px,0px*/
}
.content_main{                      /*设置右侧区域容器的样式*/
    width:720px;                    /*容器宽 720px*/
    float:left;                     /*向左浮动*/
    padding:20px 0 10px 20px;       /*上、右、下、左的内边距依次为 20px,0px,10px,20px*/
}
.box_details{                       /*设置右侧区域详细信息区域的样式*/
    padding:10px 0 10px 0;
    margin:10px 20px 10px 0;
    clear:both;                     /*清除所有浮动*/
```

```
}
.box_details p{                    /*设置详细信息区域中段落的样式*/
    padding:5px 15px 5px 15px;
    text-indent:2em                /*首行缩进*/
}
.contact_form{                     /*设置表单容器的样式*/
    width:355px;
    float:left;                    /*向左浮动*/
    padding:25px 25px 0 25px;
    margin:20px 0 0 15px;
    border:1px #DFD1D2 dashed;/*表单边框为 1px 灰色虚线*/
    position:relative;             /*相对定位*/
}
.contact_form a{                   /*设置表单中超链接的样式*/
    color:#d81e7a;
}
.form_subtitle{                    /*设置表单左上角标题的样式*/
    position:absolute;             /*绝对定位*/
    top:-11px;                     /*向上高过容器 11px*/
    left:7px;                      /*距离容器左端 7px*/
    width:auto;                    /*宽度自适应*/
    height:20px;                   /*高度 20px*/
    background-color:#565656;
    text-align:center;
    padding:0 7px 0 7px;
    color:#fff;
    font-size:11px;
    line-height:20px;
}
.form_row{                         /*设置表单每行的样式*/
    width:335px;
    clear:both;                    /*清除所有浮动*/
    padding:10px 0 10px 0;
    color:#a53d17;
}
label.contact{                     /*设置表单中标签的样式*/
    width:75px;
    float:left;                    /*向左浮动*/
    font-size:12px;
    text-align:right;
    padding:4px 5px 0 0;
    color: #333333;
}
input.contact_input{               /*设置表单中文本框的样式*/
    width:253px;
    height:18px;
```

```
        background-color:#fff;
        color:#999999;
        border:1px #DFDFDF solid;  /*文本框的边框为 1px 灰色实线*/
        float:left;                /*向左浮动*/
    }
    textarea.contact_textarea{     /*设置表单中文本域的样式*/
        width:253px;
        height:120px;
        font-family:Arial, Helvetica, sans-serif;
        font-size:12px;
        color: #999999;
        background-color:#fff;
        border:1px #DFDFDF solid;  /*文本域的边框为 1px 灰色实线*/
        float:left;                /*向左浮动*/
    }
    input.register{                /*设置表单中注册按钮的样式*/
        width:71px;
        height:25px;
        border:none;
        cursor:pointer;
        text-align:center;         /*文字居中对齐*/
        float:right;
        color:#FFFFFF;
        background:url(../images/register_bt.gif) no-repeat center;/*背景图像无重复中央对齐*/
    }
    .terms{                        /*设置表单中服务条款区域的样式*/
        padding:0 0 0 80px;
    }
```

（2）制作页面的网页结构代码

为了使读者对页面的样式与结构有一个全面的认识，最后说明整个页面（register.html）的结构代码，代码如下。

```
<!doctype html>
<html>
<head>
<title>注册页</title>
<link rel="stylesheet" type="text/css" href="css/style.css" />
</head>
<body>
<div id="wrapper">
    <div id="content_inside">
        <div id="main_block" class="pad20">
            <div class="content_main">
                <h1>会员注册</h1>
                    <div class="box_details">
```

```
                <p class="details">欢迎您注册成为商城的会员，请输入您的详细个人信息，
然后单击“注册”按钮！</p>
                <div class="contact_form">
                  <div class="form_subtitle">创建新账号</div>
                  <form name="register" action="#">
                    <div class="form_row">
                      <label class="contact"><strong>账号:</strong></label>
                      <input type="text" class="contact_input" />
                    </div>
                    <div class="form_row">
                      <label class="contact"><strong>密码:</strong></label>
                      <input type="text" class="contact_input" />
                    </div>
                    <div class="form_row">
                      <label class="contact"><strong>邮箱:</strong></label>
                      <input type="text" class="contact_input" />
                    </div>
                    <div class="form_row">
                      <label class="contact"><strong>电话:</strong></label>
                      <input type="text" class="contact_input" />
                    </div>
                    <div class="form_row">
                      <label class="contact"><strong>单位:</strong></label>
                      <input type="text" class="contact_input" />
                    </div>
                    <div class="form_row">
                      <label class="contact"><strong>住址:</strong></label>
                      <input type="text" class="contact_input" />
                    </div>
                    <div class="form_row">
                      <div class="terms">
                        <input type="checkbox" name="terms" />
                      我同意 <a href="#">服务条款</a> </div>
                    </div>
                    <div class="form_row">
                      <input type="submit" class="register" value="注册" />
                    </div>
                  </form>
                </div>
              </div>
            </div>
          </div>
        </div>
      </div>
</body>
</html>
```

【说明】本例中设置表单容器的边框样式为“border:1px #dfd1d2 dashed;”，即表单边框线为 1px 虚线，这是一种常用的对表单外部轮廓修饰的方法，以突出表单的显示效果，引起浏览者的注意。

习题

1）使用 CSS 美化表单技术制作家具商城会员登录页面，如图 7-36 所示。

2）使用 CSS 对页面中的网页元素加以修饰，制作介绍清明上河园的页面，如图 7-37 所示。

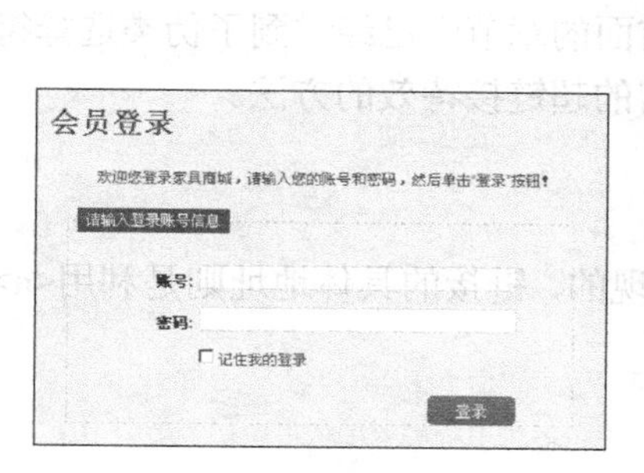

图 7-36　题 1 图

图 7-37　题 2 图

3）使用 CSS 对页面中的网页元素加以修饰，制作如图 7-38 所示的环保社区页面。

图 7-38　题 3 图

第 8 章　使用 CSS 修饰链接与列表

网页中链接与列表随处可见，网页设计人员为了使页面结构更加符合语义，会将列表以各种样式体现在页面中。本章将讲解使用 CSS 修饰链接与列表的方法。

8.1　制作超链接特效

超链接是网页上最普通的元素，通过超链接能够实现页面跳转、功能激活等，而要实现链接的多样化效果则离不开 CSS 样式的辅助。在前面的章节中已经讲到了伪类选择符的基本概念和简单应用，本节重点讲解使用 CSS 制作丰富的超链接特效的方法。

8.1.1　动态超链接

在 HTML 语言中，超链接是通过标记<a>来实现的，链接的具体地址则是利用<a>标记的 href 属性，代码如下。

```
<a href="http://www.baidu.com">百度</a>
```

在默认的浏览器方式下，超链接统一为蓝色并且带有下画线，访问过的超链接则为紫色并且也有下画线。这种最基本的超链接样式已经无法满足设计人员的要求，通过 CSS 可以设置超链接的各种属性，而且通过伪类还可以制作出许多动态效果。

伪类中通过:link、:visited、:hover 和:active 来控制链接内容访问前、访问后、鼠标悬停时以及用户激活时的样式。需要说明的是，这 4 种状态的顺序不能颠倒，否则可能会导致伪类样式不能实现，并且这 4 种状态并不是每次都要用到，一般情况下只需要定义链接标签的样式以及:hover 伪类样式即可。

为了更清楚地理解如何使用 CSS 设置动态超链接的外观，下面讲解一个简单的示例。

【演练 8-1】 设置动态超链接的外观，鼠标未悬停在文字链接的效果如图 8-1a 所示，鼠标悬停在文字链接上时的效果如图 8-1b 所示。

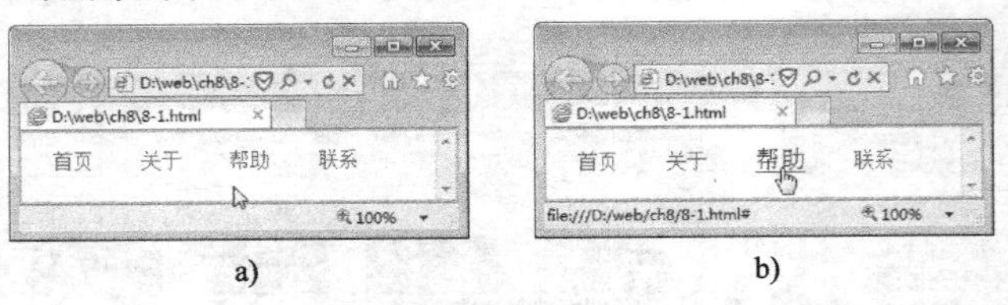

图 8-1　设置动态超链接的外观

a) 鼠标未悬停　b) 鼠标悬停

代码如下。

```
<html>
<head>
<meta charset="gb2312">
```

```
<title>动态超链接</title>
<style type="text/css">
  .nav a {
    padding:8px 15px;
    text-decoration:none;                    /*正常的链接状态无修饰*/
  }
  .nav a:hover {
    color:#f00;                              /*鼠标悬停时改变颜色*/
    font-size:20px;                          /*鼠标悬停时字体放大*/
    text-decoration:underline;               /*鼠标悬停时显示下画线*/
  }
</style>
<body>
<div class="nav">
  <a href="#">首页</a>
  <a href="#">关于</a>
  <a href="#">帮助</a>
  <a href="#">联系</a>
</div>
</body>
</html>
```

【说明】在定义超链接的伪类 link、visited、hover、active 时，应该遵从一定的顺序，否则在浏览器中显示时，超链接的 hover 样式就会失效。在指定超链接样式时，建议按 link、visited、hover、active 的顺序指定。如果先指定 hover 样式，然后再指定 visited 样式，则在浏览器中显示时，hover 样式将不起作用。

8.1.2 浮雕背景超链接

网页设计中对文字链接的修饰不仅限于增加边框、修改背景颜色等方式，还可以将背景图像加入到超链接的伪属性中，制作出更多的绚丽效果。

【演练 8-2】 通过超链接背景图像的变换，实现浮雕背景超链接的效果，鼠标未悬停时文字链接的效果如图 8-2a 所示，鼠标悬停在文字链接上时的效果如图 8-2b 所示。

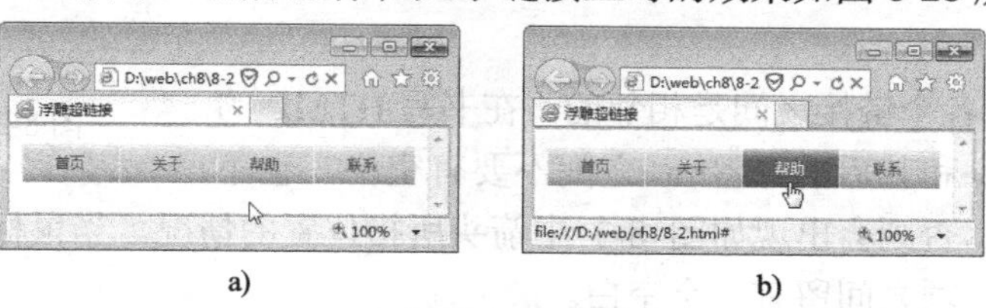

a) b)

图 8-2 浮雕背景超链接

a) 鼠标未悬停 b) 鼠标悬停

代码如下。

```
<html>
<head>
<meta charset="gb2312">
```

```
<title>浮雕超链接</title>
<style>
table{
        font-family:Arial;
        font-size:12px;
        width:100%;
        background:url(images/button1_bg.jpg) repeat-x; /*初始背景图像*/
}
a{
        width:80px;
        height:32px;
        padding-top:10px;
        text-decoration:none;                              /*链接无修饰*/
        text-align:center;
}
a, a:visited{
        color:#654300;
        background:url(images/button1.jpg) no-repeat;  /*初始背景图像*/
        }

a:hover{
        color:#ffffff;
        background:url(images/button2.jpg) no-repeat;  /*变换背景图像*/
}
</style>
</head>
<body>
<table cellpadding="0" cellspacing="0" class="links">
   <tr>
      <td>
         <a href="#">首页</a><a href="#">关于</a><a href="#">帮助</a><a href="#">联系</a>
      </td>
   </tr>
</table>
</body>
</html>
```

图 8-3　页面显示效果

【说明】本例中各个链接之间是相邻的，在书写 HTML 的时候前一个标签</a>和其后的标签<a>之间不要有空格，也不要在二者之间换行，否则会出现如图 8-3 中箭头所指位置的情况。当鼠标悬停于超链接之上时，它的后面和下一项之间留有一个空白。

8.1.3　按钮式超链接

按钮式超链接的实质就是将超链接样式的 4 个边框的颜色分别进行设置，左和上设置为加亮效果，右和下设置为阴影效果，当鼠标悬停到按钮上时，加亮效果与阴影效果刚好相反。

【演练 8-3】 制作按钮式超链接，当鼠标悬停到按钮上时，可以看到超链接类似按钮“被按下”的效果，如图 8-4 所示。

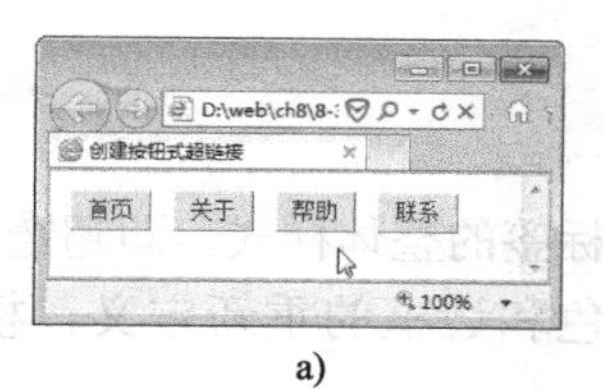

a)

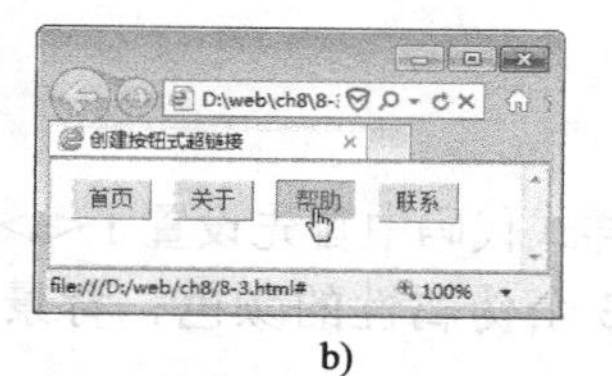

b)

图 8-4　按钮式超链接

a) 鼠标未悬停　b) 鼠标悬停

代码如下。

```
<html>
<head>
<meta charset="gb2312">
<title>创建按钮式超链接</title>
<style type="text/css">
  a{
    font-family: Arial;                    /*统一设置所有样式 */
    font-size: 14px;
    text-align:center;                     /*文字居中对齐*/
    margin:3px;                            /*外边距 3px*/
  }
  a:link,a:visited{                        /* 超链接正常状态、被访问过的样式 */
    color: #333;
    padding:4px 10px 4px 10px;             /*上、右、下、左的内边距依次为 4px,10px,4px,10px*/
    background-color: #ddd;
    text-decoration: none;                 /*无修饰*/
    border-top: 1px solid #eee;            /* 边框实现阴影效果 */
    border-left: 1px solid #eee;
    border-bottom: 1px solid #717171;
    border-right: 1px solid #717171;
  }
  a:hover{                                 /* 鼠标悬停时的超链接 */
    color:#06f;                            /* 改变文字颜色 */
    padding:5px 8px 3px 12px;              /* 改变文字位置 */
    background-color:#ccc;                 /* 改变背景色 */
    border-top: 1px solid #717171;         /* 边框变换，实现“被按下”的效果 */
    border-left: 1px solid #717171;
    border-bottom: 1px solid #eee;
    border-right: 1px solid #eee;
  }
</style>
</head>
<body>
  <a href="#">首页</a>
  <a href="#">关于</a>
  <a href="#">帮助</a>
  <a href="#">联系</a>
```

```
</body>
</html>
```

【说明】本例的样式代码中首先设置了<a>标签的整体样式，即超链接所有状态下通用的样式，然后通过对 3 个伪属性的颜色、背景色和边框的重新定义，模拟按钮的特效。

8.2 修饰列表

列表形式在网站设计中占有很大比重，信息的显示非常整齐直观，便于用户理解与操作。从网页出现到现在，列表元素一直是页面中非常重要的应用形式。传统的 HTML 语言提供了项目列表的基本功能，当引入 CSS 后，项目列表被赋予许多新的属性，甚至超越了它最初设计时的功能。

8.2.1 表格布局的缺点

在表格布局时代，类似于新闻列表这样的效果，一般采用表格来实现，该列表采用多行多列的表格进行布局。其中，第 1 列放置小图标作为修饰，第 2 列放置新闻标题，如图 8-5 所示。

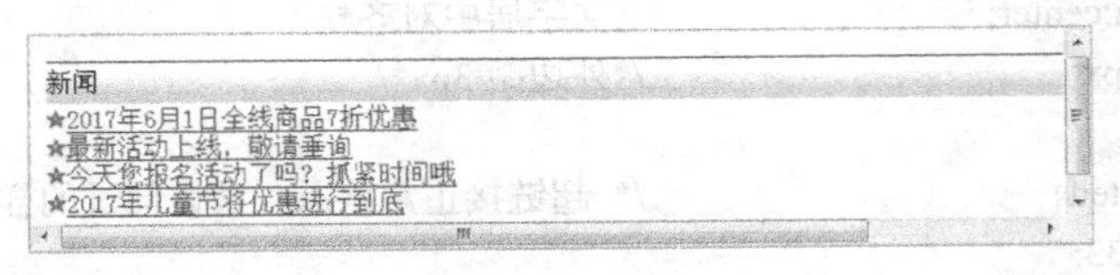

图 8-5 表格布局的新闻列表

以上表格的结构代码如下。

```
<table width="745" border="0" align="center" cellpadding="0" cellspacing="0">
  <tr>
    <td height="30" background="images/back.jpg">新闻</td>
  </tr>
  <tr>
    <td><img src="images/star_red.gif"/><a href="#">2017 年 6 月 1 日全线商品 7 折优惠</a></td>
  </tr>
  <tr>
    <td><img src="images/star_red.gif"/><a href="#">最新活动上线，敬请垂询</a></td>
  </tr>
  <tr>
    <td><img src="images/star_red.gif"/><a href="#">今天您报名活动了吗？抓紧时间哦</a></td>
  </tr>
  <tr>
    <td><img src="images/star_red.gif"/><a href="#">2017 年儿童节将优惠进行到底</a></td>
  </tr>
</table>
```

从上面表格的结构标签来看，标签的对数较多，结构比较复杂。在表格布局中，主要是用到表格的相互嵌套使用，这样就会造成代码的复杂度提高。同时，使用表格布局不利于搜索引擎抓取信息，直接影响到网站的排名。

8.2.2 列表布局的优势

列表元素是网页设计中使用频率非常高的元素，在大多数的网站设计上，无论是新闻列表，还是产品，或者是其他内容，均需要以列表的形式来体现。

采用 CSS 样式对整个页面布局时，列表标签的作用被充分挖掘出来。从某种意义上讲，除了描述性的文本，任何内容都可以认为是列表。使用列表布局来实现新闻列表，不仅结构清晰，而且代码数量明显减少，如图 8-6 所示。

新闻列表的结构代码如下。

```
<div id="main_left_top">
  <h3>新闻区</h3>
  <ul class="news_list">
    <li><a href="#">2017 年 6 月 1 日全线商品 7 折优惠</a> <span>[2017-5-30]</span></li>
    <li><a href="#">最新活动上线，敬请垂询</a> <span>[2017-5-30]</span></li>
    <li><a href="#">今天您报名活动了吗？抓紧时间哦</a> <span>[2017-5-30]</span></li>
    <li><a href="#">2017 年儿童节将优惠进行到底</a> <span>[2017-5-30]</span></li>
  </ul>
</div>
```

图 8-6 列表布局的新闻列表

8.2.3 CSS 列表属性

在 CSS 样式中，主要是通过 list-style-type、list-style-image 和 list-style-position 这 3 个属性改变列表修饰符的类型，常用的 CSS 列表属性见表 8-1。

表 8-1 常用的 CSS 列表属性

属　性	说　明
list-style	复合属性，把所有用于列表的属性设置于一个声明中
list-style-image	将图像设置为列表项标志
list-style-position	设置列表项标记如何根据文本排列
list-style-type	设置列表项标志的类型
marker-offset	设置标记容器和主容器之间水平补白

1．列表类型

通常的项目列表主要采用<ul>或<ol>标签，然后配合<li>标签罗列各个项目。在 CSS 样式中，列表项的标志类型是通过属性 list-style-type 来修改的，无论是<ul>标记还是<ol>标记，都可以使用相同的属性值，而且效果是完全相同的。

list-style-type 属性主要用于修改列表项的标志类型，例如，在一个无序列表中，列表项的标志是出现在各列表项旁边的圆点，而在有序列表中，标志可能是字母、数字或另外某种符号。

当给<ul>或者<ol>标签设置 list-style-type 属性时，在它们中间的所有<li>标签都采用该设置，而如果对<li>标签单独设置 list-style-type 属性，则仅仅作用在该项目上。当 list-style-image 属性为 none 或者指定的图像不可用时，list-style-type 属性将发生作用。

常用的 list-style-type 属性值见表 8-2。

表 8-2　常用的 list-style-type 属性值

属性值	说　明
disc	默认值，标记是实心圆
circle	标记是空心圆
square	标记是实心正方形
decimal	标记是数字
upper-alpha	标记是大写英文字母，如 A,B,C,D,E,F,…
lower-alpha	标记是小写英文字母，如 a,b,c,d,e,f,…
upper-roman	标记是大写罗马字母，如 Ⅰ,Ⅱ,Ⅲ,Ⅳ,Ⅴ,Ⅵ,Ⅶ,…
lower-roman	标记是小写罗马字母，如 ⅰ,ⅱ,ⅲ,ⅳ,ⅴ,ⅵ,ⅶ,…
none	不显示任何符号

在页面中使用列表，要根据实际情况选用不同的修饰符，或者不选用任何一种修饰符而使用背景图像作为列表的修饰。需要说明的是，当选用背景图像作为列表修饰时，list-style-type 属性和 list-style-image 属性都要设置为 none。

【演练 8-4】 设置列表类型，本例页面 8-4.html 的显示效果如图 8-7 所示。

代码如下。

```
<html>
<head>
<title>设置列表类型</title>
<style>
   body{
      background-color:#ccc;
   }
   ul{
      font-size:1.5em;
      color:#00458c;
      list-style-type:square;                    /* 标记是实心正方形 */
   }
   li.special{
      list-style-type:circle;                    /* 标记是空心圆形*/
   }
</style>
</head>
<body>
<h2>活动分类</h2>
<ul>
   <li>田园风光</li>
   <li>海天一色</li>
   <li class="special">北欧风情</li>
   <li>南极风采</li>
</ul>
</body>
</html>
```

图 8-7　页面显示效果

【说明】 需要特别注意的是，list-style-type 属性在页面显示效果方面与左内边距

（padding-left）和左外边距（margin-left）有密切的联系。下面在上述定义 ul 的样式中添加左内边距为 0 的规则，代码如下。

```
ul
{
  font-size:1.5em;
  color:#00458c;
  list-style-type:square;                    /* 标记是实心正方形 */
  padding-left:0;                            /* 左内边距为 0 */
}
```

在 Opera 浏览器中没有显示列表修饰符，页面效果如图 8-8 所示，而在 IE 浏览器中显示出列表修饰符，页面效果如图 8-9 所示。

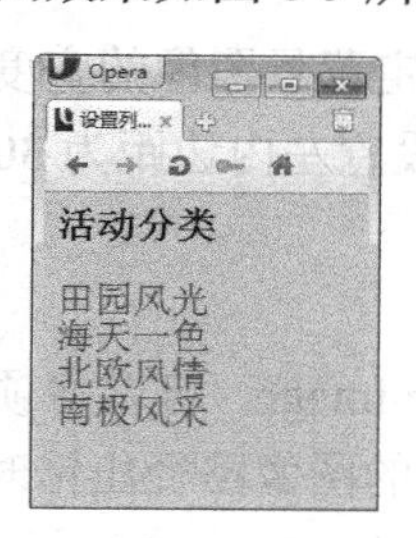

图 8-8　Opera 浏览器查看的页面效果

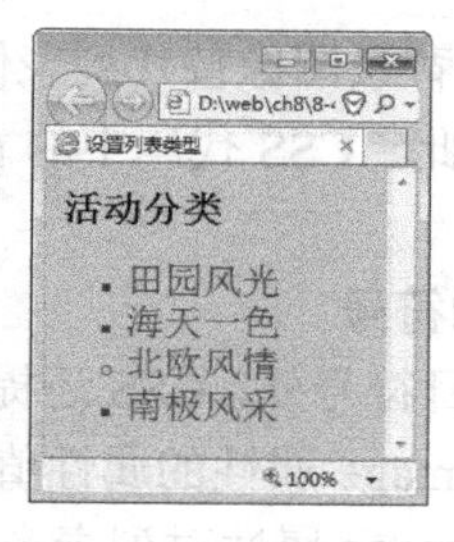

图 8-9　IE 浏览器查看的页面效果

继续讨论上述示例，如果将示例中的“padding-left:0;”修改为“margin-left:0;”，则在 Opera 浏览器中能正常显示列表修饰符，而在 IE 浏览器中不能正常显示。引起显示效果不同的原因在于，浏览器在解析列表的内外边距的时候产生了错误的解析方式。

如果希望项目符号采用图像的方式，建议将 list-style-type 属性设置为 none，然后修改<li>标签的背景属性 background 来实现。

【演练 8-5】 使用背景图像替代列表修饰符，本例页面 8-5.html 在浏览器中的显示效果如图 8-10 所示。

图 8-10　页面显示效果

代码如下。

```
<html>
<head>
<title>设置列表修饰符</title>
<style>
  body{
    background-color:#ccc;
  }
  ul{
    font-size:1.5em;
    color:#00458c;
    list-style-type:none;                 /*设置列表类型为不显示任何符号*/
  }
  li{
    padding-left:30px;                    /*设置左内边距为 30px，目的是为背景图像留出位置*/
    background:url(images/new.jpg) no-repeat left center; /*设置背景图像无重复，位置左侧居中*/
```

```
}
</style>
</head>
<body>
<h2>活动分类</h2>
<ul>
  <li>田园风光</li>
  <li>海天一色</li>
  <li>北欧风情</li>
  <li>南极风采</li>
</ul>
</body>
</html>
```

【说明】在设置背景图像替代列表修饰符时，必须确定背景图像的宽度。本例中的背景图像宽度为 30px，因此，CSS 代码中的 padding-left:30px;设置左内边距为 30px，目的是为背景图像留出位置。

2．列表项图像符号

除了传统的项目符号外，CSS 还提供了属性 list-style-image，可以将项目符号显示为任意图像。当 list-style-image 属性的属性值为 none 或者设置的图像路径出错时，list-style-type 属性会替代 list-style-image 属性对列表产生作用。

list-style-image 属性的属性值包括 URL（图像的路径）、none（默认值，无图像显示）和 inherit（从父元素继承属性，部分浏览器对此属性不支持）。

【演练 8-6】 设置列表项图像符号，本例页面 8-6.html 的显示效果如图 8-11 所示。

代码如下。

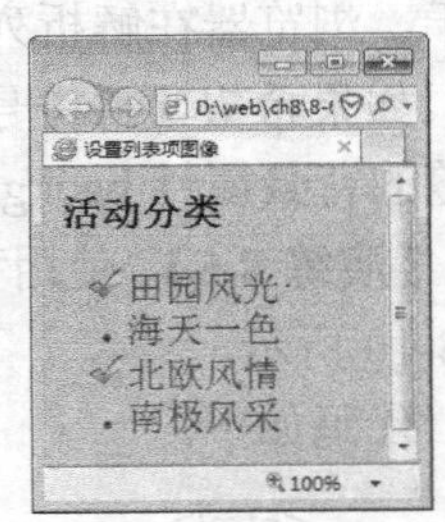

图 8-11　页面显示效果

```
<html>
<head>
<title>设置列表项图像</title>
<style>
  body{background-color:#ccc;}
  ul{
    font-size:1.5em;
    color:#00458c;
    list-style-image:url(images/new.jpg);          /*设置列表项图像*/
  }
  .img_fault{
    list-style-image:url(images/fault.gif);        /*设置列表项图像错误的 URL，图像不能正确显示*/
  }
  .img_none{
    list-style-image:none;                         /*设置列表项图像为不显示，所以没有图像显示*/
  }
</style>
</head>
<body>
<h2>活动分类</h2>
<ul>
```

```
    <li>田园风光</li>
    <li class="img_fault">海天一色</li>
    <li>北欧风情</li>
    <li class="img_none">南极风采</li>
  </ul>
  </body>
  </html>
```

【说明】

1）页面预览后可以清楚地看到，当 list-style-image 属性设置为 none 或者设置的图像路径出错时，list-style-type 属性会替代 list-style-image 属性对列表产生作用。

2）虽然使用 list-style-image 很容易实现设置列表项图像的目的，但是也失去了一些常用特性。list-style-image 属性不能够精确控制图像替换的项目符号距文字的位置，在这个方面不如 background-image 灵活。

3．列表项位置

list-style-position 属性用于设置在何处放置列表项标记，其属性值只有两个关键词 outside（外部）和 inside（内部）。使用 outside 属性值后，列表项标记被放置在文本以外，环绕文本且不根据标记对齐；使用 inside 属性值后，列表项目标记放置在文本以内，像是插入在列表项内容最前面的行级元素一样。

【演练 8-7】 设置列表项位置，本例页面 8-7.html 的显示效果如图 8-12 所示。

代码如下。

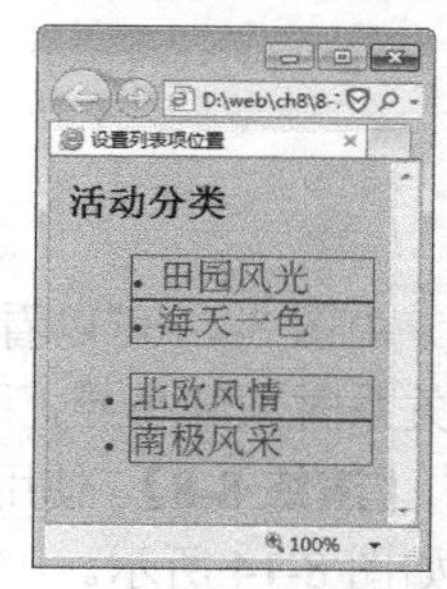

图 8-12　页面显示效果

```
<html>
<head>
<title>设置列表项位置</title>
<style>
  body{background-color:#ccc;}
  ul.inside {
    list-style-position: inside;      /*将列表修饰符定义在列表之内*/
  }
  ul.outside {
    list-style-position: outside;    /*将列表修饰符定义在列表之外*/
  }
  li {
    font-size:1.5em;
    color:#00458c;
    border:1px solid #00458c;    /*增加边框突出显示效果*/
  }
</style>
</head>
<body>
<h2>活动分类</h2>
<ul class="inside">
  <li>田园风光</li>
  <li>海天一色</li>
```

```
</ul>
<ul class="outside">
  <li>北欧风情</li>
  <li>南极风采</li>
</ul>
</body>
</html>
```

8.3 综合案例——制作光影世界风景图文列表

图文信息列表的应用无处不在，例如当当网、淘宝网等诸多门户网站，其中用于显示产品或电影的列表都是图文信息列表，如图 8-13 所示。

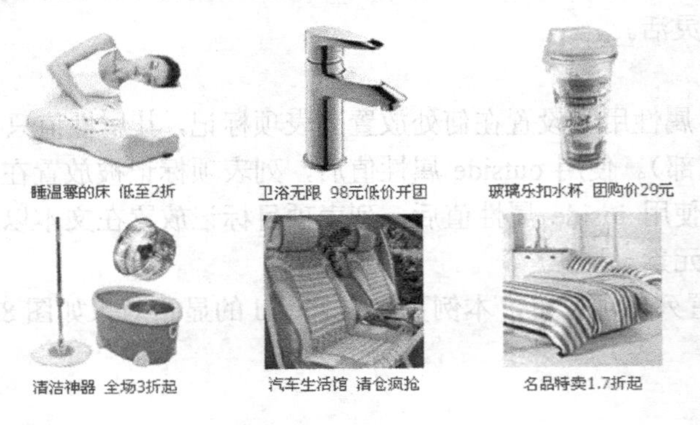

图 8-13 图文信息列表

由图 8-13 可以看出，图文信息列表其实就是图文混排的一部分，在处理图像和文字之间的关系时大同小异，下面以一个示例讲解图文信息列表的实现。

【演练 8-8】 使用图文信息列表制作光影世界风景图文列表，本例页面 8-8.html 的显示效果如图 8-14 所示。

图 8-14 页面显示效果

制作过程如下。

（1）建立网页结构

首先建立一个简单的无序列表，插入相应的图像和文字说明。为了突出显示说明文字和商品价格的效果，采用<strong>、<span>、<em>和
标签对文字进行修饰。

代码如下。

```
<body>
<ul>
    <li><a href="#"><img src="images/01.jpg" width="200" height="150"/><strong>田园风光<br>世外桃源的生活</strong> <span>会员价：&yen;<em>3333</em></span></a></li>
    <li><a href="#"><img src="images/02.jpg" width="200" height="150"/><strong>海天一色<br>心旷神怡的景观</strong> <span>会员价：&yen;<em>3680</em></span></a></li>
    <li><a href="#"><img src="images/03.jpg" width="200" height="150"/><strong>北欧风情<br>流连忘返的邂逅</strong> <span>会员价：&yen;<em>6600</em></span></a></li>
    <li><a href="#"><img src="images/04.jpg" width="200" height="150"/><strong>南极风采<br>没有烦恼的世界</strong> <span>会员价：&yen;<em>9999</em></span></a></li>
    <li><a href="#"><img src="images/01.jpg" width="200" height="150"/><strong>田园风光<br>世外桃源的生活</strong> <span>会员价：&yen;<em>3333</em></span></a></li>
    <li><a href="#"><img src="images/02.jpg" width="200" height="150"/><strong>海天一色<br>心旷神怡的景观</strong> <span>会员价：&yen;<em>3680</em></span></a></li>
    <li><a href="#"><img src="images/03.jpg" width="200" height="150"/><strong>北欧风情<br>流连忘返的邂逅</strong> <span>会员价：&yen;<em>6600</em></span></a></li>
    <li><a href="#"><img src="images/04.jpg" width="200" height="150"/><strong>南极风采<br>没有烦恼的世界</strong> <span>会员价：&yen;<em>9999</em></span></a></li>
</ul>
</body>
```

在没有 CSS 样式的情况下，图像和文字说明均以列表模式显示，页面效果如图 8-15 所示。

图 8-15　无 CSS 样式的效果

（2）使用 CSS 样式初步美化图文信息列表

图文信息列表的结构确定后，接下来开始编写 CSS 样式规则，首先定义 body 的样式规则，代码如下。

```
body {
        margin:0;
        padding:0;
        font-size:12px;
}
```

接下来，定义整个列表的样式规则。将列表的宽度和高度分别设置为 856px 和 420px，且列表在浏览器中居中显示。为了美化显示效果，去除默认的列表修饰符，设置内边距，增加浅色边框，代码如下。

```
ul {
        width:856px;                    /*设置元素宽度*/
        height:420px;                   /*设置元素高度*/
        margin:0 auto;                  /*设置元素自动居中对齐*/
```

```
        padding:12px 0 0 12px;        /*上、右、下、左的内边距依次为 12px,0px,0px,12px*/
        border:1px solid #ccc;        /*边框为 1px 的灰色实线*/
        border-top-style:dotted;      /*上边框样式为点画线*/
        list-style:none;              /*列表无样式*/
    }
```

为了让多个<li>标签横向排列，这里使用“float:left;”实现这种效果，并且增加外边距进一步美化显示效果。需要注意的是，由于设置了浮动效果，并且又增加了外边距，IE 浏览器可能会产生双倍间距的 bug，所以再增加“display:inline;”规则解决兼容性问题，代码如下。

```
    ul li {
        float:left;                   /*向左浮动*/
        margin:0 12px 12px 0;         /*上、右、下、左的外边距依次为 0px,12px,12px,0px*/
        display:inline;               /*内联元素*/
    }
```

与之前的示例一样，将内联元素 a 标签转化为块元素使其具备宽和高的属性，并将转换后的 a 标签设置宽度和高度。接着设置文本居中显示，定义超出 a 标签定义的宽度时隐藏文字，代码如下。

```
    ul li a {
        display:block;                      /*将内联元素 a 标签转化为块元素*/
        width:202px;                        /*a 标签的宽度*/
        height:200px;                       /*a 标签的高度*/
        text-decoration:none;
        text-align:center;
        overflow:hidden;                    /*超出 a 标签定义的宽度时隐藏文字*/
    }
```

经过以上 CSS 样式初步美化图文信息列表，页面显示效果如图 8-16 所示。

图 8-16　CSS 样式初步美化图文信息列表

（3）进一步美化图文信息列表

在使用 CSS 样式初步美化图文信息列表之后，虽然页面的外观有了明显的改善，但是在显示细节上并不理想，还需要进一步美化。这里依次对列表中的<img>、<strong>、<span>、和<em>标签定义样式规则，代码如下。

```
ul li a img {
    width:200px;                    /*图像显示的宽度为 200px（等同于图像原始宽度）*/
    height:150px;                   /*图像显示的高度为 150px（等同于图像原始高度）*/
    border:1px solid #ccc;          /*边框为 1px 的灰色实线*/
}
ul li a strong {
    display:block;                  /*块级元素*/
    width:202px;                    /*设置元素宽度*/
    height:30px;                    /*设置元素高度*/
    line-height:15px;               /*行高 15px*/
    font-weight:100;
    color:#333;
    overflow:hidden;                /*溢出隐藏*/
}
ul li a span {
    display:block;                  /*块级元素*/
    width:202px;                    /*设置元素宽度*/
    height:20px;                    /*设置元素高度*/
    line-height:20px;               /*行高 20px*/
    color:#666;
}
ul li a span em {
    font-style:normal;
    font-weight:800;
    color:#f60;                     /*活动价格文字的颜色为青色*/
}
```

经过进一步美化图文信息列表，页面显示效果如图 8-17 所示。

图 8-17　进一步美化图文信息列表

（4）设置超链接的样式

在图 8-17 中，当鼠标悬停于图像列表及文字上时，未能看到超链接的样式。为了更好地展现视觉效果，引起浏览者的注意，还需要添加鼠标悬停于图像列表及文字上时的样式变化，代码如下。

```
ul li a:hover img {
        border-color:#f33;                /*鼠标悬停于图像时，图像显示红色边框*/
}
ul li a:hover strong {
        color:#03c;                       /*鼠标悬停于 strong 区域时，文字显示蓝色*/
}
ul li a:hover span em {
        color:#f00;                       /*鼠标悬停于 em 区域时，文字显示红色*/
}
```

以上设计完成后，最终的页面效果如图 8-14 所示。

8.4 课堂综合实训——制作家具商城友情链接局部页面

前面讲解了使用 CSS 修饰超链接和列表的基本用法，本节在此基础上练习一个较为综合的案例，巩固前面所学的知识。

【实训要求】制作家具商城友情链接局部页面，本例文件 8-9.html 在浏览器中的显示效果如图 8-18 所示。

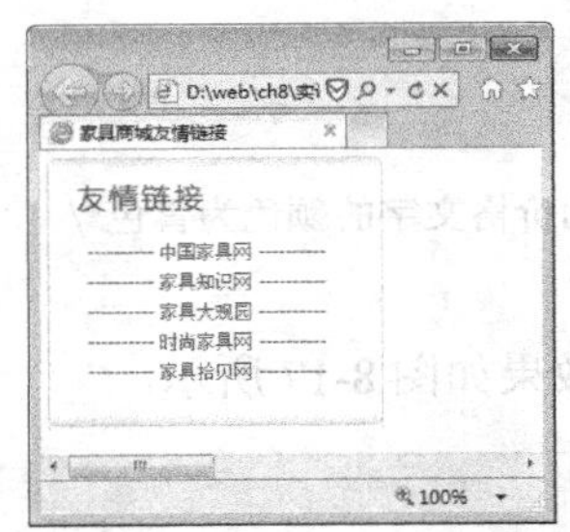

图 8-18　页面显示效果

代码如下。

```
<!doctype html>
<html>
<head>
<meta charset="gb2312">
<title>家具商城友情链接</title>
<style type="text/css">
body{                                     /*设置页面整体样式*/
      width:985px;
      margin:0 auto;                      /*页面自动居中对齐*/
      font-family:Tahoma;
      font-size:12px;                     /*设置文字大小为 12px*/
```

```
	color:#565656;			/*设置默认文字颜色为灰色*/
	position:relative		/*相对定位*/
}
a, a:link, a:visited {			/*设置超链接及访问过链接的样式*/
	font-weight: normal;		/*字体正常粗细*/
	text-decoration: none		/*链接无修饰*/
}
a:hover {				/*设置鼠标悬停链接的样式*/
	text-decoration: underline;	/*加下画线*/
}
.blocks{				/*右侧区域 3 个子栏目的样式*/
	width:218px;			/*子栏目宽 218px*/
	background-image:url(images/bg.gif);	/*背景图像*/
	background-position:top left; /*背景图像顶端左对齐*/
	background-repeat:repeat-y;  /*背景图像垂直重复*/
	margin:5px
}
#news{					/*设置子栏目区域的样式*/
	padding:0 5px 5px 13px;
	float:left;			/*向左浮动*/
}
#friend{				/*设置友情链接区域的样式*/
	width:200px;
	margin:10px 0;
	padding:0px;
}
#friend li{				/*设置友情链接列表项的样式*/
	list-style-type:none;		/*不显示列表项目符号*/
	line-height:20px;		/*行高 20px*/
	padding:0 0 0 13px;
}
#friend a{				/*设置友情链接区域超链接的样式*/
	color:#565656;
	text-decoration:none		/*链接无修饰*/
}
#friend a:hover{			/*设置友情链接区域鼠标悬停链接的样式*/
	color:#565656;
	text-decoration:underline	/*加下画线*/
}
</style>
</head>
<body>
<div class="blocks">
  <img src="images/top_bg.gif" width="218" height="12" />
    <div id="news">
      <img src="images/title6.gif" width="201" height="28" />
        <ul id="friend">
          <li><a href="http://www.furn.com.cn">---------- 中国家具网 ----------</a></li>
```

```
                <li><a href="http://www.furnknow.com">---------- 家具知识网 ----------</a></li>
                <li><a href="http://www.furnpark.com/">---------- 家具大观园 ----------</a></li>
                <li><a href="http://www.furnfashion.com">---------- 时尚家具网 ----------</a></li>
                <li><a href="http://www.furnbei.com">---------- 家具拾贝网 ----------</a></li>
            </ul>
        </div>
    <img src="images/bot_bg.gif" width="218" height="10" /><br />
</div>
</body>
</html>
```

习题

1）使用变换超链接背景图像的技术制作图文链接，鼠标未悬停时文字链接的效果如图 8-19a 所示，鼠标悬停在文字链接上时的效果如图 8-19b 所示。

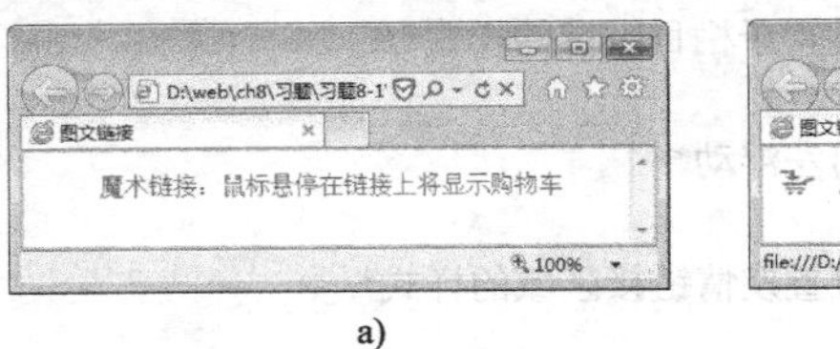

a)

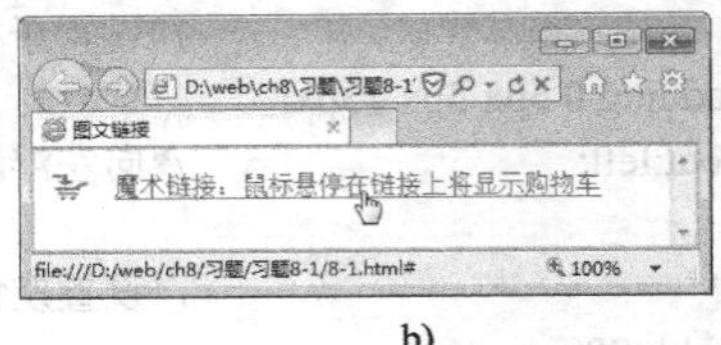

b)

图 8-19　题 1 图

2）制作网页中不同区域的链接效果，鼠标经过导航区域的链接风格与鼠标经过“联系我们”文字的链接风格截然不同，浏览器中显示的效果如图 8-20 所示。

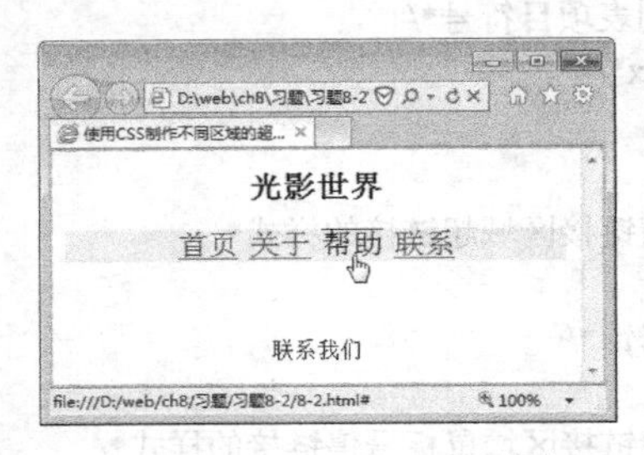

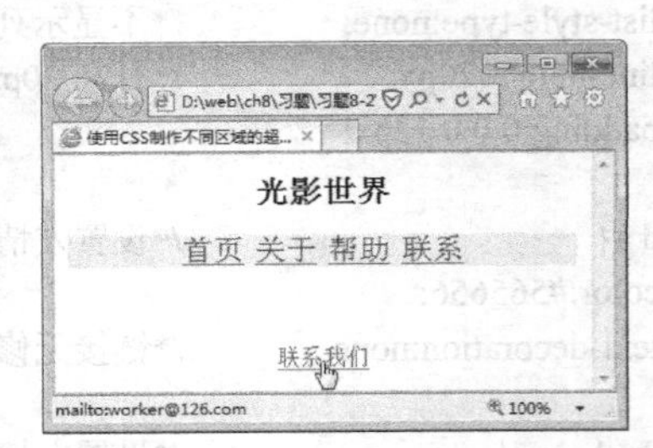

图 8-20　题 2 图

3）使用图文信息列表技术制作如图 8-21 所示的页面。

图 8-21　题 3 图

第 9 章　使用 CSS 制作导航菜单

作为一个成功的网站，导航菜单必不可缺。导航菜单的风格往往也决定了整个网站的风格，许多设计者都会投入大量的时间和精力来制作美观便捷的导航菜单，从而体现网站的整体架构。

在传统方式下，制作导航菜单是很烦琐的工作。设计者不仅要用表格布局，还要使用 JavaScript 实现相应鼠标指针悬停或按下动作。如果使用 CSS 来制作导航菜单，将大大简化设计的流程。

导航菜单有两种分类，一种是按照菜单项的结构来分，可以分为普通的链接导航菜单和使用列表标签构建的导航菜单；第二种是按照菜单的布局显示来分，可以分为垂直导航菜单和水平导航菜单。

9.1　垂直导航菜单

本节将集中讲解垂直导航菜单的各种制作方法，这些案例中都大量使用了前面章节讲解的 CSS 盒模型以及浮动和定位等技术。

9.1.1　普通的垂直链接导航菜单

普通的垂直链接导航菜单的制作比较简单，主要采用将文字链接从“行级元素”变为“块级元素”的方法来实现。

【演练 9-1】 制作普通的垂直链接导航菜单，鼠标未悬停在菜单项上时的效果如图 9-1a 所示，鼠标悬停在菜单项上时的效果如图 9-1b 所示。

制作过程如下。

（1）建立网页结构

首先建立一个包含超链接的 Div 容器，在容器中建立 5 个用于实现导航菜单的文字链接。代码如下。

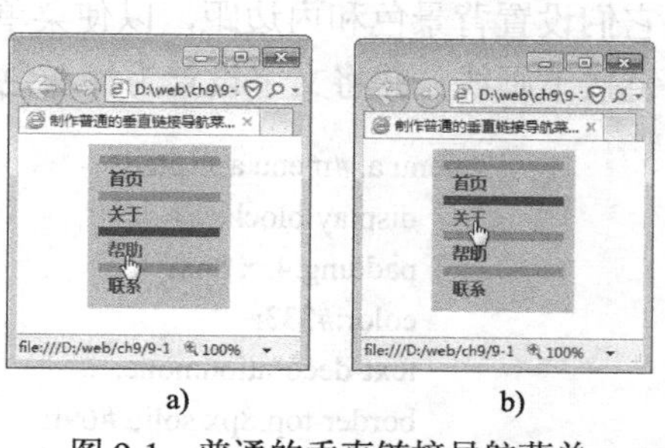

图 9-1　普通的垂直链接导航菜单

a) 鼠标未悬停　b) 鼠标悬停

```
<html>
<head>
<meta charset="gb2312" />
</head>
<body>
  <div id="menu">
    <a href="#">首页</a>
    <a href="#">关于</a>
    <a href="#">帮助</a>
    <a href="#">联系</a>
  </div>
```

```
</body>
</html>
```

在没有 CSS 样式的情况下，菜单的效果如图 9-2 所示。

（2）设置容器的 CSS 样式

接着设置菜单 Div 容器的整体区域样式，设置菜单的宽度、背景色，以及文字的字体和大小。代码如下。

```
#menu {
    font-family:Arial;
    font-size:14px;
    font-weight:bold;
    width:100px;                    /*设置元素宽度*/
    padding:8px;                    /*内边距 8px*/
    background:#cba;
    margin:0 auto;                  /*设置元素自动居中对齐*/
    border:1px solid #ccc;          /*边框为 1px 的灰色实线*/
}
```

经过以上设置容器的 CSS 样式，菜单显示效果如图 9-3 所示。

图 9-2　无 CSS 样式的菜单效果

图 9-3　设置容器 CSS 样式后的菜单效果

（3）设置菜单项的 CSS 样式

在设置容器的 CSS 样式之后，菜单项的排列效果并不理想，还需要进一步美化。为了使 4 个文字链接依次竖直排列，需要将它们从“行级元素”变为“块级元素”。此外，还应该为它们设置背景色和内边距，以使菜单文字之间不要过于局促。接下来设置文字的样式，取消链接下画线，并将文字设置为深灰色。最后，建立鼠标悬停于菜单项上时的样式。代码如下。

```
#menu a, #menu a:visited{
    display:block;                  /*文字链接从“行级元素”变为“块级元素”*/
    padding:4px 8px;                /*上、下内边距为 4px、右、左内边距为 8px*/
    color:#333;
    text-decoration:none;           /*链接无修饰*/
    border-top:8px solid #69f;      /*上边框为 8px 的淡蓝色实线*/
    height:1em;
}
#menu a:hover{                      /*鼠标悬停于菜单项上时的样式*/
    color:#63f;
    border-top:8px solid #63f;      /*上边框为 8px 的深蓝色实线*/
}
```

菜单经过进一步美化，显示效果如图 9-1 所示。

【演练 9-2】制作带有箭头和说明信息的垂直导航菜单，箭头效果没有使用任何背景图像，而是完全依靠 CSS 样式来实现的。鼠标未悬停在菜单项上时的效果如图 9-4a 所示，鼠标悬停在菜单项上时，菜单项显示箭头和说明信息，如图 9-4b 所示。

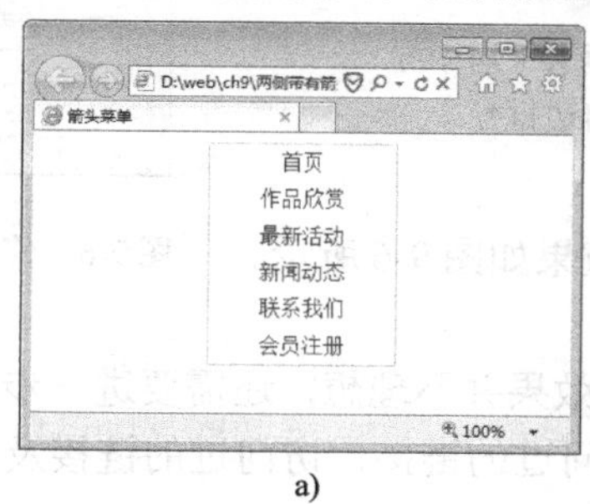

a)

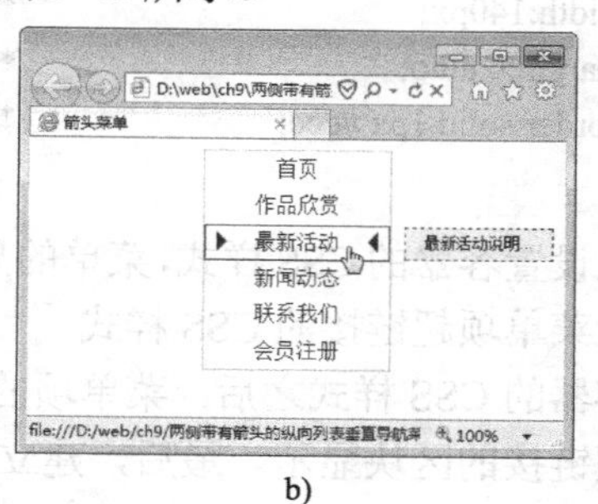

b)

图 9-4　带有箭头和说明信息的垂直导航菜单

a) 鼠标未悬停　b) 鼠标悬停

制作过程如下。

（1）建立网页结构

首先建立一个包含无序列表的 Div 容器，列表包含 4 个选项，每个选项中包含 1 个用于实现导航菜单的文字链接。代码如下。

```
<html>
<head>
<meta charset="gb2312" />
</head>
<body>
<div id="menu">
        <a href="#"><span class="left"></span>首页<span class="right"></span>
                <span class="intro">首页说明...</span></a>
        <a href="#"><span class="left"></span>作品欣赏<span class="right"></span>
                <span class="intro">作品欣赏说明...</span></a>
        <a href="#"><span class="left"></span>最新活动<span class="right"></span>
                <span class="intro">最新活动说明...</span></a>
        <a href="#"><span class="left"></span>新闻动态<span class="right"></span>
                <span class="intro">新闻动态说明...</span></a>
        <a href="#"><span class="left"></span>联系我们<span class="right"></span>
                <span class="intro">联系我们说明...</span></a>
        <a href="#"><span class="left"></span>会员注册<span class="right"></span>
                <span class="intro">会员注册说明...</span></a>
</div>
</body>
```

在没有 CSS 样式的情况下，菜单的效果如图 9-5 所示。

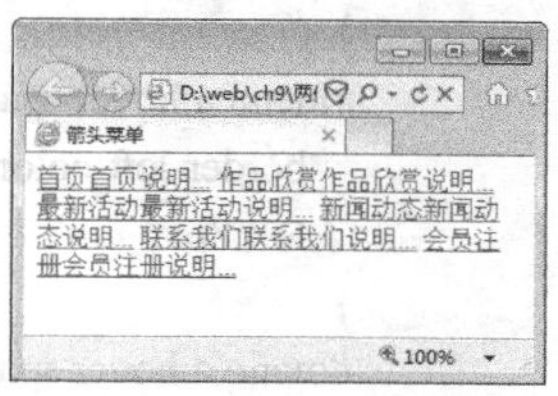

图 9-5　无 CSS 样式的效果

（2）设置容器的 CSS 样式

接着设置菜单 Div 容器的整体区域样式，设置容器的宽度、字体以及边框样式。

代码如下。

```
#menu {                                  /*设置 menu 层样式*/
    font-family:Arial;                   /*字体*/
    font-size:16px;                      /*字号*/
    width:140px;                         /*宽度*/
    margin:0 auto;                       /*菜单项水平居中*/
    border:solid 1px #ccc;               /*灰色细边框*/
}
```

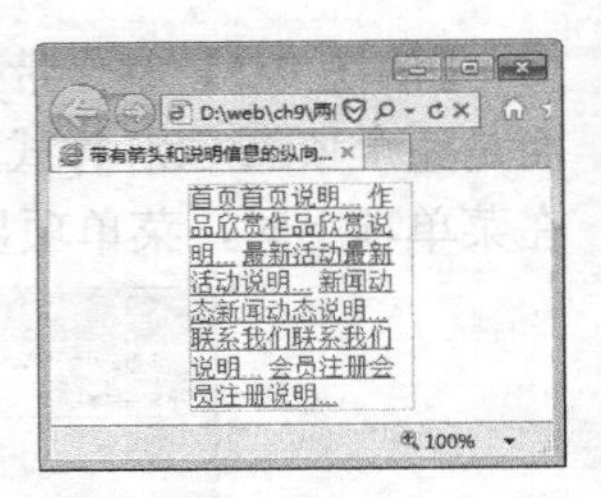

图9-6 修改后的菜单效果

经过以上设置容器的CSS样式，菜单的显示效果如图9-6所示。

（3）设置菜单项超链接的CSS样式

在设置容器的CSS样式之后，菜单项的显示效果并不理想，还需要进一步美化。接下来设置菜单项超链接的区块显示。最后，建立未访问过的链接、访问过的链接及鼠标悬停于菜单项上时的样式。代码如下。

```
#menu a, #menu a:visited {
    text-decoration:none;                /*文字无下画线*/
    text-align:center;                   /*文字水平居中对齐*/
    color:#c00;                          /*红色文字*/
    display:block;                       /*设置为块级元素*/
    padding:4px;                         /*内边距*/
    background-color:#fff;               /*背景色*/
    border:solid 1px #fff;               /*与背景色相同边框，防止跳动*/
    position:relative;                   /*使用相对定位*/
    width:130px;
}
#menu a span {
    display:none;                        /*在普通状态下，将所有 span 元素隐藏起来*/
}
#menu a:hover {
    border-color:#c00;                   /*边框颜色红色*/
}
#menu a:hover span {
    display:block;                       /*设置为块级元素*/
    position:absolute;                   /*使用绝对定位*/
    height:0;                            /*高度为 0*/
    width:0;                             /*宽度为 0*/
    border:solid 8px #fff;               /*边框颜色同背景色且是粗线边框*/
    top:4px;                             /*竖直方向的定位*/
    overflow:hidden;
}
#menu a:hover span.left {                /*生成左侧箭头*/
    border-left-color:#c00;              /*箭头颜色红色*/
    left:8px;
}
#menu a:hover span.right {               /*生成右侧箭头*/
    border-right-color:#c00;             /*箭头颜色红色*/
    right:8px;
```

```
}
#menu a:hover span.intro {                    /*说明信息样式*/
    font-size:12px;
    display:block;                            /*设置为块级元素*/
    position:absolute;                        /*绝对定位*/
    left:150px;
    top:0px;
    padding:5px;
    width:100px;
    height:auto;
    background-color:#eee;                    /*浅灰色背景*/
    color:#000;
    border:1px dashed #234;                   /*细线虚线边框*/
}
```

菜单经过进一步美化，显示效果如图 9-4 所示。

【说明】

1）既然这里不允许使用背景图像制作菜单项两侧的箭头效果，那么如何生成箭头并放到合适的位置上呢？方法是将 CSS 盒子的宽度（width）和高度（height）都设置为 0，然后将它们的边框设置得比较粗，并且使左或右边框的颜色不同于背景色，而其余 3 条边框的颜色和背景色相同，即可生成这种箭头效果。

2）样式中将#menu a span 的 display 属性设置为 none，其作用是在普通状态下，将所有 span 元素隐藏起来。当鼠标经过某一个菜单项时，该 span 的 display 属性则设置为 block（块级元素），进而显示出来菜单项的说明信息。

9.1.2 纵向列表垂直导航菜单

当列表项目的 list-style-type 属性值为"none"时，制作各式各样的导航菜单便成了项目列表最大的用处之一。

1．制作纵向列表垂直导航菜单

相对于普通的超链接导航菜单，列表模式的导航菜单能够实现更美观的效果，其中纵向列表模式的导航菜单又是应用的比较广泛的一种，如图 9-7 所示。

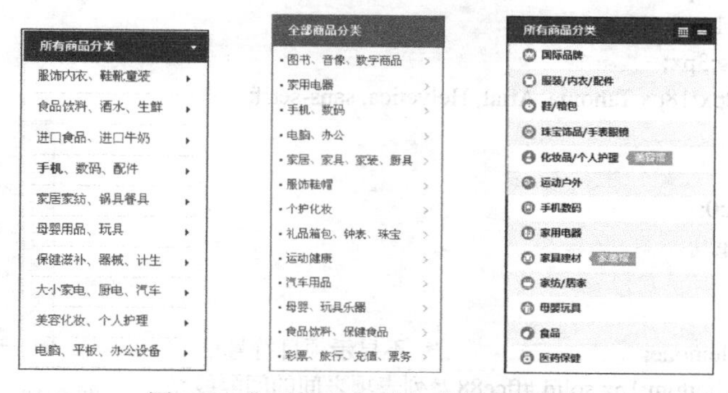

图 9-7　典型的纵向列表垂直导航菜单

由于纵向导航菜单的内容并没有逻辑上的先后顺序，因此可以使用无序列表制作纵向导航菜单。

【演练 9-3】 制作纵向列表垂直导航菜单，鼠标未悬停在菜单项上时的效果如图 9-8a 所示，鼠标悬停在菜单项上时的效果如图 9-8b 所示。

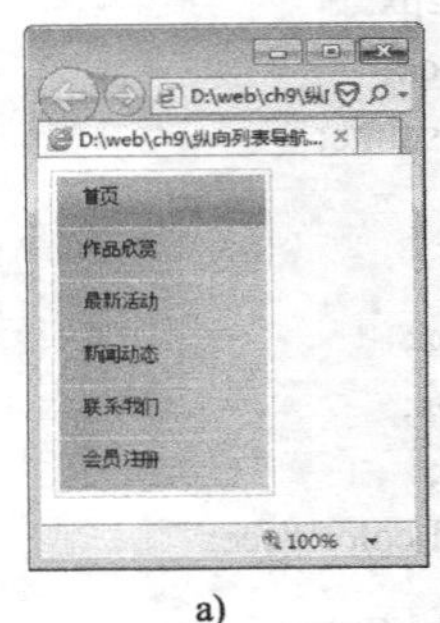

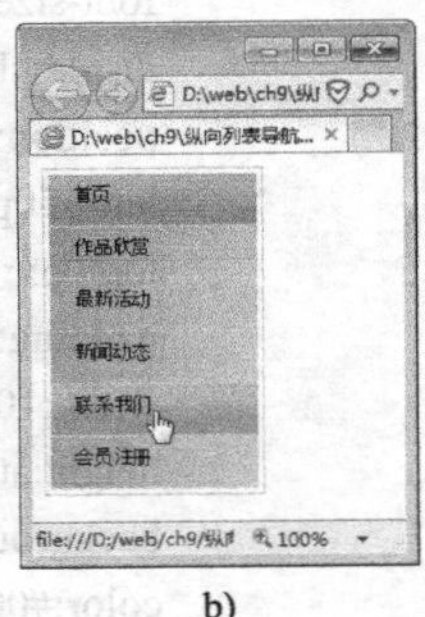

a) b)

图 9-8 纵向列表垂直导航菜单

a) 鼠标未悬停 b) 鼠标悬停

制作过程如下。

（1）建立网页结构

首先建立一个包含无序列表的 Div 容器，列表包含 4 个选项，每个选项中包含 1 个用于实现导航菜单的文字链接。代码如下。

```
<html>
<head>
<meta charset="gb2312" />
</head>
<body>
<div id="menu">
  <ul>
    <li><a href="#" class="current">首页</a></li>
    <li><a href="#">作品欣赏</a></li>
    <li><a href="#">最新活动</a></li>
    <li><a href="#">新闻动态</a></li>
    <li><a href="#">联系我们</a></li>
    <li><a href="#">会员注册</a></li>
  </ul>
</div>
</body>
</html>
```

在没有 CSS 样式的情况下，菜单的效果如图 9-9 所示。

图 9-9 无 CSS 样式的效果

（2）设置容器及列表的 CSS 样式

接着设置菜单 Div 容器的整体区域样式，设置菜单的宽度、字体，以及列表和列表选项的类型和边框样式。代码如下。

```
#menu {
    width:130px;
    border:1px solid #cccccc;
    padding:3px;
    font:12px/18px Tahoma, Arial, Helvetica, sans-serif;
}
#menu * {
    margin:0;
    padding:0;
}
#menu li {
    list-style:none;                    /* 不显示项目符号*/
    border-bottom:1px solid #ffce88;/*列表项之间的间隔线*/
}
```

图 9-10 修改后的菜单效果

经过以上设置容器及列表的 CSS 样式，菜单显示效果如图 9-10 所示。

（3）设置菜单项超链接的 CSS 样式

在设置容器的 CSS 样式之后，菜单项的显示效果并不理想，还需要进一步美化。接下来设置菜单项超链接的区块显示。最后，建立未访问过的链接、访问过的链接及鼠标悬停于菜单项上时的样式。代码如下。

```
#menu li a {
    display:block;                /* 区块显示 */
    background:#fbd346 url(menu_bg.jpg) repeat-y left;
    color:#000;
    text-decoration:none;         /*取消超链接文字下划线效果*/
    padding:5px 5px 10px 15px;/*设置内边距，将 a 元素所在的容器预留空间以显示背景图像*/
}
#menu li a:hover {                /* 鼠标悬停于菜单项上时的样式 */
    background:#f7941d url(menu_h.jpg) repeat-x top;
}
#menu li a.current, #menu li a:hover.current {   /* 当前页面链接的样式 */
    background:#f7941d url(menu_h.jpg) repeat-x top;
}
```

菜单经过进一步美化，显示效果如图 9-8 所示。

2．案例——制作光影世界活动分类的垂直导航菜单

【演练 9-4】 制作光影世界活动分类的垂直导航菜单，本例文件 9-4.html 的页面效果如图 9-11 所示。

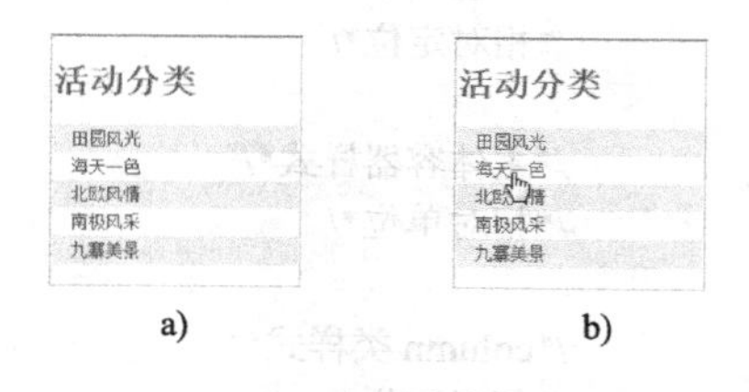

图 9-11　光影世界“活动分类”的垂直导航菜单

制作过程如下。

（1）建立网页结构

首先建立一个包含无序列表的 Div 容器，容器包含 1 个分类标题和 1 个列表，列表又包含 5 个选项，每个选项中包含 1 个用于实现导航菜单的文字链接。代码如下。

```
<html>
<head>
<meta charset="gb2312">
<title>光影世界活动分类的垂直导航菜单</title>
</head>
<body>
<div id="container">
    <div id="left" class="column">
        <div class="block">
```

```
            <h1>活动分类</h1>
            <ul id="navigation">
                <li class="color"><a href="#">田园风光</a></li>
                <li><a href="#">海天一色</a></li>
                <li class="color"><a href="#">北欧风情</a></li>
                <li><a href="#">南极风采</a></li>
                <li class="color"><a href="#">九寨美景</a></li>
            </ul>
        </div>
    </div>
</div>
</body>
```

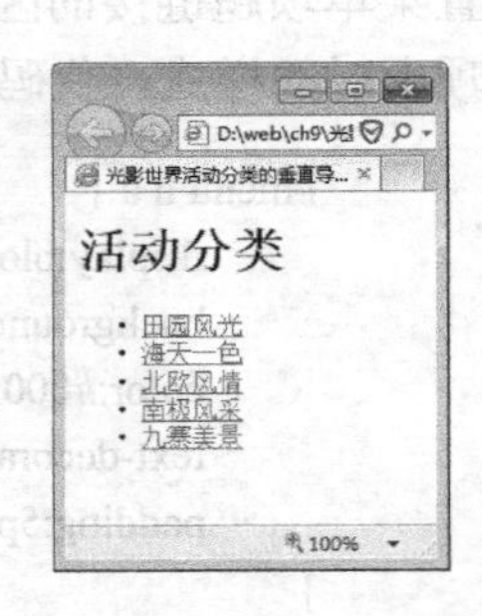

图9-12　无CSS样式的效果

在没有 CSS 样式的情况下，菜单的效果如图 9-12 所示。

（2）设置容器及列表的 CSS 样式

接着设置页面整体的样式、菜单 Div 容器的样式、菜单列表及列表项的样式，如图 9-13 所示。代码如下。

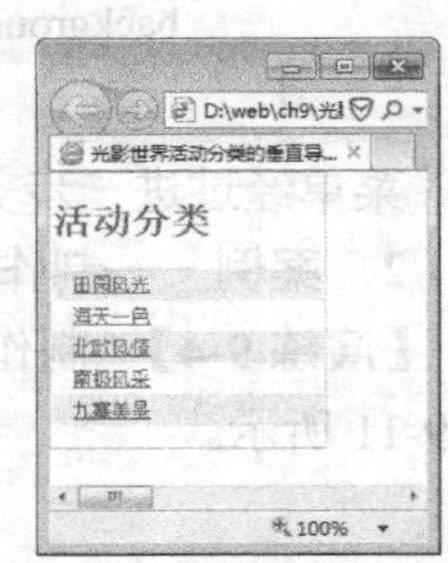

图9-13　修改后的菜单效果

```
body{                               /*设置页面整体样式*/
    width:985px;
    margin:0 auto;                  /*页面居中对齐*/
    font-family:Tahoma;
    font-size:12px;                 /*文字大小 12px*/
    color:#565656;                  /*灰色文字*/
    position:relative               /*相对定位*/
}
#container {                        /*主体容器样式*/
    height:100%                     /*相对单位*/
}
#container .column {                /*column 类样式*/
    position: relative;             /*相对定位*/
    float: left;                    /*向左浮动*/
    margin-bottom: 10px;
}
#left {                             /*纵向菜单容器的样式*/
    width: 172px;                   /*宽度 172px*/
}
.block{                             /*纵向菜单内容区域的样式*/
    width:168px;
    border:1px solid #C5C5C5;       /*菜单边框为 1px 灰色实线*/
    padding:1px 1px 14px 1px;
    margin-bottom:4px;
}
#navigation{                        /*纵向菜单列表的样式*/
    width:168px;
    margin:0px;
    padding:0px;
```

```
}
#navigation li{                    /*纵向菜单列表项的样式*/
    list-style-type:none;          /*  不显示项目符号*/
    line-height:20px;
    padding:0 0 0 13px;
}
.color{
    background-color:#EBEBEB /*奇数行菜单项背景色为浅灰色*/
}
```

（3）设置菜单项超链接的 CSS 样式

在设置容器及列表的 CSS 样式之后，菜单项的显示效果并不理想，还需要进一步美化。接下来设置菜单项超链接和鼠标悬停链接的样式。代码如下。

```
#navigation a{                     /*列表项超链接的样式*/
    color:#565656;                 /*文字深灰色*/
    text-decoration:none           /*链接无修饰*/
}
#navigation a:hover{               /*列表项悬停链接的样式*/
    color:#0283DD;                 /*文字青色*/
}
```

菜单经过进一步美化，显示效果如图 9-11 所示。

9.2 水平导航菜单

导航菜单不只有垂直排列的形式，许多时候还需要能够在水平方向显示的页面菜单。通过 CSS 属性的控制，可以实现列表模式导航菜单的横竖转换。在保持原有 HTML 结构不变的情况下，将垂直导航转变成水平导航最重要的环节就是设置<li>标签为浮动。

【演练 9-5】 制作光影世界主导航菜单，本例文件 9-5.html 的页面效果如图 9-14 所示。

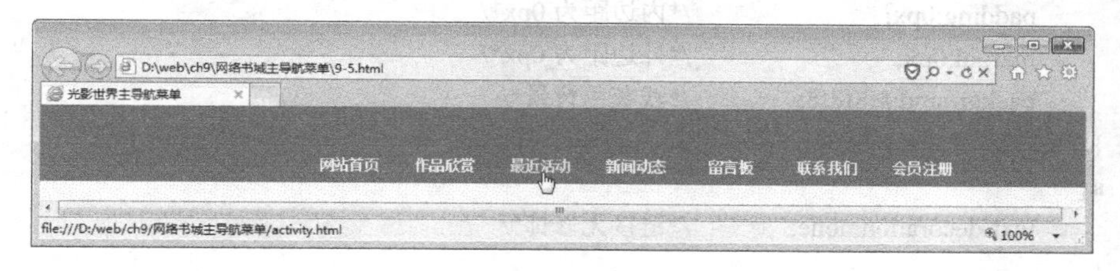

图 9-14　光影世界主导航菜单

制作过程如下。

（1）建立网页结构

首先建立一个包含无序列表的 Div 容器，列表包含 7 个选项，每个选项中包含 1 个用于实现导航菜单的文字链接。代码如下。

```
<html>
<head>
```

```
<meta charset="gb2312">
<title>光影世界主导航菜单</title>
</head>
<body>
<div class="wrap_top">
    <div class="top">
            <div id="navMenu">
                <ul class="menu1">
                    <li><a href="index.html">网站首页</a></li>
                    <li><a href="photo.html">作品欣赏</a></li>
                    <li><a href="activity.html">最近活动</a></li>
                    <li><a href="news.html">新闻动态</a></li>
                    <li><a href="message.html">留言板</a></li>
                    <li><a href="contact.html">联系我们</a></li>
                    <li><a href="register.html">会员注册</a></li>
                </ul>
            </div>
    </div>
</div>
</body>
</html>
```

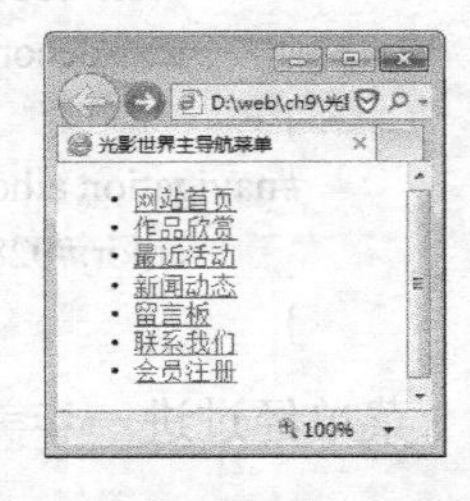

图 9-15　无 CSS 样式的效果

在没有 CSS 样式的情况下，菜单的效果如图 9-15 所示。

（2）设置容器及列表的 CSS 样式

接着设置页面整体的样式、菜单 Div 容器的样式、菜单列表及列表项的样式，代码如下。

```
/*页面全局样式——父元素*/
body {
    font-family:arial;
    font-size:12px;              /*文字大小为 12px*/
    padding:0px;                 /*内边距为 0px*/
    margin:0px;                  /*外边距为 0px*/
    background:#f8f8f8;          /*浅灰色背景*/
}
a{
    text-decoration:none;        /*链接无修饰*/
}
img{
    border:none;                 /*图像无边框*/
}
ul ,li{                          /*设置列表和列表选项的样式*/
    list-style-type:none;        /*不显示项目符号*/
    padding:0px;
    margin:0px;
}
```

```
.wrap_top{                      /*设置菜单容器的样式*/
        width:100%;             /*宽度为浏览器宽度的 100%*/
        height:80px;
}
.top{
        width:1000px;           /*页面顶部区域宽度为 1000px*/
        background-color:#1693ff;  /*蓝色背景*/
        margin:auto;
        overflow:hidden;        /*溢出隐藏*/
}
#navMenu {                      /*设置导航条容器样式*/
        width:750px;            /*导航条宽度为 750px*/
        height:34px;
        line-height:34px;       /*行高等于高度，文字垂直方向居中对齐*/
        display:block;          /*块级元素*/
        overflow:hidden;
        float:right;            /*向右浮动*/
        margin-top:40px;        /*上外边距为 40px*/
}
.menu1,.menu1 ul {              /*设置菜单及列表的样式*/
        padding:0px;
        margin:0px;
        list-style-type: none;  /*不显示项目符号*/
}
.menu1 li {                     /*设置菜单项的样式*/
        height:34px;
        line-height:34px;       /*行高等于高度，文字垂下方向居中对齐*/
        float:left;             /*向左浮动*/
        padding:0px;
        margin: 0px;
}
```

经过以上设置容器及列表的 CSS 样式，显示效果如图 9-16 所示。

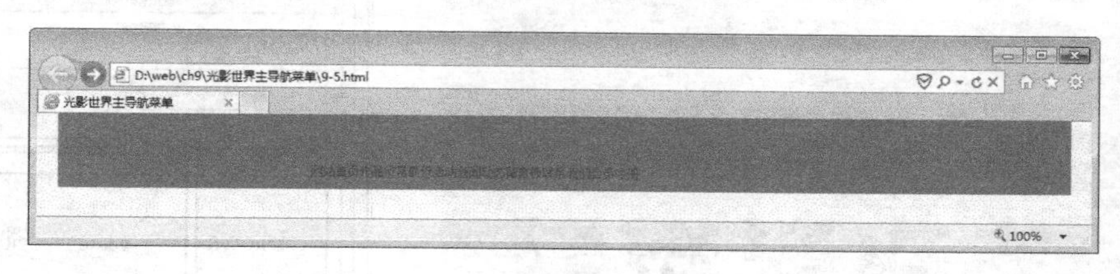

图 9-16　修改后的菜单效果

（3）设置菜单项超链接的 CSS 样式

在设置容器及列表的 CSS 样式之后，菜单项的显示效果并不理想，还需要进一步美化，接下来设置菜单项未访问过链接、访问过链接的样式及鼠标悬停链接的样式。代码如下。

```
.menu1 a{                               /*设置菜单项未访问链接的样式*/
        display: block;                 /*块级元素*/
        font-size:14px;
        margin:0px;
        width:93px;
        color:#fff;                     /*白色文字*/
        font-weight:bold;               /*字体加粗*/
        text-align:center;              /*文字水平居中对齐*/
    }
    .menu1 a:hover {                    /*设置菜单项鼠标悬停链接的样式*/
        color:#ffff15;                  /*黄色文字*/
    }
```

菜单经过进一步美化，显示效果如图 9-14 所示。

9.3 综合案例——使用 CSS 美化和布局页面

有关 CSS 美化和布局页面的知识已经讲解完毕，本节通过讲解光影世界环保社区页面的制作，复习总结前面所学的 CSS 相关知识，使读者能够举一反三，不断提高网页设计与制作的水平。

9.3.1 页面布局规划

页面布局的首要任务是弄清网页的布局方式，分析版式结构，待整体页面搭建有明确规划后，再根据成熟的规划切图。

通过成熟的构思与设计，光影世界环保社区页面的效果如图 9-17 所示，页面布局示意图如图 9-18 所示。页面中的主要内容包括顶部的宣传语及广告条、左侧的登录表单及新闻频道、右侧的主体内容及图片列表、底部的版权信息。

图 9-17　光影世界环保社区页面的效果

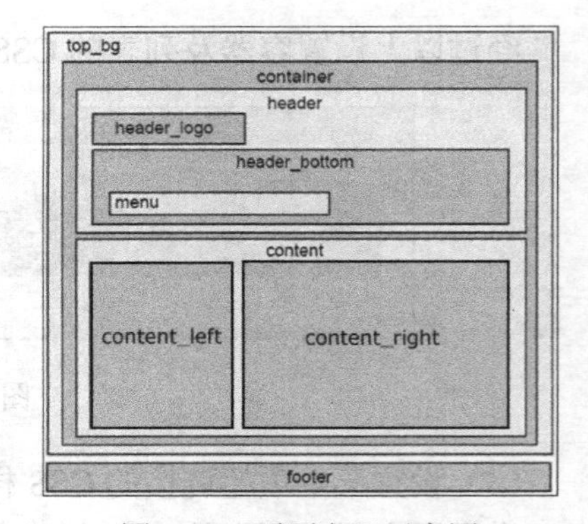

图 9-18　页面布局示意图

9.3.2 页面的制作过程

1．前期准备

（1）栏目目录结构

在栏目文件夹下创建文件夹 images 和 style，分别用来存放图像素材和外部样式表文件。

（2）页面素材

将本页面需要使用的图像素材存放在文件夹 images 下。

（3）外部样式表

在文件夹 style 下新建一个名为 style.css 的样式表文件。

2．制作页面

style.css 中各区域的样式设计如下。

（1）页面整体的制作

页面整体 body、超链接风格和整体容器 top_bg 的 CSS 定义代码如下。

```
body {
	background: #232524;			/*设置浅绿色环保主题的背景色*/
	margin: 0;				/*外边距为 0px*/
	padding:0;				/*内边距为 0px*/
	font-family: "宋体", Arial, Helvetica, sans-serif;
	font-size: 12px;
	line-height: 1.5em;
	width: 100%;				/*设置元素百分比宽度*/
}
a:link, a:visited {
	color: #069;
	text-decoration: underline;		/*下画线*/
}
a:active, a:hover {
	color: #990000;
	text-decoration: none;			/*链接无修饰*/
}
#top_bg {
	width:100%;				/*设置元素百分比宽度*/
	background: #7bdaae url(../images/top_bg.jpg) repeat-x;	/*设置页面背景图像水平重复*/
}
```

（2）页面顶部的制作

页面顶部放置在名为 header 的 Div 容器中，用来显示页面宣传语，如图 9-19 所示。

图 9-19　页面顶部的布局效果

页面顶部的 CSS 代码如下。

```
#container {                        /*页面容器 container 的 CSS 规则*/
    width: 900px;                   /*设置元素宽度*/
    margin: 0 auto;                 /*设置元素自动居中对齐*/
}
#header {                           /*页面顶部容器 header 的 CSS 规则*/
    width: 100%;                    /*设置元素百分比宽度*/
    height: 280px;                  /*设置元素高度*/
}
#header_logo {                      /*页面顶部 logo 区域的 CSS 规则*/
    float: left;
    display:inline;                 /*此元素会被显示为内联元素*/
    width: 500px;
    height: 20px;
    font-family:Tahoma, Geneva, sans-serif;
    font-size: 20px;
    font-weight: bold;
    color: #678275;
    margin: 28px 0 0 15px;
    padding: 0;
}
#header_logo span {                 /*页面顶部 logo 区域宣传语的 CSS 规则*/
    margin-left:10px;               /*设置宣传语距“环保社区”左外边距为 10px*/
    font-size: 11px;
    font-weight: normal;
    color: #000;
}
#header_bottom {                    /*页面顶部背景图片及菜单区域的 CSS 规则*/
    float: left;                    /*向左浮动*/
    width: 873px;                   /*设置元素宽度*/
    height: 216px;                  /*设置元素高度*/
    background: url(../images/header_bottom_bg.png) no-repeat;      /*设置顶部背景图像无重复*/
    margin: 15px 0 0 15px;          /*上、右、下、左的外边距依次为 15px,0px, 0px,15px*/
}
#menu {                             /*菜单区域的 CSS 规则*/
    float: left;                    /*菜单向左浮动*/
    width: 465px;                   /*设置元素宽度*/
    height: 29px;                   /*设置元素高度*/
    margin: 170px 0 0 23px;         /*上、右、下、左的外边距依次为 170px,0px, 0px,23px*/
    display:inline;                 /*内联元素*/
    padding: 0;                     /*内边距为 0px*/
}
#menu ul {                          /*菜单列表的 CSS 规则*/
    list-style: none;               /*不显示项目符号*/
    display: inline;                /*内联元素*/
}
```

```
#menu ul li {                    /*菜单列表项的 CSS 规则*/
    float:left;                  /*将纵向导航菜单转换为横向导航菜单，该设置至关重要*/
    padding-left:20px;           /*左内边距为 20px*/
    padding-top:5px;             /*上内边距为 5px*/
}
#menu ul li a {                  /*菜单列表项超链接的 CSS 规则*/
    font-family:"黑体";
    font-size:16px;
    color:#393;
    text-decoration:none;        /*无修饰*/
}
#menu ul li a:hover {            /*菜单列表项鼠标悬停的 CSS 规则*/
    color:#fff;
    background:#396;
}
```

（3）页面中部的制作

页面中部的内容放置在名为 content 的 Div 容器中，主要用来显示“环保社区”栏目的“用户登录”“新闻频道”“挑战与职责”及“动物世界”等内容，如图 9-20 所示。

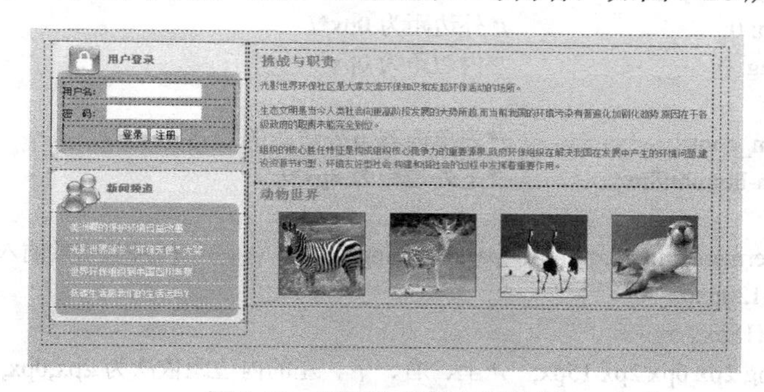

图 9-20　页面中部的布局效果

页面中部的 CSS 代码如下。

```
#content {                       /*页面中部容器的 CSS 规则*/
    overflow:auto;               /*溢出内容自动处理*/
    margin: 15px;                /*外边距为 15px*/
    padding: 0;                  /*内边距为 0px*/
}
#content_left {                  /*页面中部左侧区域的 CSS 规则*/
    float:left;                  /*向左浮动*/
    width: 250px;
    margin: 0 0 0 10px;          /*上、右、下、左的外边距依次为 0px,0px,0px,10px*/
    padding: 0;                  /*内边距为 0px*/
}
#section {                       /*左侧区域表单容器的 CSS 规则*/
    margin: 0 0 15px 0;          /*上、右、下、左的外边距依次为 0px,0px,15px,0px*/
    padding: 0;                  /*内边距为 0px*/
```

```
}
#section_1_top {                    /*左侧区域表单上方登录图片及用户登录文字的 CSS 规则*/
    width: 176px;
    height: 36px;
    font-family:"黑体";
    font-weight: bold;
    font-size: 14px;
    color: #276b45;
    background: url(../images/section_1_top_bg.jpg) no-repeat;   /*表单上方背景图像无重复*/
    margin: 0px;                    /*外边距为 0px*/
    padding: 15px 0 0 70px;         /*上、右、下、左的内边距依次为 15px,0px,0px,70px*/
}
#section_1_mid {                    /*左侧区域表单中间部分的 CSS 规则*/
    width: 217px;
    background: url(../images/section_1_mid_bg.jpg) repeat-y;   /*表单中间背景图像垂直重复*/
    margin: 0;                      /*外边距为 0px*/
    padding: 5px 15px;              /*上、下内边距为 5px、右、左内边距为 15px*/
}
#section_1_mid .myform {            /*左侧区域表单本身的 CSS 规则*/
    margin: 0;                      /*外边距为 0px*/
    padding: 0;                     /*内边距为 0px*/
}
.myform .frm_cont {                 /*表单内容下外边距的 CSS 规则*/
    margin-bottom:8px;              /*下外边距为 8px*/
}
.myform .username input, .myform .password input {          /*表单元素输入框的 CSS 规则*/
    width:120px;
    height:18px;
    padding:2px 0px 2px 15px;   /*上、右、下、左的内边距依次为 2px,0px,2px,15px*/
    border:solid 1px #aacfe4;   /*边框为 1px 的细线*/
}
.myform .btns {                     /*表单元素按钮的 CSS 规则*/
    text-align:center;
}
#section_1_bottom {                 /*左侧区域表单下方的 CSS 规则*/
    width: 246px;
    height: 17px;
    background: url(../images/section_1_bottom_bg.jpg) no-repeat;   /*表单底部细线的背景图像*/
}
#section2 {                         /*左侧区域"新闻频道"容器的 CSS 规则*/
    margin: 0 0 15px 0;             /*上、右、下、左的外边距依次为 0px,0px,15px,0px*/
    padding: 0;                     /*内边距为 0px*/
}
#section_2_top {                    /*新闻频道上方图片及文字的 CSS 规则*/
    width: 176px;
    height: 42px;
```

```
    font-family:"黑体";
    font-weight: bold;
    font-size: 14px;
    color: #276b45;
    background:  url(../images/section_2_top_bg.jpg) no-repeat;    /*新闻频道上方的背景图像*/
    margin: 0;                 /*外边距为 0px*/
    padding: 15px 0 0 70px;    /*上、右、下、左的内边距依次为 15px,0px,0px,70px*/
}
#section_2_mid {                       /*新闻频道中间区域的 CSS 规则*/
    width: 246px;
    background:  url(../images/section_2_mid_bg.jpg) repeat-y;
    margin: 0;                 /*外边距为 0px*/
    padding: 5px 0;            /*上、下内边距为 5px、右、左内边距为 0px*/
}
#section_2_mid ul {            /*新闻频道中间列表的 CSS 规则*/
    list-style: none;          /*不显示项目符号*/
    margin: 0 20px;            /*上、下外边距为 0px、右、左外边距为 20px*/
    padding: 0;                /*内边距为 0px*/
}
#section_2_mid li {            /*新闻频道中间列表项的 CSS 规则*/
    border-bottom: 1px dotted #fff;    /*底部边框为 1px 的点画线*/
    margin: 0;                 /*外边距为 0px*/
    padding: 5px;              /*内边距为 5px*/
}
#section_2_mid li a {          /*新闻频道中间列表项超链接的 CSS 规则*/
    color: #fff;
    text-decoration: none;     /*无修饰*/
}
#section_2_mid li a:hover {    /*新闻频道中间列表项鼠标悬停的 CSS 规则*/
    color:#363;
    text-decoration: none;     /*链接无修饰*/
}
#section_2_bottom {            /*新闻频道下方区域的 CSS 规则*/
    width: 246px;
    height: 18px;
    background:  url(../images/section_2_bottom_bg.jpg) no-repeat; /*新闻底部细线的背景图像*/
}
#content_right {               /*页面中部右侧区域的 CSS 规则*/
    float:left;                /*向左浮动*/
    width:580px;               /*设置元素宽度*/
    padding:10px;              /*内边距为 10px*/
}
.post {                        /*右侧区域内容的 CSS 规则*/
    padding:5px;               /*内边距为 5px*/
}
.post h1 {                     /*右侧区域内容中一级标题的 CSS 规则*/
```

```
        font-family: Tahoma;
        font-size: 18px;
        color: #588970;
        margin: 0 0 15px 0;             /*上、右、下、左的外边距依次为 0px,0px,15px,0px*/
        padding: 0;                     /*内边距为 0px*/
    }
    .post p {                           /*右侧区域内容中段落的 CSS 规则*/
        font-family: Arial;
        font-size: 12px;
        color: #46574d;
        text-align: justify;            /*文字两端对齐*/
        margin: 0 0 15px 0;             /*上、右、下、左的外边距依次为 0px,0px,15px,0px*/
        padding: 0;                     /*内边距为 0px*/
    }
    .post img {                         /*右侧区域内容中图像的 CSS 规则*/
        margin: 0 0 0 25px;             /*上、右、下、左的外边距依次为 0px,0px,0px,25px*/
        padding: 0;                     /*内边距为 0px*/
        border: 1px solid #333;         /*图像显示粗细为 1px 的深灰色细边框*/
    }
```

（4）页面底部的制作

页面底部的内容放置在名为 footer 的 Div 容器中，用来显示版权信息，如图 9-21 所示。

图 9-21　页面底部的布局效果

页面底部的 CSS 代码如下。

```
    #footer {
        font-size: 12px;
        color: #7bdaae;
        text-align:center;              /*文字居中对齐*/
    }
```

（5）网页结构文件

在当前文件夹中，用记事本新建一个名为 index.html 的网页文件，代码如下。

```
    <!doctype html>
    <html>
    <head>
    <title>综合案例——制作光影世界环保社区页面</title>
    <meta charset="gb2312">
    <link href="style/style.css" rel="stylesheet" type="text/css" />
    </head>
    <body>
    <div id="top_bg">
      <div id="container">
        <div id="header">
          <div id="header_logo">光影世界环保社区<span>[保护环境，从我做起]</span></div>
```

```
<div id="header_bottom">
  <div id="menu">
    <ul>
      <li><a href="#">团队简介</a></li>
      <li><a href="#">环境监测</a></li>
      <li><a href="#">环境报告</a></li>
      <li><a href="#">环保常识</a></li>
      <li><a href="#">交流合作</a></li>
    </ul>
  </div>
</div>
</div>
<div id="content">
  <div id="content_left">
    <div id="section">
      <div id="section_1_top">用户登录</div>
      <div id="section_1_mid">
        <div class="myform">
          <form action="" method="post">
            <div class="frm_cont username">用户名：
              <label for="username"></label>
              <input type="text" name="username" id="username" />
            </div>
            <div class="frm_cont password">密　码：
              <label for="password"></label>
              <input type="password" name="password" id="password" />
            </div>
            <div class="btns">
              <input type="submit" name="button1" id="button1" value="登录" />
              <input type="button" name="button2"id="button2" value="注册" />
              </div>
          </form>
        </div>
      </div>
      <div id="section_1_bottom"></div>
    </div>
    <div id="section2">
      <div id="section_2_top">新闻频道</div>
      <div id="section_2_mid">
        <ul>
          <li><a href="#" target="_blank">美洲鳄的保护环境日益改善</a></li>
          <li><a href="#" target="_parent">光影世界颁发“环保天使”大奖</a></li>
          <li><a href="#" target="_blank">世界环保组织到中国四川考察</a></li>
          <li><a href="#" target="_blank">低碳生活离我们的生活远吗？</a></li>
        </ul>
      </div>
      <div id="section_2_bottom"></div>
    </div>
```

```
            </div>
            <div id="content_right">
              <div class="post">
                <h1>挑战与职责</h1>
                <p>光影世界环保社区是大家交流环保知识和发起环保活动的场所。</p>
                <p>生态文明是当今人类社会向更高阶段发展的大势……（此处省略文字）</p>
                <p>组织的核心胜任特征是构成组织核心竞争力……（此处省略文字）</p>
              </div>
              <div class="post" >
                <h1>动物世界</h1>
                <a href="#"><img src="images/thumb_1.jpg" width="108" height="108" /></a>
                <a href="#"><img src="images/thumb_2.jpg" width="108" height="108" /></a>
                <a href="#"><img src="images/thumb_3.jpg" width="108" height="108" /></a>
                <a href="#"><img src="images/thumb_4.jpg" width="108" height="108" /></a>
              </div>
            </div>
          </div>
        </div>
      </div>
      <div id="footer">Copyright &copy; 2017  光影世界环保社区  All Rights Reserved</div>
      </body>
      </html>
```

9.4 课堂综合实训——制作家具商城关于页面

在第 4 章的实训中已经讲解了使用 CSS 制作家具商城简介的局部信息，本节从全局布局的角度讲解家具商城关于页面的详细制作过程。

【实训要求】 制作家具商城关于页面，重点练习使用 CSS 修饰页面元素与制作导航菜单等相关知识。页面效果如图 9-22 所示，布局示意图如图 9-23 所示。

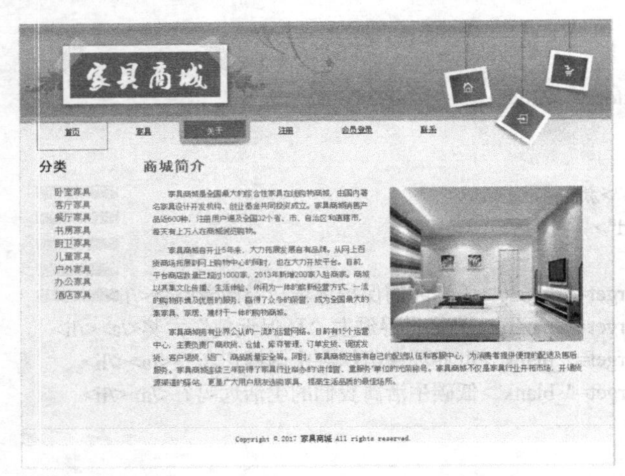

图 9-22　家具商城关于页面

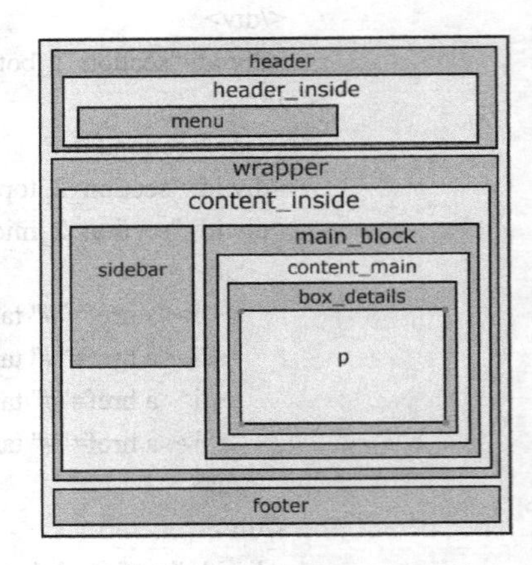

图 9-23　页面布局示意图

制作步骤如下。

1．前期准备

（1）栏目目录结构

在栏目文件夹下创建文件夹 images 和 css，分别用来存放图像素材和外部样式表文件。

（2）页面素材

将本页面需要使用的图像素材存放在文件夹 images 下。

（3）外部样式表

在文件夹 css 下新建一个名为 style.css 的样式表文件。

2．制作页面

（1）页面整体的制作

页面整体的 CSS 定义代码如下。

```
*{                                  /*表示针对 HTML 的所有元素*/
      padding:0px;                  /*外边距为 0px*/
      margin:0px;                   /*内边距为 0px*/
      line-height: 20px;            /*行高 20px*/
}
body{                               /*设置页面整体样式*/
      height:100%;                  /*高度为相对单位*/
      background-color:#f3f1e9;     /*浅灰色背景*/
      position:relative;            /*相对定位*/
}
img{
      border:0px;                   /*图片无边框*/
}
```

（2）页面顶部的制作

页面顶部的内容放置在名为 header 的 Div 容器中，主要用来显示页面 Logo 和横向导航菜单，如图 9-24 所示。

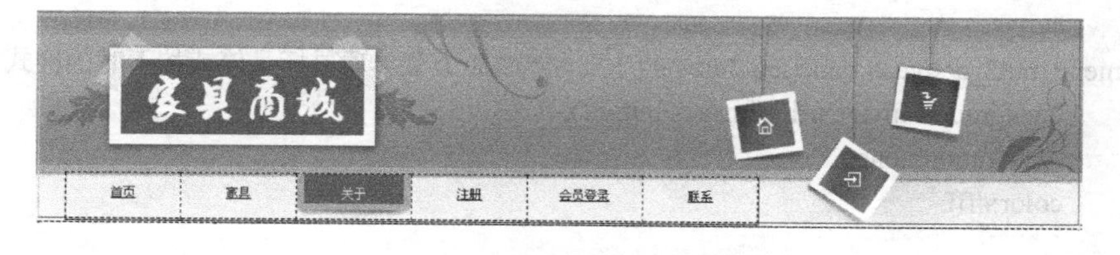

图 9-24　页面顶部的布局效果

CSS 代码如下。

```
#header{                            /*设置页面顶部容器的样式*/
      height:200px;                 /*容器高 200px*/
      background-image:url(../images/header_bg.gif);      /*背景图像*/
      background-position:top left; /*背景图像顶端左对齐*/
      background-repeat:repeat-x;   /*背景图像水平重复*/
}
```

```
#header_inside{                      /*设置页面顶部内容区域的样式*/
    width:1000px;                    /*宽度 1000px*/
    margin:0 auto;                   /*页面居中对齐*/
    position:relative;               /*相对定位*/
}
#menu{                               /*设置页面顶部菜单的样式*/
    position:absolute;               /*绝对定位，这个设置很关键，下面是菜单绝对定位的参数*/
    top:156px;                       /*菜单位于距离容器顶部 156px 的位置*/
    left:26px;                       /*菜单位于距离容器左端 26px 的位置*/
}
#menu li{                            /*菜单列表项的样式*/
    display:inline;                  /*内联元素*/
}
#menu a{                             /*菜单中超链接的样式*/
    margin:0 1px 0 0;
    width:110px;
    text-align:center;               /*文字居中对齐*/
    padding:8px 0 18px 0;
    display:block;                   /*块级元素*/
    float:left;                      /*向左浮动*/
    font-family:Arial, Helvetica, sans-serif;
    font-size:12px;
    color:#0D0D0D;
    text-decoration:underline;       /*链接加下画线*/
    background-position:top left; /*背景定位位置为顶端左对齐*/
    background-repeat:no-repeat; /*背景无重复*/
}
#menu .but1_active, #menu .but1:hover{          /*第 1 个菜单项鼠标悬停或按下时的样式*/
    background-image:url(../images/but.gif); /*加载背景图像*/
    text-decoration:none;                       /*去除下画线*/
    color:#fff;
}
#menu .but2_active, #menu .but2:hover{          /*第 2 个菜单项鼠标悬停或按下时的样式*/
    background-image:url(../images/but.gif);
    -decoration:none;
    color:#fff;
}
#menu .but3_active, #menu .but3:hover{          /*第 3 个菜单项鼠标悬停或按下时的样式*/
    background-image:url(../images/but.gif);
    text-decoration:none;
    color:#fff;
}
#menu .but4_active, #menu .but4:hover{          /*第 4 个菜单项鼠标悬停或按下时的样式*/
    background-image:url(../images/but.gif);
    text-decoration:none;
    color:#fff;}
```

```
#menu .but5_active, #menu .but5:hover{          /*第 5 个菜单项鼠标悬停或按下时的样式*/
    background-image:url(../images/but.gif);
    text-decoration:none;
    color:#fff;
}
#menu .but6_active, #menu .but6:hover{          /*第 6 个菜单项鼠标悬停或按下时的样式*/
    background-image:url(../images/but.gif);
    text-decoration:none;
    color:#fff;
}
```

需要说明的是，当前页的菜单项背景要区别于其他菜单项，以起到突出显示当前页的作用。实现这种效果的方法很简单，只需要为当前页菜单项设置鼠标悬停或按下时加载背景图像即可。

（3）页面中部的制作

页面中部的内容放置在名为 content 的 Div 容器中，包括左侧区域和右侧区域。左侧区域包括家具分类的纵向导航菜单；右侧区域包括商城简介的图文混排信息，如图 9-25 所示。

图 9-25　页面中部的布局效果

CSS 代码如下。

```
#wrapper{                              /*设置主体容器样式*/
    padding:0 0 5px 0                  /*上、右、下、左的内边距依次为 0px,0px,5px,0px*/
}
#content_inside{                       /*设置页面内容区域样式*/
    background-image:url(../images/bg.gif);   /*背景图像*/
    background-position:top left;      /*背景图像顶端左对齐*/
    background-repeat:no-repeat;       /*背景图像无重复*/
    width:1000px;
    margin:0 auto;                     /*区域自动居中对齐*/
    overflow:hidden                    /*溢出内容隐藏*/
}
#sidebar{                              /*设置页面内容左侧区域样式*/
    width:135px;                       /*宽 135px*/
    float:left;                        /*向左浮动*/
    padding:13px 12px 0 23px;  /*上、右、下、左的内边距依次为 13px,12px,0px,23px*/
```

```
}
#list{                          /*设置左侧区域列表样式*/
    list-style-type:none;       /*不显示项目符号*/
    margin:11px 0 0 0;
    line-height:22px;           /*行高 22px*/
    height:18px;
}
#list li{                       /*设置列表项样式*/
    width:100px;                /*宽 100px*/
    padding:0 0 0 30px;         /*上、右、下、左的内边距依次为 0px,0px,0px,30px*/
}
.color{
    background-color:#ECECC5 /*菜单项奇数行的颜色为淡黄色*/
}
#list a{                        /*设置列表链接样式*/
    font-family:Arial, Helvetica, sans-serif;
    font-size:14px;
    color:#464646;
    text-decoration:none        /*链接无修饰*/
}
#list a:visited{                /*设置列表访问过链接样式*/
    text-decoration:none        /*链接无修饰*/
}
#list a:hover{                  /*设置列表悬停链接样式*/
    text-decoration:underline   /*加下画线*/
}
#main_block{                    /*设置主体内容右侧区域的样式*/
    font-family:Arial, Helvetica, sans-serif;
    font-size:12px;             /*设置文字大小为 12px*/
    color:#464646;              /*设置默认文字颜色为灰色*/
    overflow:hidden;            /*溢出隐藏*/
    float:left;                 /*向左浮动*/
    width:752px;                /*设置容器宽度为 752px*/
}
.pad20{                         /*设置主体内容右侧区域内边距样式*/
    padding:0 0 20px 0          /*上、右、下、左的内边距依次为 0px,0px,20px,0px*/
}
.content_main{                  /*设置右侧区域容器的样式*/
    width:720px;                /*容器宽 720px*/
    float:left;                 /*向左浮动*/
    padding:20px 0 10px 20px;   /*上、右、下、左的内边距依次为 20px,0px,10px,20px*/
}
.box_details{                   /*设置右侧区域详细信息区域的样式*/
    padding:10px 0 10px 0;
    margin:10px 20px 10px 0;
    clear:both;                 /*清除所有浮动*/
```

```
}
.box_details p{                     /*设置详细信息区域中段落的样式*/
    padding:5px 15px 5px 15px;
    text-indent:2em                 /*首行缩进*/
}

img.right{                          /*设置详细信息区域中图片的样式*/
    float:right;                    /*向右浮动*/
    padding:0 0 0 30px;
}
```

（4）页面底部的制作

页面底部的内容放置在名为 footer 的 Div 容器中，用来显示版权信息，如图 9-26 所示。

Copyright © 2017 家具商城 All rights reserved.

图 9-26 页面底部的布局效果

CSS 代码如下。

```
#footer {                           /*设置版权区域的样式*/
    clear:both;                     /*清除所有浮动*/
    width:100%;                     /*宽度相对页面 100%的宽度*/
    height:45px;                    /*高度 45px*/
    background: url(../images/footer_bg.gif) repeat-x top;     /*背景图像水平重复顶端对齐*/
    text-align:center;              /*文字居中对齐*/
    padding:10px;
    font-size:12px
}
```

（5）制作页面的网页结构代码

为了使读者对页面的样式与结构有一个全面的认识，最后说明整个页面（about.html）的结构代码，具体如下。

```
<!doctype html>
<html>
<head>
<meta charset="gb2312">
<title>关于页</title>
<link rel="stylesheet" type="text/css" href="css/style.css" />
</head>
<body>
    <div id="header">
        <div id="header_inside">
            <img src="images/header.jpg" alt="setalpm" width="999" height="200" border="0" />
            <br />
            <ul id="menu">
                <li><a href="index.html" class="but1">首页</a></li>
                <li><a href="products.html" class="but2">家具</a></li>
```

```
                <li><a href="about.html" class="but3_active">关于</a></li>
                <li><a href="register.html" class="but4">注册</a></li>
                <li><a href="login.html" class="but5">会员登录</a></li>
                <li><a href="contact.html" class="but6">联系</a></li>
            </ul>
        </div>
    </div>
    <div id="wrapper">
        <div id="content_inside">
            <div id="sidebar">
            <img src="images/title1.gif" alt="" width="100" height="30" /><br />
                <ul id="list">
                    <li class="color"><a href="#">卧室家具</a></li>
                    <li><a href="#">客厅家具</a></li>
                    <li class="color"><a href="#">餐厅家具</a></li>
                    <li><a href="#">书房家具</a></li>
                    <li class="color"><a href="#">厨卫家具</a></li>
                    <li><a href="#">儿童家具</a></li>
                    <li class="color"><a href="#">户外家具</a></li>
                    <li><a href="#">办公家具</a></li>
                    <li class="color"><a href="#">酒店家具</a></li>
                </ul>
            </div>
            <div id="main_block" class="pad20">
                <div class="content_main">
                <h1>商城简介</h1>
                    <div class="box_details">
                    <p> <img src="images/intro.jpg" alt="" title="" class="right" />家具商城
是综合性家具在线购物商城，由国内著名家具设计开发机构……（此处省略文字）</p>
                    <p>家具商城自开业 5 年来，大力拓展……（此处省略文字）</p>
                    <p>家具商城拥有业界公认的一流的……（此处省略文字）</p>
                    </div>
                </div>
            </div>
        </div>
    </div>
    <div id="footer">
        <div id="footer_inside">
            <p>Copyright &copy;.2017  家具商城  All rights reserved. </p>
        </div>
    </div>
</body>
</html>
```

【说明】在网页中，如果某元素同时具有 background-image 属性和 background-color 属性，那么 background-image 属性将优先于 background-color 属性，也就是说背景图片总是覆盖于背景色之上。

习题

1）制作如图 9-27 所示的水平导航菜单。

图 9-27　题 1 图

2）综合使用 CSS 修饰页面元素与导航菜单技术制作如图 9-28 所示的页面。

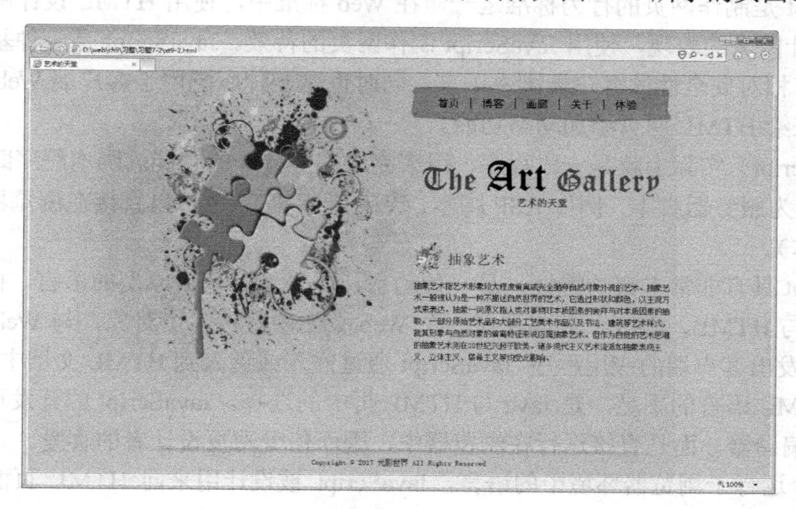

图 9-28　题 2 图

3）综合使用 CSS 修饰页面元素与导航菜单技术制作如图 9-29 所示的页面。

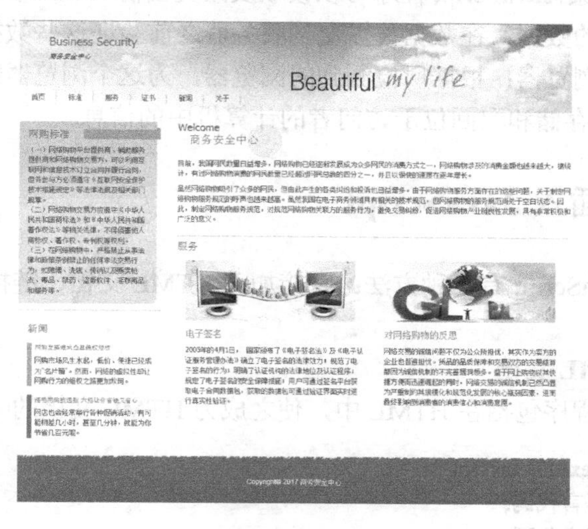

图 9-29　题 3 图

第 10 章　网页行为语言——JavaScript

CSS 样式表可以控制和美化网页的外观，但是对网页的交互行为却无能为力，此时脚本语言提供了解决方案。本章讲述的就是实现网页交互与特效的行为语言——JavaScript。

10.1　JavaScript 简介

JavaScript 是制作网页的行为标准之一，在 Web 标准中，使用 HTML 设计网页的结构，使用 CSS 设计网页的表现，使用 JavaScript 制作网页的特效。JavaScript 是一种基于对象和事件驱动并具有相对安全性的客户端脚本语言，同时也是一种广泛用于客户端 Web 开发的脚本语言，常用来给 HTML 网页添加动态功能。

脚本（Script）实际上就是一段程序，用来完成某些特殊的功能。脚本程序既可以在服务器端运行（称为服务器脚本，例如 ASP 脚本、PHP 脚本等），也可以直接在浏览器端运行（称为客户端脚本）。

JavaScript 具有非常丰富的特性，是一种动态、弱类型、基于原型的语言，内置支持类。JavaScript 可与 HTML、CSS 一起实现在一个 Web 页面中链接多个对象，与 Web 客户交互的功能，从而开发出客户端的应用程序。JavaScript 通过嵌入或调入到 HTML 文档中实现其功能，它弥补了 HTML 语言的不足，是 Java 与 HTML 折中的选择。JavaScript 的开发环境很简单，不需要 Java 编译器，而是直接运行在浏览器中，因而倍受网页设计者的喜爱。

作为一个运行于浏览器环境中的语言，JavaScript 被设计用来向 HTML 页面添加交互行为，利用它可以完成以下任务。

- 响应事件：页面加载完成或者单击某个 HTML 元素时，调用指定的 JavaScript 程序。
- 读写 HTML 元素：JavaScript 程序可以读取及改变当前 HTML 页面内某个元素的内容。
- 验证用户输入的数据：在数据被提交到服务器之前验证这些数据。
- 检测访问者的浏览器：根据所检测到的浏览器，为这个浏览器载入相应的页面。
- 创建 cookies：存储和取回位于访问者的计算机中的信息。

10.2　在网页中插入 JavaScript

在网页中插入 JavaScript 有 3 种方法：直接加入 HTML 文档、链接脚本文件和在 HTML 标签内添加脚本。

1．直接加入 HTML 文档

JavaScript 的脚本程序包括在 HTML 中，使之成为 HTML 文档的一部分。其格式：

```
<script type="text/javascript">
  JavaScript 语言代码;
  JavaScript 语言代码;
```

```
    ...
</script>
```

语法说明如下。

script：脚本标记。它必须以<script type="text/javascript">开头，以</script>结束，界定程序开始的位置和结束的位置。

script 在页面中的位置决定了什么时候装载脚本，如果希望在其他所有内容之前装载脚本，就要确保脚本在页面的<head>…</head>之间。

JavaScript 脚本本身不能独立存在，它是依附于某个 HTML 页面，在浏览器端运行的。在编写 JavaScript 脚本时，可以像编辑 HTML 文档一样，在文本编辑器中输入脚本的代码。

需要注意的是，HTML 中不能省略</script>标签，这种标签不符合 HTML 规范，所以得不到某些浏览器的正确解析。另外，最好将<script>标签放在</body>标签之前，这样能使浏览器更快地加载页面。

2．链接脚本文件

如果已经存在一个脚本文件（以 js 为扩展名），则可以使用 script 标记的 src 属性引用外部脚本文件的 URL。采用引用脚本文件的方式，可以提高程序代码的利用率。其格式：

```
<head>
  ...
  <script type="text/javascript" src="脚本文件名.js"></script>
  ...
</head>
```

type="text/javascript"属性定义文件的类型是 javascript；src 属性定义*.js 文件的 URL。

如果使用 src 属性，则浏览器只使用外部文件中的脚本，并忽略任何位于<script>…</script>之间的脚本。脚本文件可以用任何文本编辑器（如记事本）打开并编辑，一般脚本文件的扩展名为 js，内容是脚本，不包含 HTML 标记。其格式：

```
JavaScript 语言代码;        // 注释
  ...
JavaScript 语言代码;
```

3．在 HTML 标签内添加脚本

可以在 HTML 表单的输入标签内添加脚本，以响应输入的事件。

10.3 JavaScript 交互基本方法

JavaScript 与浏览者交互有多种方法，本节讲解其中比较常用的 3 种方法，即 alert()、confirm()和 prompt()。这 3 种交互方法属于 windows 对象，不会对 HTML 文档产生影响，在编写代码时可以省略对象的引用，即直接使用方法声明。

10.3.1 信息对话框

信息对话框在网站中非常常见，用于告诉浏览者某些信息，浏览者必须单击“确定”按钮才能关闭对话框，否则页面无法操作，这种互动方式充分说明了对话框不属于 HTML 文档。其格式：

```
alert("信息内容");
```

信息内容可以是一个表达式。不过，最终 alert()方法接收到的是字符串值。

【演练 10-1】 使用信息对话框实现页面的交互，本例文件 10-1.html 在浏览器中显示的效果如图 10-1 和图 10-2 所示。

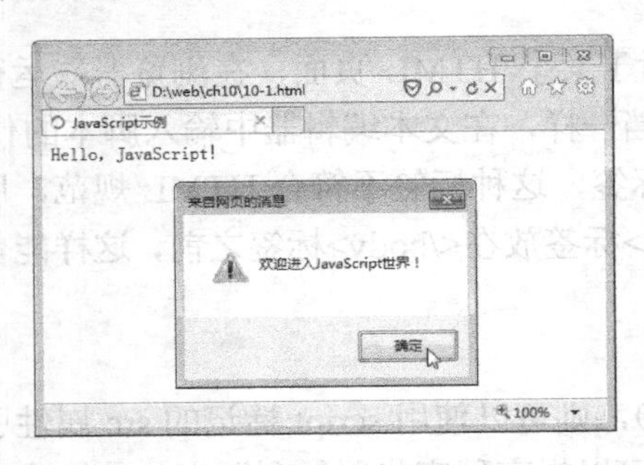

图 10-1　加载时的运行结果

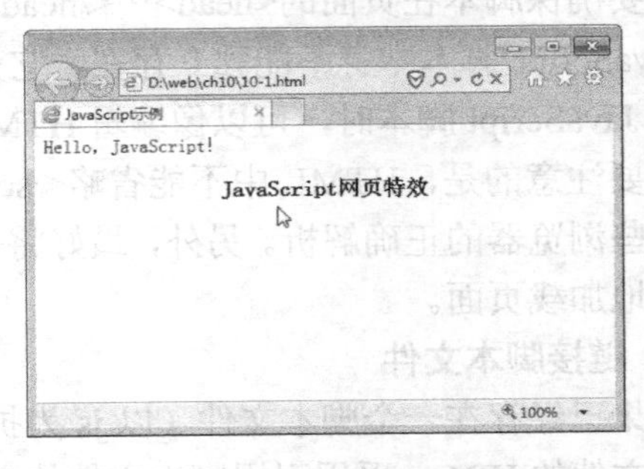

图 10-2　单击“确定”按钮后的运行结果

代码如下。

```
<html>
  <head>
    <title>信息对话框</title>
    <script type="text/javascript">
      document.write("Hello，JavaScript！");
      alert("欢迎进入 JavaScript 世界！");
    </script>
  </head>
  <body>
    <h3 style="font:14pt;text-align:center"> JavaScript 网页特效</h3>
  </body>
</html>
```

【说明】

1）document.write()是文档对象的输出函数，其功能是将括号中的字符或变量值输出到窗口。alert()是 JavaScript 的窗口对象方法，其功能是弹出一个对话框并显示其中的字符串。

2）如图 10-1 所示为浏览器加载时的显示结果，图 10-2 所示为单击自动弹出对话框中的“确定”按钮后的最终显示结果。从上面的例题中可以看出，在用浏览器加载 HTML 文件时，是从文件头向后解释并处理 HTML 文档的。

3）在<script language ="JavaScript">…</script>中的程序代码有大、小写之分，例如将 document.write()写成 Document.write()，程序将无法正确执行。

10.3.2　选择对话框

信息对话框只有一个“确定”按钮，这样浏览者没有任何选择。而选择对话框有“确定”

和“取消”两个按钮，根据浏览者的选择，程序将出现不同的结果。其格式：

```
confirm("对话框提示文字内容");
```

类似于 alert()方法，confirm()方法只接收 1 个参数，并转换为字符串值显示。而 confirm()方法还会产生一个值为 true 或 false 的结果，即返回一个布尔值。当浏览者单击对话框中的“确定”按钮，confirm()方法将返回 true；单击对话框中的“取消”按钮，confirm()方法将返回 false。JavaScript 程序可以使用判断语句对这两种值做出不同处理，以达到显示不同结果的目的。

【演练 10-2】 使用选择对话框实现页面的交互，页面加载后，单击“数据清空”按钮，弹出“来自网页的消息”对话框，如图 10-3 所示。单击对话框中的“确定”按钮，则页面文本框中的信息被清空，如图 10-4 所示。

图 10-3　单击对话框中的“确定”按钮

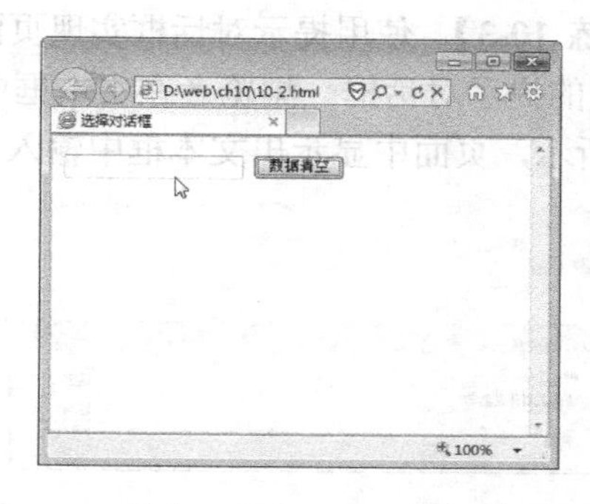

图 10-4　单击“确定”按钮后的运行结果

代码如下。

```
<html>
<head>
<title>选择对话框</title>
<script type="text/javascript">
function clear1(){
   if(confirm("确定要清空数据吗？")){
      document.main.text1.value="";
   }
}
</script>
</head>
<boty>
<form name="main">
<input type="text" name="text1"/>
<input type="button" name="submit" value="数据清空" onclick="return clear1()"/>
</form>
</body>
</html>
```

【说明】 这里使用普通按钮的 onclick 事件调用 clear1()函数，函数中使用 confirm()方法弹出选择对话框。浏览者通过对话框的不同选择后，JavaScript 程序对返回值进行判断，执行了不同的代码。

10.3.3 提示对话框

提示对话框在网站中应用比较少，一般用于类似题目测试这样的小程序。提示对话框显示一段提示文本，其下面是一个等待浏览者输入的文本框，并有“确定”和“取消”按钮。其格式：

prompt("提示文字内容",文本框输入默认文本);

prompt()方法需要设计者定义两个参数，而第 2 个参数是可选的。和 confirm()方法不同，prompt()方法只返回 1 个值。当浏览者单击“确定”按钮时，返回文本框中输入的文本；单击“取消”按钮时，返回值为 null。

【演练 10-3】 使用提示对话框实现页面的交互，页面加载后，弹出显示“请问您叫什么名字？”的提示对话框。浏览者在文本框中输入内容后，单击对话框中的“确定”按钮，如图 10-5 所示，页面中显示出文本框中输入的内容，如图 10-6 所示。

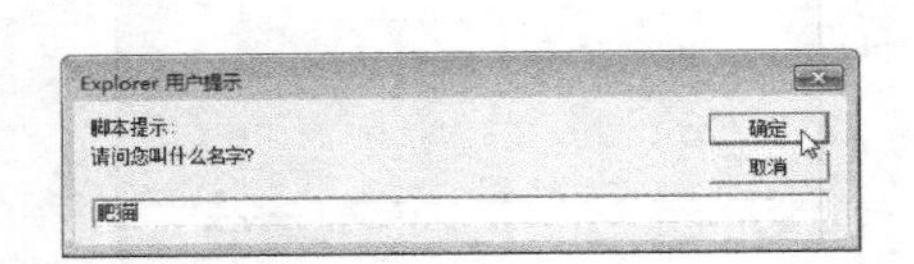

图 10-5 浏览者在文本框中输入内容

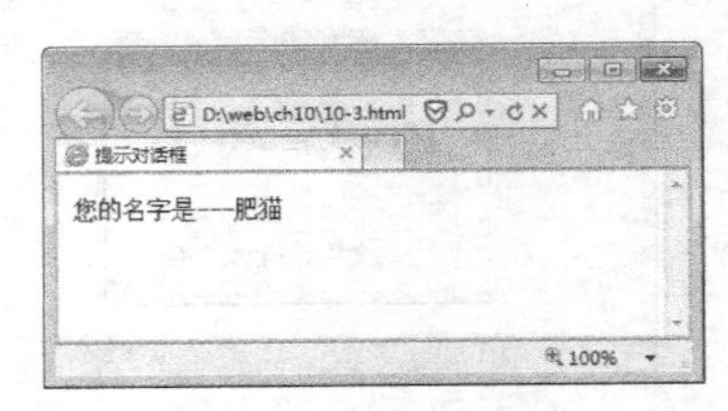

图 10-6 单击“确定”按钮后的运行结果

代码如下。

```
<!doctype html>
<html>
<head>
<title>提示对话框</title>
</head>
<boty>
<script type="text/javascript">
 document.write("您的名字是---"+prompt('请问您叫什么名字?','请输入'));
</script>
</body>
</html>
```

10.4 制作网页特效

在网页中添加一些适当的网页特效，使页面具有动态效果，丰富页面的观赏性与表现力，能吸引更多的浏览者访问页面。下面讲解几个常见的网页特效。

10.4.1 幻灯片切换广告

在网站的首页中经常能够看到幻灯片切换的广告，既美化了页面的外观，又可以节省版面空间。本节主要讲解如何使用 JavaScript 脚本制作幻灯片切换广告。

1．准备素材和脚本文件

1）素材文件包括 5 个风景图片，图片素材大小均为 632px×210px，在栏目文件夹中建立文件夹 images，将图片复制到该文件夹。

2）实现幻灯片切换广告的特效需要使用两个 JavaSctipt 脚本，在栏目文件夹中建立文件夹 js，将脚本文件 player.js 和 playerslider.js 复制到该文件夹。

2．案例——制作幻灯片切换广告

【演练 10-4】 制作光影世界最新上传图片的幻灯片切换广告，每隔一段时间，广告自动切换到下一幅画面；用户单击广告下方的数字，将直接切换到相应的画面，页面的显示效果如图 10-7 所示。

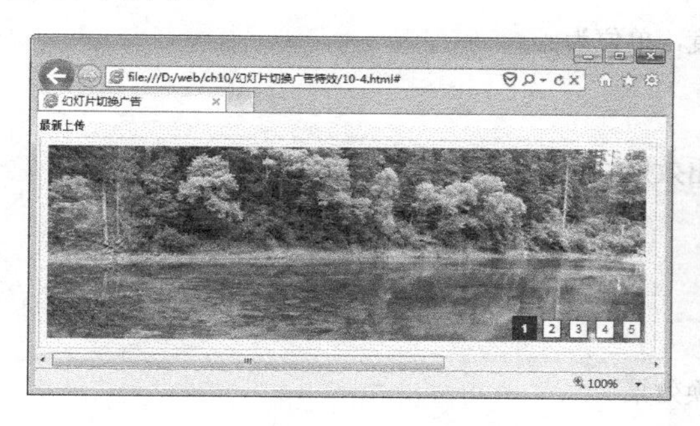

图 10-7　幻灯片切换广告

制作步骤。

（1）建立网页

在栏目文件夹下新建一个名为 10-4.html 的网页。

（2）编写代码

打开新建的网页 10-4.html，编写实现幻灯片切换广告的程序。代码如下。

```
<!doctype html>
<html>
<head>
<meta charset="gb2312">
<title>幻灯片切换广告</title>
<link href="css/style.css" rel="stylesheet" type="text/css" />
<script type="text/javascript" src="js/player.js"></script>
<script type="text/javascript" src="js/playerslider.js"></script>
<script type="text/javascript">
$(document).ready(function(){
        // 焦点图片水平滚动
        $("#slider1").Xslider({
                // 默认配置
                affect: 'scrollx',          //水平卷动效果
                speed: 800,                 //动画速度，单位为 ms（毫秒）
                space: 6000,                //时间间隔
                auto: true,                 //自动滚动
                trigger: 'mouseover',       //触发事件
```

```
            conbox: '.conbox',          //内容容器 id 或 class
            ctag: 'div',                //内容标签 默认为<a>
            switcher: '.switcher',      //切换触发器 id 或 class
            stag: 'a',                  //切换器标签 默认为 a
            current:'cur',              //当前切换器样式名称
            rand:false                  //不随机指定默认幻灯图片
        });
        // 焦点图片垂直滚动
        $("#slider2").Xslider({
            affect:'scrolly',           //垂直卷动效果
            ctag: 'div',
            speed:400                   //动画速度，单位为 ms
        });
        // 焦点图片淡隐淡现
        $("#slider3").Xslider({         //淡入淡出效果
            affect:'fade',
            ctag: 'div'
        });
        // 选项卡
        $("#slider4").Xslider({         //直接切换效果
            affect:'none',
            ctag: 'div',
            speed:10
        });
});
</script>
</head>
<body>
<div class="main">
  <div class="matter1">
    <div class="left">
      <div class="info">最新上传</div>
      <div id="slider3" class="slider">
        <div class="conbox">
        <div><a href="#"><img src="images/image_1.jpg" width="632" height="210" /></a></div>
        <div><a href="#"><img src="images/image_2.jpg" width="632" height="210" /></a></div>
        <div><a href="#"><img src="images/image_3.jpg" width="632" height="210" /></a></div>
        <div><a href="#"><img src="images/image_4.jpg" width="632" height="210" /></a></div>
        <div><a href="#"><img src="images/image_5.jpg" width="632" height="210" /></a></div>
      </div>
      <div class="switcher">
        <a href="#" class="cur">1</a>
        <a href="#">2</a>
        <a href="#">3</a>
        <a href="#">4</a>
        <a href="#">5</a>
```

```
                </div>
              </div>
            </div>
          </div>
        </div>
      </body>
      </html>
```

【说明】制作幻灯片切换效果的关键在于设置图片切换开关，JavaScript 脚本函数中定义了 4 个图片切换开关，分别是 slider1（水平卷动效果）、slider2（垂直卷动效果）、slider3（淡入淡出效果）和 slider4（直接切换效果）。本例中设置播放器的样式为 slider3，实现了风景图片淡入淡出的效果。代码如下。

```
<div id="slider3" class="slider">
```

读者可以尝试修改 div 的 id 为其他开关，观察不同的幻灯片切换效果。

10.4.2 制作网页 Tab 选项卡切换效果

Tab 选项卡效果是常见的网页效果，许多网站都可以看到这种栏目切换的效果，关于 Tab 实现的方式有很多，不过总地来说原理都是一致的，都是通过鼠标事件触发相应的功能函数，实现相关栏目的切换。

【演练 10-5】 制作光影世界关于我们和联系我们页面的栏目切换效果，页面的显示效果如图 10-8 所示。

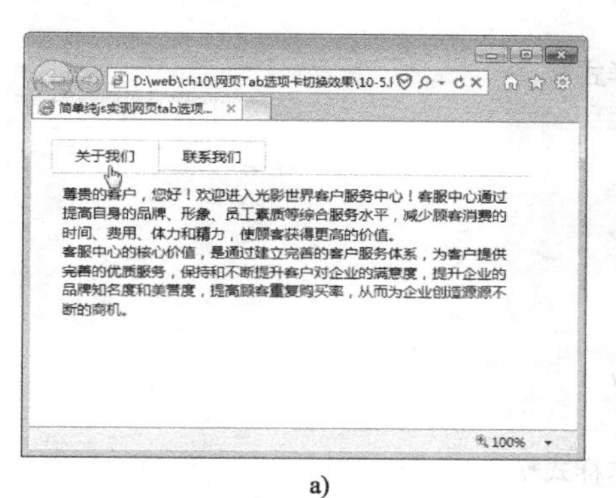

a)

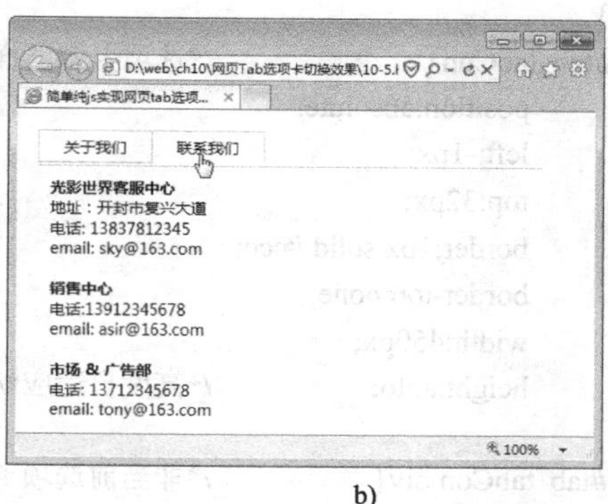

b)

图 10-8 Tab 选项卡切换效果

a) 关于我们页面 b) 联系我们页面

代码如下。

```
<html>
<head>
<meta charset="gb2312">
<title>简单纯 js 实现网页 Tab 选项卡切换效果</title>
<style>
*{                                /*页面所有元素的默认外边距和内边距*/
    margin:0;
```

```
        padding:0;
}
body{                     /*页面整体样式*/
        font-size:14px;
        font-family:"Microsoft YaHei";
}
ul,li{                    /*列表和列表项样式*/
        list-style:none;  /*列表项无符号*/
}
#tab{                     /*选项卡样式*/
        position:relative;     /*相对定位*/
        margin-left:20px;      /*左外边距 20px*/
        margin-top:20px        /*上外边距 20px*/
}
#tab .tabList ul li{      /*选项卡列表项样式*/
        float:left;
        background:#fefefe;
        border:1px solid #ccc;
        padding:5px 0;
        width:100px;
        text-align:center;
        margin-left:-1px;
        position:relative;
        cursor:pointer;
}
#tab .tabCon{             /*选项卡容器样式*/
        position:absolute;
        left:-1px;
        top:32px;
        border:1px solid #ccc;
        border-top:none;
        width:450px;
        height:auto;           /*高度自适应*/
}
#tab .tabCon div{         /*非当前选项卡样式*/
        padding:10px;
        position:absolute;
        opacity:0;             /*完全透明，无法看到选项卡*/
}
#tab .tabList li.cur{     /*当前选项卡列表样式*/
        border-bottom:none;
        background:#fff;
}
#tab .tabCon div.cur{     /*当前选项卡不透明样式*/
        opacity:1;             /*完全不透明，能够看到选项卡*/
}
</style>
```

```
</head>
<body>
<div id="tab">
  <div class="tabList">
    <ul>
      <li class="cur">关于我们</li>
      <li>联系我们</li>
    </ul>
  </div>
  <div class="tabCon">
    <div class="cur">
      <p>尊贵的客户，您好！欢迎进入光影世界客户服务中心！……（此处省略文字）</p>
      <p>客服中心的核心价值，是通过建立完善的客户服务体系，……（此处省略文字）</p>
    </div>
    <div>
      <p><strong>光影世界客服中心</strong></p>
      <p>地址：开封市复兴大道</p>
      <p>电话: 13837812345</p>
      <p>email: sky@163.com</p><br/>
      <p><strong>销售中心</strong></p>
      <p>电话:13912345678</p>
      <p>email: asir@163.com</p><br/>
      <p><strong>市场 & 广告部</strong></p>
      <p>电话: 13712345678 </p>
      <p>email: tony@163.com</p>
    </div>
  </div>
</div>
<script>
window.onload = function() {
    var oDiv = document.getElementById("tab");
    var oLi = oDiv.getElementsByTagName("div")[0].getElementsByTagName("li");
    var aCon = oDiv.getElementsByTagName("div")[1].getElementsByTagName("div");
    var timer = null;
    for (var i = 0; i < oLi.length; i++) {
        oLi[i].index = i;
        oLi[i].onmouseover = function() {                    //鼠标悬停切换选项卡
            show(this.index);
        }
    }
    function show(a) {
        index = a;
        var alpha = 0;
        for (var j = 0; j < oLi.length; j++) {
            oLi[j].className = "";
            aCon[j].className = "";
```

```
                aCon[j].style.opacity = 0;
                aCon[j].style.filter = "alpha(opacity=0)";          //非当前选项卡完全透明
            }
            oLi[index].className = "cur";
            clearInterval(timer);
            timer = setInterval(function() {
                alpha += 2;
                alpha > 100 && (alpha = 100);
                aCon[index].style.opacity = alpha / 100;           //当前选项卡完全不透明
                aCon[index].style.filter = "alpha(opacity=" + alpha + ")";
                alpha == 100 && clearInterval(timer);
            })
        }
    }
</script>
</body>
</html>
```

【说明】

1）实现选项卡切换效果的原理是将当前选项卡的不透明度样式设置为完全不透明，进而显示出选项卡；将非当前选项卡的不透明度样式设置为完全透明，隐藏了非当前选项卡。

2）本例中共设置了两个选项卡，如果用户需要设置更多的选项卡，很容易实现，只需要增加列表项<li>的定义即可。

3）本例采用的是鼠标悬停切换选项卡的效果，如果需要设置为鼠标单击切换选项卡的效果，只需要将 JavaScript 脚本中的 onmouseover 修改为 onclick 即可。

10.4.3 循环滚动的图文字幕

在网站的首页经常可以看到循环滚动的图文展示信息，以引起浏览者的注意，这种技术是通过滚动字幕技术实现的。

在网页中，制作滚动字幕使用<marquee>标签，其格式：

<marquee direction="left|right|up|down" behavior="scroll|side|alternate" loop="i|-1|infinite" hspace="m" vspace="n" scrollamount="i" scrolldelay="j" bgcolor="色彩" width="x|x%" height="y"> 流动文字或（和）图片 </marquee>

字幕属性的含义如下。

- direction：设置字幕内容的滚动方向。
- behavior：设置滚动字幕内容的运动方式。
- loop：设置字幕内容滚动次数，默认值为无限。
- hspace：设置字幕水平方向空白像素数。
- vspace：设置字幕垂直方向空白像素数。
- scrollamount：设置字幕滚动的数量，单位是 px。
- scrolldelay：设置字幕滚动的延迟时间，单位是 ms。
- bgcolor：设置字幕的背景颜色。

● width：设置字幕的宽度，单位是 px。
● height：设置字幕的高度，单位是 px。

10.5 课堂综合实训——制作家具商城家具展示页面

【实训要求】制作循环滚动的图像字幕。制作家具商城家具展示的网页，滚动的图像支持超链接，并且鼠标指针移动到图像上时，画面静止；鼠标指针移出图像后，图像继续滚动，页面显示的效果如图 10-9 所示。

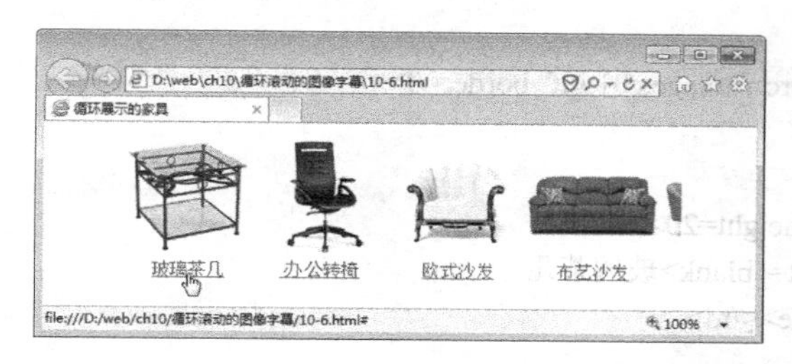

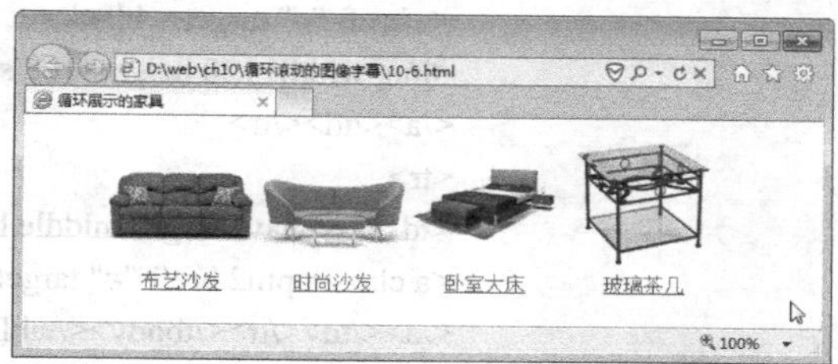

图 10-9 循环滚动的图像字幕

制作步骤如下。

（1）前期准备

在示例文件夹下创建图像文件夹 images，用来存放图像素材。将本页面需要使用的图像素材存放在文件夹 images 下，本实例中使用的图片素材大小均为 120px×108px。

（2）建立网页

在示例文件夹下新建一个名为 10-6.html 的网页。

（3）编写代码

打开新建的网页 10-6.html，编写实现循环滚动图像字幕的程序。代码如下。

```
<html>
<head>
<title>循环展示的家具</title>
</head>
<body>
<table width="500" border="0" align="center">
<tr>
  <td>
  <div id=demo style="overflow: hidden; width: 500px; color: #ffffff; height: 138px">
    <table cellPadding=0 width=100% align=left border=0 cellspace=0>
    <tbody>
    <tr>
<!--------------------demo1--------------------->
    <td id=demo1 vAlign=top>
      <table cellSpacing=1 cellPadding=1>
      <tbody>
      <tr vAlign=top>
```

```
<td vAlign=top noWrap>
  <div align=right>
      <table cellSpacing=0 cellPadding=0 align=center border=0>
        <tbody>
        <tr>
        <td align=middle>
        <table cellSpacing=0 cellPadding=0 width=120 align=center border=0>
        <tbody>
        <tr>
        <td align=middle height=108>
        <a href="#" target=_blank>
        <img width=120 height=108 src="images/01.gif" border=0>
        </a></td></tr>
        <tr>
        <td class=nav1 align=middle height=20>
        <a class=apm2 href="#" target=_blank>玻璃茶几
        </a></td></tr></tbody></table></td>
        <td align=middle>
        <table cellSpacing=0 cellPadding=0 width=120 align=center border=0>
        <tbody>
        <tr>
        <td align=middle height=108>
        <a href="#" target=_blank>
        <img width=120 height=108 src="images/02.gif" border=0>
        </a></td></tr>
        <tr>
        <td class=nav1 align=middle height=20>
        <a class=apm2 href="#" target=_blank>办公转椅
        </a></td></tr></tbody></table></td>
        <td align=middle>
        <table cellspacing=0 cellpadding=0 width=120 align=center border=0>
        <tbody>
        <tr>
        <td align=middle height=108>
        <a href="#" target=_blank>
        <img width=120 height=108 src="images/03.gif" border=0>
        </a></td></tr>
        <tr>
        <td class=nav1 align=middle height=20>
        <a class=apm2 href="#" target=_blank>欧式沙发
        </a></td></tr></tbody></table></td>
        <td align=middle>
        <table cellspacing=0 cellpadding=0 width=120 align=center border=0>
        <tbody>
        <tr>
        <td align=middle height=108>
        <a href="#" target=_blank>
```

```
                        <img width=120 height=108 src="images/04.gif" border=0>
                        </a></td></tr>
                        <tr>
                        <td class=nav1 align=middle height=20>
                        <a class=apm2 href="#" target=_blank>布艺沙发
                        </a></td></tr></tbody></table></td>
                        <td align=middle>
                        <table cellspacing=0 cellpadding=0 width=120 align=center border=0>
                        <tbody>
                        <tr>
                        <td align=middle height=108>
                        <a href="#" target=_blank>
                        <img width=120 height=108 src="images/05.gif" border=0>
                        </a></td></tr>
                        <tr>
                        <td class=nav1 align=middle height=20>
                        <a class=apm2 href="#" target=_blank>时尚沙发
                        </a></td></tr></tbody></table></td>
                        <td align=middle>
                        <table cellspacing=0 cellpadding=0 width=120 align=center border=0>
                        <tbody>
                        <tr>
                        <td align=middle height=108>
                        <a href="#" target=_blank>
                        <img width=120 height=108 src="images/06.gif" border=0>
                        </a></td></tr>
                        <tr>
                        <td class=nav1 align=middle height=20>
                        <a class=apm2 href="#" target=_blank>卧室大床
                        </a></td></tr></tbody></table></td>
                        </tr></tbody></table></div></td></tr></tbody></table></td>
<!------------------demo2---------------------->
                        <td id=demo2 width="0">
                        </td>
                    </tr></tbody></table>
                </div>
<!--------------------demo end------------------>
<script>
  var dir=1                          //每步移动 1px，该值越大，字幕滚动越快
  var speed=20                       //循环周期（ms），该值越大，字幕滚动越慢
  demo2.innerHTML=demo1.innerHTML
  function Marquee(){                //正常移动
    if (dir>0   && (demo2.offsetWidth-demo.scrollLeft)<=0) demo.scrollLeft=0
    if (dir<0 && (demo.scrollLeft<=0)) demo.scrollLeft=demo2.offsetWidth
      demo.scrollLeft+=dir
      demo.onmouseover=function() {clearInterval(MyMar)}                    //暂停移动
      demo.onmouseout=function() {MyMar=setInterval(Marquee,speed)}         //继续移动
  }
```

```
    var MyMar=setInterval(Marquee,speed)
</script>
</td>
</tr>
</table>
</body>
</html>
```

【说明】制作循环滚动字幕的关键在于字幕参数的设置及合适的图像素材，要求如下。

1）滚动字幕代码的第 1 行定义的是字幕 Div 容器，其宽度决定了字幕中能够同时显示的最多图片个数。例如，本例中每张图片的宽度为 120px，设置字幕 Div 的宽度为 500px。这样，在字幕 Div 中最多能显示 4 个完整的图片。字幕所在表格的宽度应当等于字幕 Div 的宽度。例如，设置表格的宽度为 500px，恰好等于字幕 Div 的宽度。

2）字幕 Div 的高度应当大于图片的高度，这是因为在图片下方定义的还有超链接文字，而文字本身也会占用一定的高度。例如，本例中每个图片的高度为 108px，设置字幕 Div 的高度为 138px，这样既可以显示出图片，也可以显示出链接文字。

习题

1）制作幻灯片切换的广告页面，每隔一段时间，广告自动切换到下一幅画面；单击广告下方的数字，将直接切换到相应的画面，页面显示的效果如图 10-10 所示。

图 10-10　题 1 图

2）在网页中显示一个工作中的数字时钟，如图 10-11 所示。

3）文字循环向上滚动，当光标移动到文字上时，文字停止滚动；光标移开则继续滚动，如图 10-12 所示。

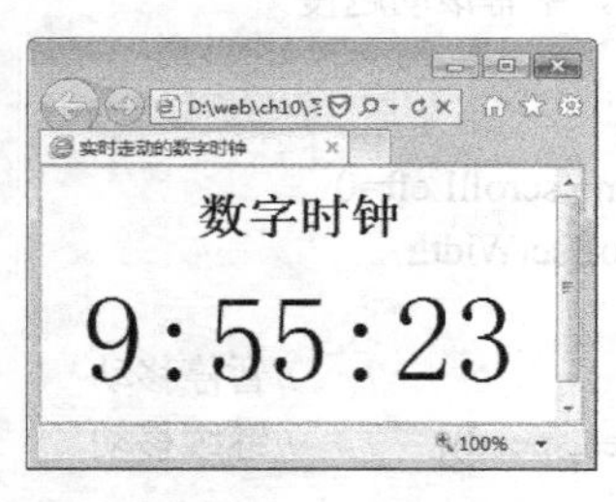

图 10-11　题 2 图

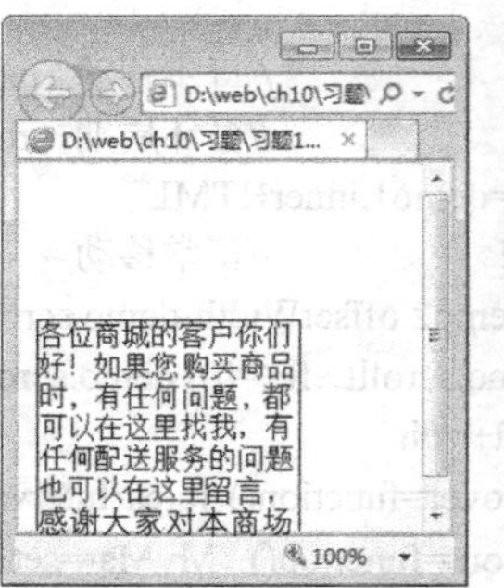

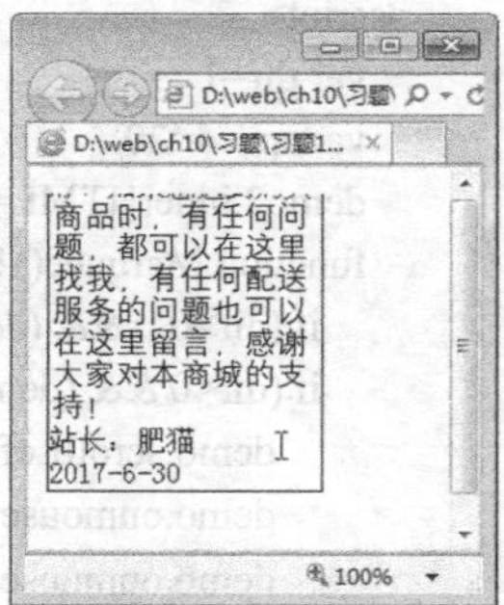

图 10-12　题 3 图

第 11 章　光影世界前台页面

本章主要运用前面章节讲解的各种网页制作技术介绍网站的开发流程，从而进一步巩固网页设计与制作的基本知识。

11.1　网站的开发流程

典型的网站开发流程包括以下几个阶段。

1）规划站点：包括确立站点的策略或目标、确定所面向的用户以及站点的数据需求。

2）网站制作：包括设置网站的开发环境、规划页面设计和布局、创建内容资源等。

3）测试站点：测试页面的链接及网站的兼容性。

4）发布站点：将站点发布到服务器上。

11.1.1　规划站点

建设网站首先要对站点进行规划，规划的范围包括确定网站的服务职能、服务对象、所要表达的内容等，还要考虑站点文件的结构等。

1．规划站点目标

在站点的规划中，最重要的就是“构思”，良好的创意往往比实际的技术更为重要，在这个过程中可以用文档将规划内容记录、修改并完善，因为它直接决定了站点的质量和未来的访问量。在规划站点目标时应确定如下问题。

（1）建站的目的

建立网站的目的要么是增加利润，要么是传播信息或观点，或者二者兼而有之。显然，创建光影世界网站的目的是二者兼而有之。光影世界网站即是摄影爱好者交流的园地，同时也为旅游爱好者提供了参加网络旅游活动的理想途径。光影世界网站正是在这样的业务背景下建立的。

（2）目标用户

不同年龄、爱好的浏览者，对站点的要求是不同的。所以最初的规划阶段，确定目标用户是一个至关重要的步骤。光影世界网站主要针对旅游摄影的消费者，年龄一般以 25~50 岁为主。针对这个年龄阶段的特点，网站提供的功能和服务需符合现代、时尚、便捷的特点。设计整站风格时也需考虑时尚、明快的设计样式，包括整个网站的色彩、Logo、图片设计等。

（3）网站的内容

内容决定一切，内容价值决定了浏览者是否有兴趣继续关注网站。电子商务系统包括的模块很多，除了网站之外，还涉及商品管理、客户管理、订单管理、支付管理、物流管理等诸多方面。

光影世界网站前台页面的主要功能包括：展示风景广告和风景栏目，展示作品欣赏列表和作品明细，展示最近促销活动，展示新闻动态和新闻明细，会员的注册与登录，客服中心的服务宗旨和联系方式，浏览者的留言互动等。

光影世界后台页面的主要功能包括：新闻管理、相册管理、促销管理、新品发布、会员管理、权限管理和系统设置等。

其中，作品明细页和最近活动页在前面的章节已经讲解，本章不再赘述，其余的页面也由于篇幅所限，本书只讲解前台页面的首页、作品欣赏列表页、新闻动态页、新闻明细页和后台页面的登录页、查询新闻页、添加新闻页、修改新闻页。

首页（index.html）：显示网站的 Logo、宣传标语、导航菜单、广告图片、风景系列、摄影常识等信息。

作品欣赏列表页（photo.html）：显示作品展示列表的页面。

新闻动态列表页（news.html）：显示新闻列表的页面。

新闻明细页（newsdetail.html）：显示新闻详细内容的页面。

登录页（login.html）：使用账号登录后台管理程序的页面。

查询新闻页（search.html）：在后台管理页面中查询需要管理的新闻。

添加新闻页（add.html）：在后台管理页面中添加新的新闻。

修改新闻页（update.html）：在后台管理页面中修改已有的新闻。

2．使用合理的文件夹保存文档

若要有效地规划和组织站点，除了规划站点的外观外，就是规划站点的基本结构和文件的位置。一般来说，使用文件夹可以清晰明了地表现文档的结构，所以应该用文件夹来合理构建文档结构。首先为站点建立一个根文件夹（根目录），在其中创建多个子文件夹，然后将文档分门别类存储到相应的文件夹下，如果必要，还可创建多级子文件夹，这样可以避免很多不必要的麻烦。设计合理的站点结构，能够提高工作效率，方便对站点的管理。

文档中不仅有文字，还包含其他任何类型的对象，例如，图像、声音等，这些文档资源不能直接存储在 HTML 文档中，所以更需要注意它们的存放位置。例如，可以在 images 文件夹中放置网页中所用到的各种图像文件，在 upload 文件夹中存放用户上传的图像。

3．使用合理的文件名称

当网站的规模变得很大的时候，使用合理的文件名就显得十分必要，文件名应该容易理解且便于记忆，让人看文件名就能知道网页表述的内容。

许多 Web 服务器使用的是英文操作系统，不能对中文文件名提供很好的支持，并且浏览网站的用户也可能使用英文操作系统，中文文件名可能导致浏览错误或访问失败。如果实在对英文不熟悉，可以采用汉语拼音作为文件名称来使用。

4．本地站点结构与远端站点结构保持相同

为了方便维护和管理，本地站点的结构应该与远端站点结构保持相同，这样在本地站点完成对网页的设计、制作、编辑时，可以与远方站点一一对应，把本地站点上传至 Web 服务器上时，能够保证完整地将站点上传，避免不必要的麻烦。

11.1.2 网站制作

完整的网站制作包括以下两个过程。

1．前台页面制作

当网页设计人员拿到美工效果图以后，编写 HTML、CSS，将效果图转换为*.html 网页，其中包括图片收集、页面布局规划等工作。

2．后台程序开发

后台程序开发包括网站数据库设计、网站和数据库的连接、动态网页编程等。本书主要讲解前台页面的制作，后台程序开发读者可以在动态网站设计的课程中学习。

11.1.3 测试网站

网站测试与传统的软件测试不同，它不但需要检查是否按照设计的要求运行，而且还要测试系统在不同用户端的显示是否合适，最重要的是从最终用户的角度进行安全性和可用性测试。

在把站点上传到服务器之前，要先在本地对其测试。实际上，在站点建设过程中，最好经常对站点进行测试并解决出现的问题，这样可以尽早发现问题并避免重犯错误。在发布站点之前，可以通过运行站点报告来测试整个站点并解决出现的问题。

测试网页主要从以下 3 个方面着手。

1）页面的效果是否美观。

2）页面中的链接是否正确。

3）页面的浏览器兼容性是否良好。

11.1.4 发布站点

当完成了网站的设计、调试、测试和网页制作等工作后，需要把设计好的站点上传到服务器来完成整个网站的发布。可以使用网站发布工具将文件上传到远程 Web 服务器以发布该站点，以及同步本地和远端站点上的文件。

11.2 设计首页布局

熟悉了网站的开发流程后，下面就可以开始制作首页了。制作首页前，用户还需要创建站点目录，搭建整个网站的大致结构。

11.2.1 创建站点目录

在制作各个页面前，用户需要确定整个网站的目录结构，包括创建站点根目录和根目录下的通用目录。

1．创建站点根目录

本书所有章节的案例均建立在 D:\web 下的各个章节目录中。因此，本章讲解的综合案例建立在 D:\web\ch11 目录中，该目录作为站点根目录。

2．根目录下的通用目录

对于中小型网站，一般会创建如下通用的目录结构。

- images 目录：存放网站的所有图片。
- css 目录：存放 CSS 样式文件，实现内容和样式的分离。
- js 目录：存放 JavaScript 脚本文件。
- admin 目录：存放网站后台管理程序。

在 D:\web\ch11 目录中依次建立上述目录，整个网站的目录结构如图 11-1 所示。

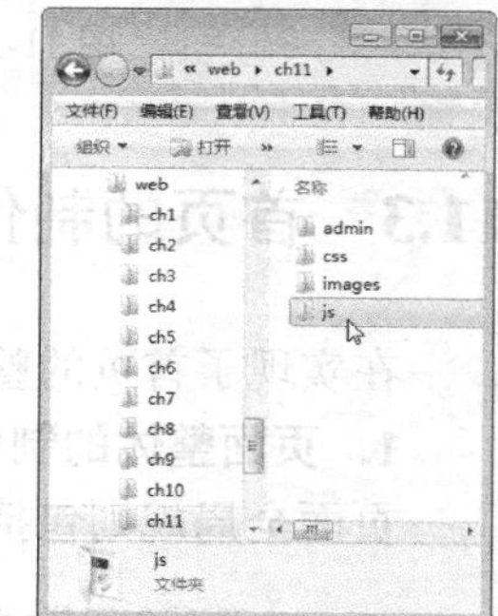

图 11-1 网站目录结构

11.2.2 页面布局规划

网站首页包括网站的Logo、导航、广告图片、最新上传、最近点评、特色美景、田园风光、海天一色、客照展示和版权信息等内容。首页的显示效果如图11-2所示，布局示意图如图11-3所示。

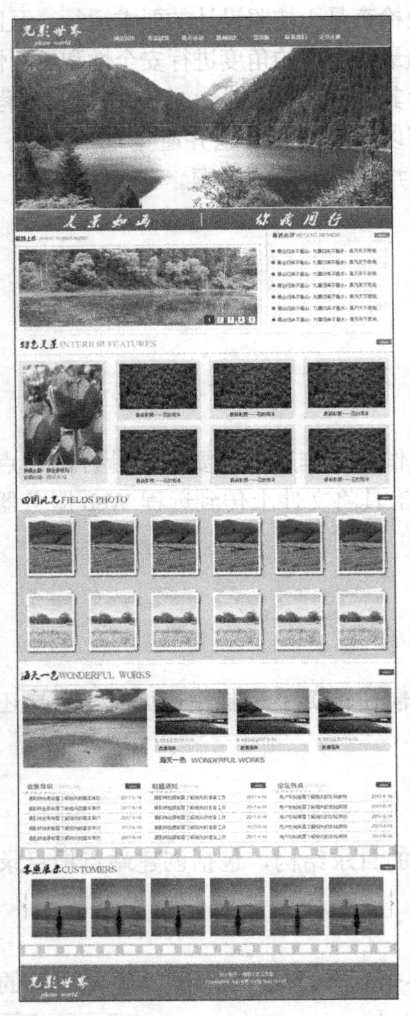

图11-2 首页的效果

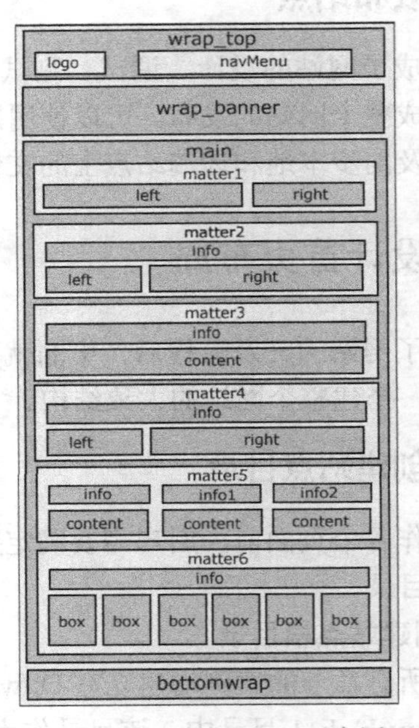

图11-3 首页的布局示意图

11.3 首页的制作

在实现了首页的整体布局后，接下来就要完成光影世界首页的制作。

1．页面整体的制作

页面全局规则包括页面body、图像、超链接的CSS定义，代码如下。

```
/*页面全局样式*/
```

```
body {
        font-family:arial;
        font-size:12px;                /*文字大小为 12px*/
        padding:0px;                   /*内边距为 0px*/
        margin:0px;                    /*外边距为 0px*/
        background:#f8f8f8;            /*浅灰色背景*/
}
a{
        text-decoration:none;          /*链接无修饰*/
}
img{
        border:none;                   /*图像无边框*/
}
ul ,li{                                /*设置列表和列表选项的样式*/
        list-style-type:none;          /*不显示项目符号*/
        padding:0px;
        margin:0px;
}
```

2．页面顶部的制作

页面顶部的内容放置在名为 wrap_top 的 Div 容器中，主要用来显示网站 Logo 和导航菜单，如图 11-4 所示。

图 11-4　页面顶部的布局效果

CSS 代码如下。

```
/*---------页面顶部区域---------*/
.wrap_top{                             /*设置菜单容器的样式*/
        width:100%;                    /*宽度为浏览器宽度的 100%*/
        height:80px;
}
.top{
        width:1000px;                  /*页面顶部区域宽度为 1000px*/
        background-color:#1693ff;      /*蓝色背景*/
        margin:auto;
        overflow:hidden;               /*溢出隐藏*/
}
.logo{                                 /*设置网站标志样式*/
        float:left;                    /*向左浮动*/
        padding-top:5px;               /*上内边距 5px*/
}
#navMenu {                             /*设置导航条容器样式*/
        width:750px;                   /*导航条宽度为 750px*/
        height:34px;
        line-height:34px;              /*行高等于高度，文字垂直方向居中对齐*/
```

```
        display:block;                    /*块级元素*/
        overflow:hidden;
        float:right;                      /*向右浮动*/
        margin-top:40px;                  /*上外边距为 40px*/
    }
    .menu1,.menu1 ul {                    /*设置菜单及列表的样式*/
        padding:0px;
        margin:0px;
        list-style-type: none;            /*不显示项目符号*/
    }
    .menu1 li {                           /*设置菜单项的样式*/
        height:34px;
        line-height:34px;                 /*行高等于高度，文字垂直方向居中对齐*/
        float:left;                       /*向左浮动*/
        padding:0px;
        margin: 0px;
        margin-left: -2px;
    }
    .menu1 a{                             /*设置菜单项未访问链接的样式*/
        display: block;                   /*块级元素*/
        font-size:14px;
        margin:0px;
        width:93px;
        color:#fff;                       /*白色文字*/
        font-weight:bold;                 /*字体加粗*/
        text-align:center;                /*文字水平居中对齐*/
    }
    .menu1 a:hover {                      /*设置菜单项鼠标悬停链接的样式*/
        color:#ffff15;                    /*黄色文字*/
    }
```

3．广告图片区域的制作

广告图片区域的内容放置在名为 wrap_banner 的 Div 容器中，主要用来醒目地显示网站的广告图片。该区域的布局比较简单，由上方的主广告条图片和下方的副广告条图片组成，如图 11-5 所示。

图 11-5　广告图片区域的布局效果

CSS 代码如下。

```
    /*---------广告图片区域---------*/
    .wrap_banner{                 /*广告容器的样式*/
        width:100%;               /*宽度为100%显示*/
        height:497px;
        margin-top:5px;           /*上外边距 5px*/
    }
    .banner{                      /*主广告条的样式*/
        background:url(../images/banner.jpg) no-repeat; /*背景图像不重复*/
        margin:auto;
```

```
        width:1000px;
        height:439px;
    }
    .ad1{                                    /*副广告条的样式*/
        background:url(../images/ad.jpg) no-repeat;     /*背景图像不重复*/
        width:1000px;
        height:58px;
        margin:auto;
    }
```

4．第一栏目区域的制作

本页面中，广告图片下方的栏目为第一栏目，放置在名为 matter1 的 Div 容器中，用来显示最新上传图片和最近点评信息，如图 11-6 所示。

图 11-6　第一栏目区域的布局效果

CSS 代码如下。

```
    /*第一栏目样式*/
    .matter1{                          /*第一栏目容器的样式*/
        width:100%;
        margin:auto;
        overflow:hidden;
        margin-top:6px;                /*上外边距 6px*/
    }
    .matter1 .left{                    /*左侧“最新上传”区域样式*/
        width:650px;
        float:left;                    /*向左浮动*/
    }
    .matter1 .left .info{              /*左侧最新上传标题样式*/
        font-size:14px;
        font-weight:bold;              /*字体加粗*/
        height:30px;
        line-height:30px;              /*行高等于高度，文字垂直方向居中对齐*/
    }
    .matter1 .left .info span{         /*左侧最新上传副标题样式*/
        color:#888886;
        font-weight:normal;            /*字体正常粗细*/
        font-size:12px;
        font-family:Arial;
```

```
}
.slider{                        /* 幻灯片广告样式 */
    margin:5px auto;            /*上、下外边距 5px，水平居中对齐*/
    width:650px;
    height:228px;
    border:1px solid #ccc;
    position:relative;
    overflow:hidden;
}
.conbox{                        /* 播放面板样式 */
    position:absolute;
    padding:8px 8px 8px 8px;    /*内边距 8px*/
}
.switcher{                      /*幻灯片切换数字的样式*/
    position:absolute;
    bottom:10px;
    right:10px;
    float:right;                /*向右浮动*/
    z-index:99;                 /*堆叠顺序在最上方*/
}
.switcher a{                    /*幻灯片切换数字链接的样式*/
    background:#fff;
    border:1px solid #D00000;   /*1px 实线红色边框*/
    cursor:pointer;
    float:left;                 /*向左浮动*/
    font-family:arial;
    height:18px;
    line-height:18px;
    width:18px;
    margin:4px;
    text-align:center;          /*文本水平居中对齐*/
    color:#D00000;              /*红色文字*/
}
.switcher a.cur,.switcher a:hover{  /*幻灯片切换数字悬停链接的样式*/
    background:#FF0000;
    border:1px solid #D00000;   /*1px 实线红色边框*/
    height:24px;
    line-height:24px;
    width:24px;
    margin:0 2px;               /*上、下外边距 0px，左、右外边距 2px*/
    color:#fff;                 /*白色文字*/
    font-weight:800;            /*字体加粗*/
}
.matter1 .right{                /*右侧“最近点评”区域样式*/
    width: 335px;
    float: right;               /*向右浮动*/
```

```
        background-image: url(../images/img_1.jpg);     /*背景图像*/
        background-repeat: no-repeat;                    /*背景图像不重复*/
        background-position: left;                       /*背景图像左对齐*/
        height:262px;
}
.matter1 .right .info{                    /*右侧最近点评标题样式*/
        background:url(../images/recent.jpg) no-repeat; /*背景图像不重复*/
        width:314px;
        height:30px;
        margin-left:15px;                 /*左外边距 15px*/
}
.matter1 .right .info .more{              /*右侧最近点评"更多"图标的样式*/
        background:#888886;
        width:40px;
        height:15px;
        float:right;                      /*向右浮动*/
        text-align:center;                /*文本水平居中对齐*/
        margin-top:5px;                   /*上外边距 5px*/
}
.matter1 .right .info .more a{            /*右侧最近点评"更多"链接的样式*/
        color:#fff;                       /*白色文字*/
        font-size:8px;                    /*字体大小为 8px*/
}
.matter1 .right .content{                 /*右侧"最近点评"内容的样式*/
        margin-left:15px;                 /*左外边距 15px*/
        padding-top:10px;                 /*上内边距 10px*/
}
.matter1 .right .content li{              /*右侧"最近点评"内容列表项的样式*/
        background:url(../images/img_5.jpg) no-repeat; /*背景图像不重复*/
        background-position: left;                     /*背景图像左对齐*/
        height:30px;
        line-height:30px;
        border-bottom:1px dashed #dbdbdb;              /*底部为 1px 灰色虚线边框*/
        width:300px;
        white-space:nowrap;               /*文本不换行*/
        overflow:hidden;                  /*溢出隐藏*/
        text-overflow:ellipsis;           /*截断文字并显示省略号*/
        padding-left:15px;                /*左内边距 15px*/
}
.matter1 .right .content li a{            /*右侧"最近点评"内容列表项链接的样式*/
        color:#333;                       /*深灰色文字*/
}
```

5. 特色美景栏目的制作

本页面中，特色美景栏目放置在名为 matter2 的 Div 容器中，该栏目由左侧的拍摄主题和右侧的最新影展两个区域组成，如图 11-7 所示。

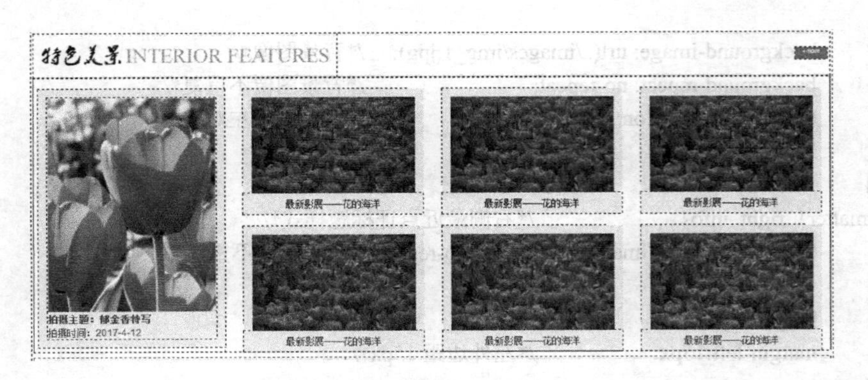

图 11-7　特色美景栏目的布局效果

CSS 代码如下。

```
/*特色美景栏目样式*/
.matter2{                          /*特色美景栏目容器的样式*/
    width:100%;
    margin:auto;
    margin-top:6px;
}
.matter2 .info{                    /*特色美景栏目上部区域的样式*/
    background:url(../images/img_6.jpg) repeat-x; /*背景图像水平重复*/
    width:100%;
    height:57px;
    overflow:hidden;               /*溢出隐藏*/
}
.matter2 .title{                   /*特色美景栏目上部标题的样式*/
    background:url(../images/features.jpg) no-repeat; /*背景图像不重复*/
    width:381px;
    height:57px;
    float:left;                    /*向左浮动*/
}
.matter2 .more{                    /*特色美景栏目“更多”图标的样式*/
    background:#168eff;
    width:40px;
    height:15px;
    float:right;                   /*向右浮动*/
    text-align:center;             /*文本水平居中对齐*/
    margin-top:20px;               /*上外边距 20px*/
    margin-right:3px;              /*右外边距 3px*/
}
.matter2 .more a{                  /*特色美景栏目“更多”图标链接的样式*/
    color:#fff;
    font-size:8px;
}
.matter2 .content{                 /*特色美景栏目内容区域的样式*/
    width:100%;
    overflow:hidden;               /*溢出隐藏*/
```

```
}
.matter2 .left{                    /*特色美景栏目内容左侧区域的样式*/
    float:left;                    /*向左浮动*/
    background:#e8e6eb;
    padding:11px;                  /*内边距 11px*/
    margin-top:15px;               /*上外边距 15px*/
    margin-left:6px;               /*左外边距 6px*/
}
.matter2 .content .left .tp1{      /*特色美景栏目内容左侧图片容器的样式*/
    width:210px;
    height:274px;
    background:#fff;
    border:1px solid #e8e6eb;      /*1px 灰色实线边框*/
    display: table-cell;           /*元素以表格单元格的形式呈现*/
    vertical-align:middle;         /*垂直居中对齐*/
    text-align:center;             /*文本水平居中对齐*/
}
.matter2 .content .left .tp1 img{  /*特色美景栏目内容左侧图片的样式*/
    vertical-align:middle;         /*垂直居中对齐*/
}
.matter2 .content .left .biaoti{   /*特色美景栏目内容左侧图片下方标题的样式*/
    color:#333;                    /*深灰色文字*/
    line-height:18px;
    margin-top:5px;                /*上外边距 5px*/
}
.matter2 .right{                   /*特色美景栏目内容右侧区域的样式*/
    float:right;                   /*向右浮动*/
    width:760px;
}
.matter2 .content .right .prod{    /*特色美景栏目内容右侧单个图像外层容器的样式*/
    width:227px;
    float:left;                    /*向左浮动*/
    margin:15px 0px 0px 23px;
    display:inline;                /*行级元素*/
    background:#e8e6eb;            /*灰色背景*/
}
.matter2 .content .right .prod .tip{  /*特色美景栏目内容右侧单个图像内层容器的样式*/
    width:205px;
    height:125px;
    display: table-cell;           /*元素以表格单元格的形式呈现*/
    vertical-align:middle;         /*垂直居中对齐*/
    text-align:center;             /*文本水平居中对齐*/
    background:#e8e6eb;            /*灰色背景*/
}
.matter2 .content .right .prod .tip img{   /*特色美景栏目内容右侧单个图像的样式*/
    border:11px solid #e8e6eb;             /*11px 灰色实线边框*/
    border-bottom:none;                    /*底部无边框*/
}
```

```
.matter2 .content .right .prod .scrt{  /*特色美景栏目内容右侧单个图像下方文字的样式*/
    width:206px;
    text-align:center;              /*文本水平居中对齐*/
    white-space:nowrap;             /*文本不换行*/
    overflow:hidden;                /*溢出隐藏*/
    text-overflow:ellipsis;         /*截断文字并显示省略号*/
    padding:0px 10px;               /*上、下内边距 0px，左右内边距 10px*/
    line-height:27px;
    height:27px;
}
.matter2 .content .right .prod .scrt a{      /*图像下方文字链接的样式*/
    color:#201f1f;                           /*灰色文字*/
}
.matter2 .content .right .prod .scrt a:hover{/*图像下方文字悬停链接的样式*/
    color:#ff6600;                           /*橘红色文字*/
}
```

6．田园风光栏目的制作

本页面中，田园风光栏目放置在名为 matter3 的 Div 容器中，该栏目由上、下两行田园风光图片组成，如图 11-8 所示。

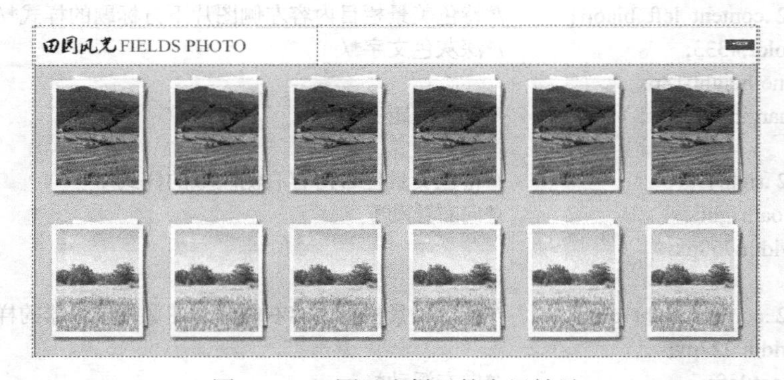

图 11-8　田园风光栏目的布局效果

需要说明的是，首页中 6 个栏目的布局有很大的相似性，这里只给出布局效果图，不再一一讲解其余栏目的 CSS 样式，读者可以参考素材文件中完整的 CSS 代码。

7．海天一色栏目的制作

本页面中，田园风光栏目放置在名为 matter4 的 Div 容器中，该栏目由左侧的海天一色大图和右侧的浪漫海岸小图两个区域组成，如图 11-9 所示。

图 11-9　海天一色栏目的布局效果

8．摄影常识栏目的制作

本页面中，摄影常识栏目放置在名为 matter5 的 Div 容器中，该栏目由左侧的“选景常识”、中间的“拍摄须知”和右侧的“论坛热点”3 个区域组成，如图 11-10 所示。

图 11-10　摄影常识栏目的布局效果

9．客照展示栏目的制作

本页面中，客照展示栏目放置在名为 matter6 的 Div 容器中，该栏目由一系列横向排列的客户自拍照片组成，如图 11-11 所示。

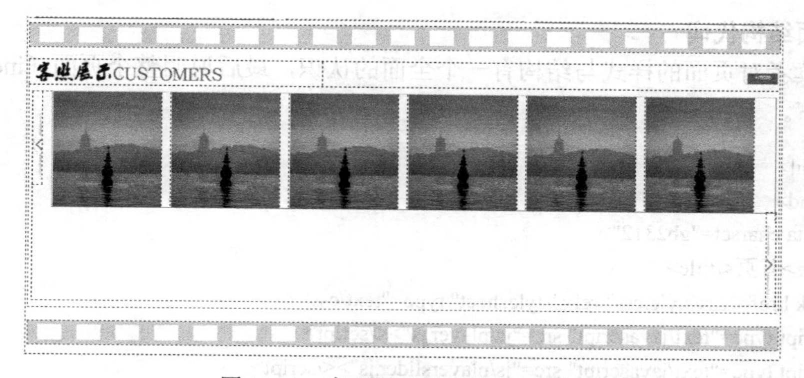

图 11-11　客照展示栏目的布局效果

10．页面底部版权区域的制作

页面底部版权区域的内容放置在名为 bottomwrap 的 Div 容器中，用来显示版权信息，如图 11-12 所示。

图 11-12　页面底部版权区域的布局效果

CSS 代码如下。

```
.bottomwrap{                        /*页面底部版权区域*/
    background:url(../images/img_21.jpg) repeat-x; /*背景图像水平重复*/
    width:1000px;
    height:100px;
    margin:10px auto 0 auto;        /*上外边距 10px，下外边距 0px，左右水平居中对齐*/
}
.bottom{                            /*底部区域区域*/
    width:1000px;
    margin:auto;
    overflow:hidden;                /*溢出隐藏*/
```

```
    padding-top:20px;              /*上内边距 20px*/
}
.bottom .logo1{                    /*底部区域站标样式*/
    background:url(../images/logo.jpg) no-repeat; /*背景图像不重复*/
    width:200px;
    height:74px;
    float:left;                    /*向左浮动*/
}
.bottom .wenzi{                    /*底部区域文字样式*/
    width:100%;
    text-align:center;             /*文本水平居中对齐*/
    line-height:20px;
    color:#fff;                    /*白色文字*/
}
```

11．页面结构代码

为了使读者对页面的样式与结构有一个全面的认识，最后说明整个页面（index.html）的结构代码如下。

```
<html>
<head>
<meta charset="gb2312">
<title>首页</title>
<link href="css/style.css" rel="stylesheet" type="text/css" />
<script type="text/javascript" src="js/player.js"></script>
<script type="text/javascript" src="js/playerslider.js"></script>
<script type="text/javascript">
$(document).ready(function(){
    $("#slider1").Xslider({         // 焦点图片水平滚动
        affect: 'scrollx',          //效果有 scrollx|scrolly|fade|none
        speed: 800,                 //动画速度
        space: 6000,                //时间间隔
        auto: true,                 //自动滚动
        trigger: 'mouseover',       //触发事件 注意用 mouseover 代替 hover
        conbox: '.conbox',          //内容容器 id 或 class
        ctag: 'div',                //内容标签 默认为<a>
        switcher: '.switcher',      //切换触发器 id 或 class
        stag: 'a',                  //切换器标签 默认为 a
        current:'cur',              //当前切换器样式名称
        rand:false                  //是否随机指定默认幻灯图片
    });
    $("#slider2").Xslider({         // 焦点图片垂直滚动
        affect:'scrolly',
        ctag: 'div',
        speed:400
    });
```

```
        $("#slider3").Xslider({          // 焦点图片淡隐淡现
                affect:'fade',
                ctag: 'div'
        });
        $("#slider4").Xslider({          // 选项卡
                affect:'none',
                ctag: 'div',
                speed:10
        });
});
</script>
</head>
<body>
  <div class="wrap_top">
    <div class="top">
      <div class="logo">
        <a href="#"><img src="images/logo.jpg" width="200" height="74" /></a>
      </div>
      <div id="navMenu">
        <ul class="menu1">
          <li><a href="index.html">网站首页</a></li>
          <li><a href="photo.html">作品欣赏</a></li>
          <li><a href="activity.html">最近活动</a></li>
          <li><a href="news.html">新闻动态</a></li>
          <li><a href="message.html">留言板</a></li>
          <li><a href="contact.html">联系我们</a></li>
          <li><a href="register.html">会员注册</a></li>
        </ul>
      </div>
    </div>
  </div>
  <div class="wrap_banner">
    <div class="banner"></div>
    <div class="ad1"></div>
  </div>
  <div class="main">
    <div class="matter1">
      <div class="left">
        <div class="info">最新上传 <SPAN>JATEST SUBMISSIONS</SPAN></div>
        <div id="slider3" class="slider">
          <div class="conbox">
            <div>
              <a href="#"><img src="images/image_1.jpg" width="632" height="210" /></a>
            </div>
            ……（其余 4 张幻灯播放图片的定义代码类似，此处省略）
```

```
            </div>
            <div class="switcher">
              <a href="#" class="cur">1</a>
              <a href="#">2</a>
              <a href="#">3</a>
              <a href="#">4</a>
              <a href="#">5</a>
            </div>
          </div>
        </div>
        <div class="right">
          <div class="info"><div class="more"><a href="#">+more</a></div></div>
          <div class="content">
            <ul>
              <li><a href="#">黄山归来不看山，九寨归来不看水，真乃天下奇观...</a></li>
              ……（其余 6 个超链接的定义代码类似，此处省略）
            </ul>
          </div>
        </div>
      </div>
      <div class="matter2">
        <div class="info">
          <div class="title"></div>
          <div class="more"><a href="#">+more</a></div>
        </div>
        <div class="content">
          <div class="left">
            <div class="tp1"><img src="images/tulip.jpg"/></div>
            <div class="biaoti"><strong>拍摄主题：郁金香特写</strong><br />
                                        拍摄时间：2017-4-12

            </div>
          </div>
          <div class="right">
            <div class="prod">
              <div class="tip"><a href="#"><img src="images/flower.jpg"></a></div>
              <div class="scrt"><a href="#">最新影展——花的海洋</a></div>
            </div>
              ……（其余 5 张图片的定义代码类似，此处省略）
          </div>
        </div>
      </div>
      <div class="matter3">
        <div class="info">
          <div class="title"></div>
          <div class="more"><a href="#">+more</a></div>
```

```
        </div>
        <div class="content">
          <div  class="tp2"><a  href="photodetail.html"><img  src="images/fields.jpg"  width="115"
height="146" /></a></div>
              ……（其余 11 张图片的定义代码类似，此处省略）
        </div>
      </div>
      <div class="matter4">
        <div class="info">
          <div class="title"></div>
          <div class="more"><a href="#">+more</a></div>
        </div>
        <div class="content">
          <div class="left">
            <a href="#"><img src="images/sea.jpg" width="330" height="218" /></a>
          </div>
          <div class="right">
            <div class="ghtr">
              <div class="tp3">
                <div class="sbr">
                  <a href="#"><img src="images/outdoor.jpg" width="193" height="128" /></a>
                </div>
                <div class="jiy">发布时间:2017-5-15</div>
                <div class="dfr">浪漫海岸</div>
              </div>
              ……（其余 2 张图片的定义代码类似，此处省略）
            </div>
            <div class="sbzl"><img src="images/wonder_1.jpg" width="620" height="44" /></div>
          </div>
        </div>
      </div>
      <div class="matter5">
        <div class="news">
          <div class="info">
            <div class="title"></div>
            <div class="more"><a href="#">+more</a></div>
          </div>
          <div class="content">
            <ul>
              <li><div  class="time">2017-5-16</div><a  href="#"  class="newslist_time"  title="#">摄
影师选景前需了解相关的基本常识</a></li>
              ……（其余 4 个超链接的定义代码类似，此处省略）
            </ul>
          </div>
        </div>
        <div class="news">
          <div class="info1">
            <div class="title"></div>
```

```
        <div class="more"><a href="#">+more</a></div>
      </div>
      <div class="content">
        <ul>
          <li><div class="time">2017-5-16</div><a href="#" class="newslist_time" title="#">摄影师拍摄前需了解相关的准备工作</a></li>
          ……（其余 4 个超链接的定义代码类似，此处省略）
        </ul>
      </div>
    </div>
    <div class="news">
      <div class="info2">
        <div class="title"></div>
        <div class="more"><a href="#">+more</a></div>
      </div>
      <div class="content">
        <ul>
          <li><div class="time">2017-5-16</div><a href="#" class="newslist_time" title="#">用户发帖前需了解相关的发帖原则</a></li>
          ……（其余 4 个超链接的定义代码类似，此处省略）
        </ul>
      </div>
    </div>
  </div>
  <div class="ad3"></div>
  <div class="matter6">
    <div class="info">
      <div class="title"></div>
      <div class="more"><a href="#">+more</a></div>
    </div>
    <div class="content">
      <div class="leftbotton">
        <a href="#"><img src="images/left.jpg" width="12" height="114" /></a>
      </div>
      <div class="cont" id="turnroll" style="position:relative;overflow:hidden;height:160px;">
        <div class="film">
          <div class="box">
            <a href="#"><img src="images/custom.jpg" width="144" height="185" /></a>
            <a href="#">室内摄影</a>
          </div>
          ……（其余 5 张图片的定义代码类似，此处省略）
        </div>
      </div>
      <div class="rightbotton">
        <a href="#"><img src="images/right.jpg" width="12" height="113" /></a>
      </div>
    </div>
  </div>
```

```
            <div class="ad3"></div>
        </div>
        <div class="bottomwrap">
            <div class="bottom">
                <div class="logo1"></div>
                <div class="wenzi">设计制作：海阔天空工作室<br/>Copyright &copy; 光影世界 ICP 备10011111 号</div>
            </div>
        </div>
    </body>
</html>
```

至此，光影世界首页制作完毕，读者可以在此基础上根据自己的喜好修改相关的CSS规则，进一步美化页面。

11.4 制作作品欣赏列表页

首页完成以后，其他页面在制作时就有章可循，相同的样式和结构可以复用，所以在实现其他页面的实际工作量会大大小于首页制作。

作品欣赏列表页用于展示客户上传的作品，页面效果如图 11-13 所示，布局示意图如图 11-14 所示。

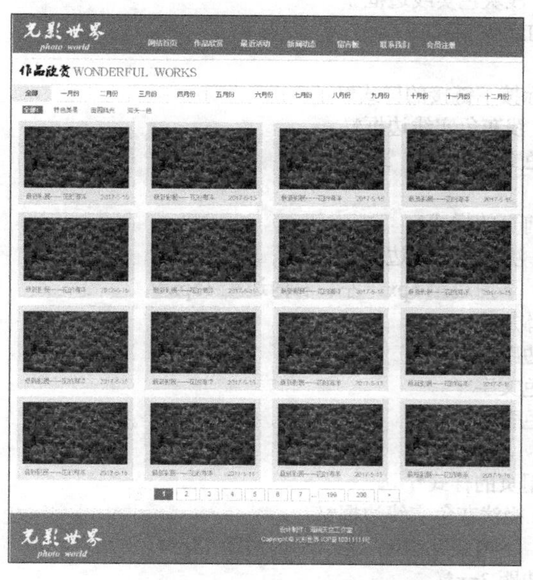

图 11-13 作品欣赏列表页的效果

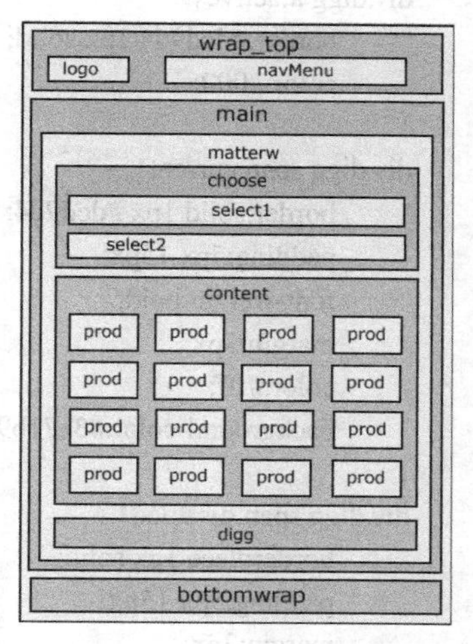

图 11-14 布局示意图

列表页的布局与首页有极大的相似之处，例如网站的 Logo、导航、版权区域等，风景图文列表的实现在第 8 章的综合案例中已经讲解，这里不再赘述，而是重点讲解如何实现位于页面底部的列表翻页效果，其放大图如图 11-15 所示。

图 11-15 列表翻页效果

制作过程如下。

1．新建页面

在站点根目录下新建作品欣赏列表页 photo.html。

2．添加 CSS 规则

打开网站 css 目录下的样式表文件 style.css，在首页的样式之后添加翻页效果的 CSS 规则。代码如下。

```
/*分页样式*/
div.digg{                          /*分页容器的样式*/
        padding:10px;              /*内边距 10px*/
        margin:10px 3px;           /*上、下外边距 10px，左、右外边距 3px*/
        text-align:center;         /*文本水平居中对齐*/
}
div.digg a{                        /*分页链接的样式*/
        border:#ccc 1px solid;     /*1px 灰色实线边框*/
        padding:5px 15px;          /*上、下内边距 5px，左、右内边距 15px*/
        margin:3px;                /*外边距 3px*/
        color:#3e71b9;
        text-decoration:none;      /*链接无修饰*/
}
div.digg a:hover{                  /*悬停链接的样式*/
        border:#dcd9d4 1px solid;  /*1px 浅灰色实线边框*/
        color:#ff6600;             /*橘红色文字*/
}
div.digg a:active{                 /*鼠标按下链接的样式*/
        border:#dcd9d4 1px solid;  /*1px 浅灰色实线边框*/
        color:#000;                /*黑色文字*/
}
div.digg span.current{             /*当前页的样式*/
        border:solid 1px #dcd9d4;  /*1px 浅灰色实线边框*/
        padding:5px 15px;          /*上、下内边距 5px，左、右内边距 15px*/
        font-weight:bold;          /*字体加粗*/
        margin:3px;                /*外边距 3px*/
        color:#fff;                /*白色文字*/
        background-color:#3e71b9;  /*蓝色背景*/
}
div.digg span.disabled{            /*禁用页的样式*/
        border:#eee 1px solid;     /*1px 极浅灰色实线边框*/
        padding:5px 15px;          /*上、下内边距 5px，左、右内边距 15px*/
        margin:3px;                /*外边距 3px*/
        color:#ddd;                /*浅灰色文字*/
}
```

3．定义页面结构代码

实现列表翻页效果的网页结构代码如下。

```
<div class="digg">
   <span class="disabled"> < </span>
```

```
    <span class="current">1</span>
    <a href="#?page=2">2</a>
    <a href="#?page=3">3</a>
    <a href="#?page=4">4</a>
    <a href="#?page=5">5</a>
    <a href="#?page=6">6</a>
    <a href="#?page=7">7</a>...
    <a href="#?page=199">199</a>
    <a href="#?page=200">200</a>
    <a href="#?page=2">> </a>
</div>
```

【说明】

1）如果当前页的页数为“1”时，则其结构代码中不再为文字“1”设置超链接，因而当前页看不到鼠标链接的手形。同时，当前页的数字要区别于其他数字的样式，这里单独为其定义了 div.digg span.current 样式。

2）如果当前页的页数为“1”时，则其左侧的上一页链接将不能使用，因而上一页链接的结构代码中也没有为其设置超链接，并且单独为其定义了 div.digg span.disabled 样式。

11.5　制作新闻动态列表页

新闻动态列表页用于展示网站最新发布的新闻，包括左侧的新闻分类列表、客户服务信息和右侧的新闻中心，页面效果如图 11-16 所示，布局示意图如图 11-17 所示。

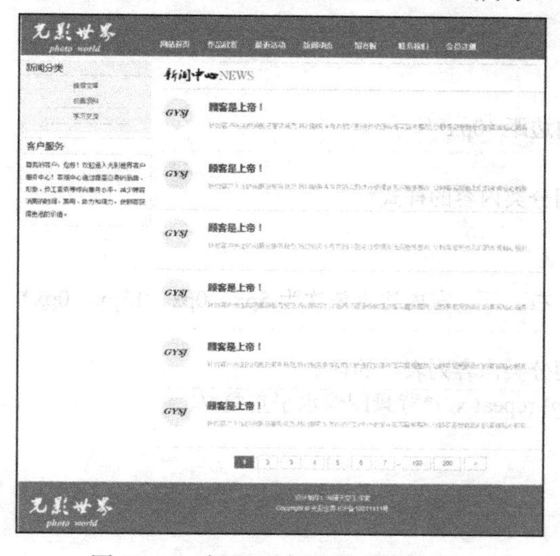

图 11-16　新闻动态列表页的效果

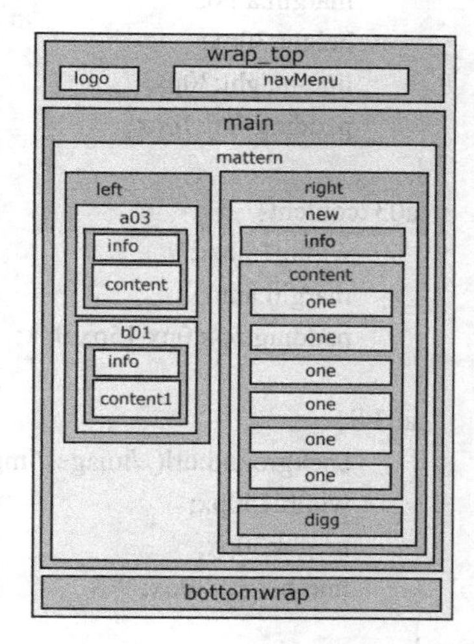

图 11-17　布局示意图

新闻动态列表页的布局与作品欣赏列表页有极大的相似之处，例如网站的 Logo、导航、分页、版权区域等，这里不再赘述，而是重点讲解页面内容区域的 CSS 布局和结构代码。

制作过程如下。

1．新建页面

在站点根目录下新建新闻动态列表页 news.html。

2．添加 CSS 规则

打开网站 css 目录下的样式表文件 style.css，在作品欣赏列表页的样式之后添加新闻动态列表页的 CSS 规则。代码如下。

```
/*----------新闻动态列表页样式------------*/
.main .mattern{                  /*新闻列表容器的样式*/
    width:1000px;
    margin:auto;
    margin-top:6px;              /*上外边距 6px*/
    overflow:hidden;
}
.mattern .left{                  /*左侧区域的样式*/
    float:left;                  /*向左浮动*/
    width:250px;
}
.a03{                            /*左侧区域新闻分类的样式*/
    width:250px;
    background:#ececec;          /*浅灰色背景*/
    margin-bottom:10px;          /*下外边距 10px*/
}
.a03 .info{                      /*新闻分类标题的样式*/
    color:#000000;
    font:18px/1.4 'Microsoft Yahei','黑体',Tahoma,Helvetica,arial,sans-serif;
    border-bottom:1px dashed #cccccc; /*1px 浅灰色虚线边框*/
    width:240px;
    margin:auto;
    height:30px;
    line-height:30px;
    padding-left:10px;           /*左内边距 10px*/
}
.a03 .content{                   /*新闻分类内容的样式*/
    width:150px;
    margin:auto;
    padding:5px 0px 15px 0px;    /*上、右、下、左内边距依次为 5px、0px、15px、0px*/
}
.a03 li{                         /*新闻分类内容列表项的样式*/
    background:url(../images/img_24.jpg) repeat-x; /*背景图像水平重复*/
    width:150px;
    height:30px;
    line-height:30px;
}
.a03 li a{                       /*新闻分类内容超链接的样式*/
    color:#505050;               /*深灰色文字*/
    display:block;               /*块级元素*/
    text-align:center;           /*文本水平居中对齐*/
}
.a03 li a:hover{                 /*新闻分类内容悬停链接的样式*/
    width:150px;
```

```
    color:#ff6600;              /*橘红色文字*/
}
.b01{                           /*左侧区域客户服务的样式*/
    width:248px;
    border:1px solid #d4d4d4;   /*1px 浅灰色实线边框*/
    margin-bottom:8px;          /*下外边距 8px*/
}
.b01 .info{                     /*客户服务标题的样式*/
    color:#000000;
    font:18px/1.4 'Microsoft Yahei','黑体',Tahoma,Helvetica,arial,sans-serif;
    border-bottom:1px dashed #cccccc; /*1px 浅灰色虚线边框*/
    width:240px;
    margin:auto;
    height:30px;
    line-height:30px;
    padding-left:10px;          /*左内边距 10px*/
}
.b01 .content1{                 /*客户服务内容的样式*/
    padding:10px;               /*内边距 10px*/
    color:#333333;              /*深灰色文字*/
    line-height:24px;
}
.red{                           /*客户服务内容行首文字的样式*/
    color:#F00;                 /*红色文字*/
}
.mattern .right{                /*右侧区域的样式*/
    width:740px;
    float:right;                /*向右浮动*/
}
.new{                           /*右侧新闻中心的样式*/
    width:740px;
}
.new .info{                     /*新闻中心顶部的样式*/
    background:url(../images/img_6.jpg) repeat-x; /*背景图像水平重复*/
    width:100%;
    height:57px;
}
.new .title{                    /*新闻中心标题的样式*/
    background:url(../images/newscenter.jpg) no-repeat; /*背景图像不重复*/
    width:267px;
    height:57px;
}
.one{                           /*新闻中心每条新闻摘要的样式*/
    background-image:url(../images/news.jpg); /*背景图像*/
    background-repeat:no-repeat; /*背景图像不重复*/
    background-position: left;  /*背景图像左对齐*/
    width:740px;
    height:116px;
```

```
    border-bottom:1px solid #dbdbdb; /*底部边框为 1px 浅灰色实线边框*/
    padding-right:10px;             /*右内边距为 10px*/
}
.one h2{                            /*新闻中心标题的样式*/
    font:18px/1.4 'Microsoft Yahei','黑体',Tahoma,Helvetica,arial,sans-serif;
    font-weight:bold;               /*字体加粗*/
    padding:18px 0px 0px 100px; /*上、右、下、左内边距依次为 18px、0px、0px、100px*/
    margin:0px;                     /*外边距为 0px*/
    height:30px;
    line-height:30px;
    overflow:hidden;
}
.one h2 a{                          /*新闻中心标题链接的样式*/
    color:#333;                     /*深灰色文字*/
}
.one p{                             /*新闻中心段落文字的样式*/
    line-height:18px;
    padding-left:100px;             /*左内边距为 100px*/
    color:#a6a6a6;                  /*浅灰色文字*/
    height:36px;
    overflow:hidden;
}
```

3．定义页面结构代码

新闻动态列表页内容区域的页面结构代码如下。

```
<div class="main">
  <div class="mattern">
    <div class="left">
      <div class="a03">
        <div class="info">新闻分类</div>
        <div class="content">
          <ul>
            <li><a href="#">婚嫁宝库</a></li>
            <li><a href="#">拍摄须知</a></li>
            <li><a href="#">学习交流</a></li>
          </ul>
        </div>
      </div>
      <div class="b01">
        <div class="info">客户服务</div>
        <div class="content1">
          <span class="red">尊贵的客户</span>，您好！欢迎进入……（此处省略文字）
        </div>
      </div>
    </div>
    <div class="right">
      <div class="new">
        <div class="info">
```

```
                <div class="title"></div>
            </div>
            <div class="content">
                <div class="one">
                    <h2><a href="newsdetail.html">顾客是上帝！</a></h2>
                    <p>针对客户关注的问题及服务规范,将对服务……（此处省略文字）</p>
                </div>
                    ……（其余 5 条新闻的定义代码类似，此处省略）
            </div>
            <div class="digg">
                <span class="disabled"> < </span>
                <span class="current">1</span>
                <a href="#?page=2">2</a>
                    ……（其余 8 处分页的定义代码类似，此处省略）
            </div>
        </div>
      </div>
    </div>
</div>
```

【说明】 本页面中使用了左、右容器布局新闻分类列表和新闻列表区域，这种方法很适用于布局类似新闻发布、产品说明、图文教程之类的页面。

11.6 制作新闻明细页

当浏览者单击新闻列表页中的新闻标题时，将打开新闻明细页，显示出新闻的详细内容，页面的效果如图 11-18 所示，布局示意图如图 11-19 所示。

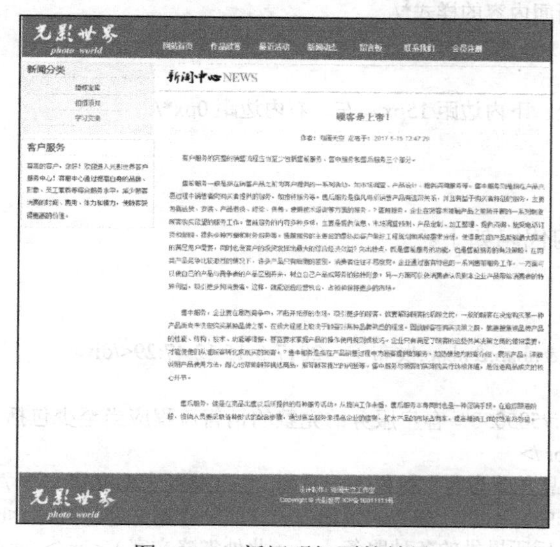

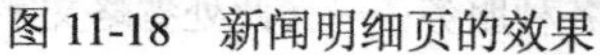
图 11-18 新闻明细页的效果

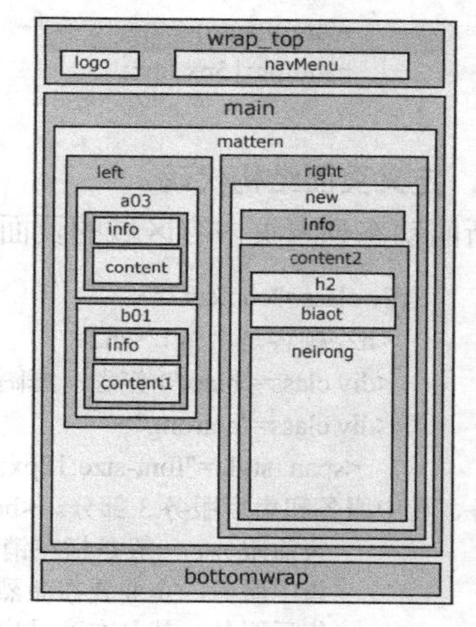

图 11-19 布局示意图

新闻明细页的布局与新闻动态列表页有极大的相似之处，例如网站的 Logo、导航、新闻分类、客户服务信息、新闻中心标题和版权区域等，这里不再赘述，而是重点讲解新闻详细内容的布局和页面结构代码。

制作过程如下。

1．新建页面

在站点根目录下新建新闻明细页 newsdetail.html。

2．添加 CSS 规则

打开网站 css 目录下的样式表文件 style.css，在新闻动态列表页的样式之后添加新闻明细页的 CSS 规则。代码如下。

```
/*----------新闻详细页样式------------*/
.new .content2{                    /*新闻详细内容容器的样式*/
    padding:20px;                  /*内边距 20px*/
    text-indent:2em;               /*段落首行缩进*/
    line-height:25px;
    color:#505050;                 /*深灰色文字*/
}
.new .content2 h2{                 /*新闻详细内容主标题的样式*/
    text-align:center;             /*文本水平居中对齐*/
}
.new .content2 .biaot{             /*新闻详细内容副标题的样式*/
    text-align:center;             /*文本水平居中对齐*/
    width:710px;
    height:25px;
    border:1px solid #e8e8e8;      /*1px 浅灰色实线边框*/
    background:#f7f7f7;            /*浅灰色背景*/
    color:#505050;                 /*深灰色文字*/
    margin:auto;
}
.new .content2 .neirong{           /*新闻内容的样式*/
    width:710px;
    margin:auto;
    padding:15px 0px;              /*上、下内边距 15px，左、右内边距 0px*/
}
```

3．定义页面结构代码

新闻动态列表页内容区域的页面结构代码如下。

```
<div class="content2">
  <h2>顾客是上帝！</h2>
  <div class="biaot">作者：海阔天空  发布于：2017-5-15 12:47:29</div>
  <div class="neirong">
    <span style="font-size:12px;color:#505050">客户服务的完整的销售流程应当至少包括售前服务、售中服务和售后服务 3 部分。<br /><br />
      售前服务，一般是指在销售产品之前为客户提供的一系列……（此处省略文字）<br /><br />
      售中服务，企业要在激烈竞争中，不断开拓新的市场……（此处省略文字）<br /><br />
      售后服务，就是在商品出售以后所提供的各种服务……（此处省略文字）<br /><br />
    </span>
  </div>
</div>
```

至此，光影世界前台的主要页面制作完毕。另外，前台页面还包括其余 3 个页面，分别是留言板页（message.html）、联系我们页（contact.html）和会员注册页（register.html）。这些页面局部内容的布局和页面制作在前面的章节中已分别讲解，请读者结合本章所学内容，从页面整体布局的角度重新制作完整的页面。

习题

1）综合使用 Div+CSS 技术制作家具商城首页，如图 11-20 所示。

2）综合使用 Div+CSS 技术制作家具商城商品展示页，如图 11-21 所示。

图 11-20　题 1 图

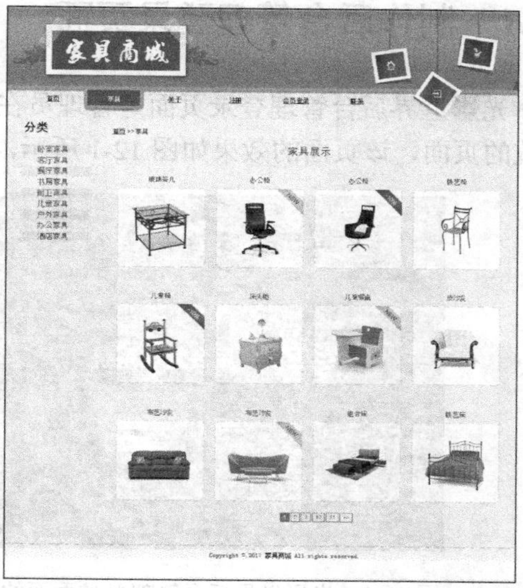

图 11-21　题 2 图

3）综合使用 Div+CSS 技术制作家具商城商品详细信息页，如图 11-22 所示。

4）综合使用 Div+CSS 技术制作家具商城联系我们页，如图 11-23 所示。

图 11-22　题 3 图

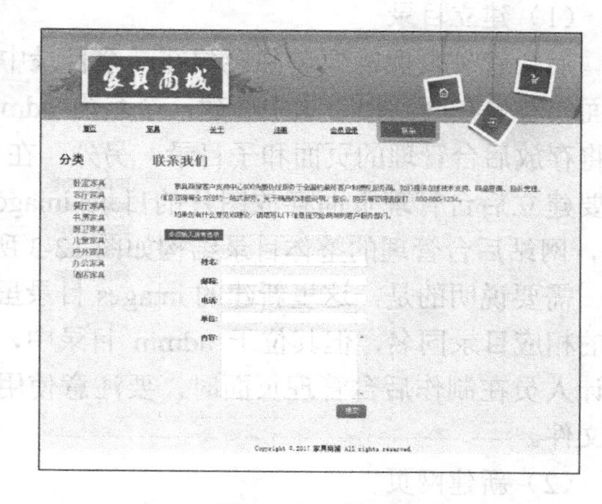

图 11-23　题 4 图

第12章　光影世界后台管理页面

前面的章节主要讲解的是光影世界前台页面的制作，一个完整的网站还应该包括后台管理页面。管理员登录后台管理页面之后，可以进行新闻管理、会员管理、活动管理和系统设置等操作。本章主要讲解光影世界后台管理登录页面、查询新闻页面、修改新闻页面和添加新闻页面的制作。

12.1　制作后台管理登录页面

光影世界后台管理登录页面是管理员在登录表单中输入用户名、密码和验证码进而登录系统的页面，该页面的效果如图12-1所示，布局示意图如图12-2所示。

图12-1　光影世界后台管理登录页面的效果

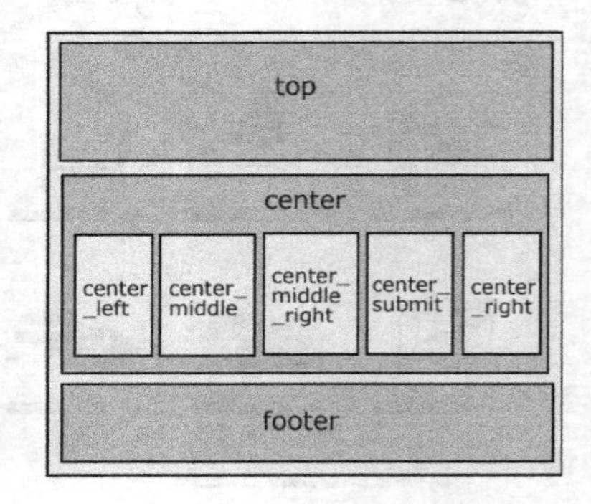

图12-2　页面布局示意图

在实现了后台管理登录页面的布局后，接下来就要完成页面的制作。制作过程如下。

1．前期准备

（1）建立目录

后台管理页面需要单独存放在一个目录中，以区别于前台页面。首先在网站根目录中新建一个名为admin的目录，该目录将存放后台管理的页面和子目录。另外，在admin目录中还需要建立后台管理页面存放图片的目录images和样式表目录css，网站后台管理的整体目录结构如图12-3所示。

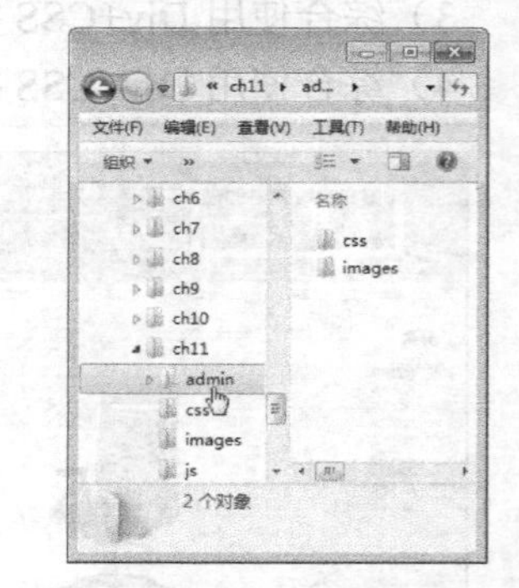

图12-3　网站后台管理的整体目录结构

需要说明的是，这里新建的images目录虽然与网站根目录下的相应目录同名，但其位于admin目录中，二者互不影响。设计人员在制作后台管理页面时，要注意使用相对路径访问相关文件。

（2）新建网页

在admin目录下新建后台管理登录页面login.html、查询新闻页面search.html、修改新闻页面 update.html 和添加新闻页面 add.html。

（3）页面素材

将后台管理页面需要使用的图像素材存放在新建的 images 目录下。

（4）外部样式表

在新建的 css 目录下分别建立登录页使用的样式表 login.css 和管理页使用的样式表 style.css。

2．制作页面

从图 12-2 中可以看出，登录页面的布局结构相对比较简单，主要包含 3 个大的 Div 容器，分别是顶部容器 top、主体内容容器 center 和底部容器 footer，如图 12-4 所示。

图 12-4　登录页面的布局结构

CSS 代码如下。

```
body {                              /*页面整体样式*/
      margin:0;                     /*外边距 0px*/
      padding:0;                    /*内边距 0px*/
      overflow:hidden;              /*溢出隐藏*/
      background:url(../images/login_03.gif) repeat-x;        /*背景图像水平重复*/
      font-size: 12px;
      color: #adc9d9;
}
#top {                              /*顶部容器样式*/
      margin: 0 auto;               /*页面自动居中*/
      clear:both;                   /*清除所有浮动*/
      height:318px;
      width:847px;
      background:url(../images/login_04.gif) no-repeat;      /*背景图像无重复*/
}
#center {                           /*主体内容容器的样式*/
      height:84px;
      text-align:center;            /*文字居中对齐*/
}
#center_left {                      /*主体内容左侧区域的样式*/
      margin-left:216px;            /*左外边距 216px*/
      float:left;                   /*向左浮动*/
      background:url(../images/login_06.gif) no-repeat;      /*背景图像无重复*/
```

```
    height:84px;
    width:381px;
}
#center_middle {                          /*主体内容中间区域的样式*/
    float:left;                           /*向左浮动*/
    background:url(../images/login_07.gif) no-repeat;  /*背景图像无重复*/
    height:84px;
    width:162px;
}
.user {                                   /*用户登录区域的样式*/
    margin: 6px auto;                     /*上下外边距 6px，左右居中对齐*/
}
form {                                    /*登录表单的样式*/
    margin:0;                             /*外边距 0px*/
    padding:0;                            /*内边距 0px*/
}
input {                                   /*输入元素的样式*/
    width:100px;
    height:17px;
    background-color:#87adbf;             /*浅蓝色背景*/
    border:solid 1px #153966;             /*边框为 1px 深灰色实线*/
    font-size:12px;                       /*文字大小 12px*/
    color:#283439;                        /*深灰色文字*/
}
.chknumber {                              /*验证码区域的样式*/
    margin-bottom:3px;                    /*下外边距 3px*/
    text-align:left;                      /*文字左对齐*/
    padding-left:3px                      /*左内边距 3px*/
}
.chknumber_input {                        /*验证码区域中输入框的样式*/
    width:40px;                           /*输入框宽 40px*/
}
img {                                     /*验证码图像的样式*/
    border:none;                          /*不显示边框*/
    cursor:pointer;                       /*鼠标经过图像手形显示*/
}
#center_middle_right {                    /*主体内容中间与右侧间隔区域的样式*/
    float:left;                           /*向左浮动*/
    background:url(../images/login_08.gif) no-repeat;/*背景图像无重复*/
    height:84px;
    width:26px;
}
#center_submit {                          /*主体内容提交与重置按钮区域的样式*/
    float:left;                           /*向左浮动*/
    background:url(../images/login_09.gif) no-repeat;/*背景图像无重复*/
    height:84px;
```

```
		width:67px;
	}
	.button {
		margin: 15px auto;
	}
	#center_right {					/*主体内容右侧区域的样式*/
		float:left;					/*向左浮动*/
		background:url(../images/login_10.gif) no-repeat;/*背景图像无重复*/
		height:84px;
		width:211px;
	}
	#footer {						/*底部容器的样式*/
		margin:0 auto;				/*页面自动居中*/
		background:url(../images/login_11.gif) no-repeat;/*背景图像无重复*/
		height:206px;
		width:847px;
	}
```

为了使读者对页面的样式与结构有一个全面的认识，最后说明整个页面（login.html）的结构代码，具体如下。

```
<!doctype html>
<html>
<head>
<meta charset="gb2312">
<title>光影世界后台登录页</title>
<link rel="stylesheet" type="text/css" href="css/login.css"/>
</head>
<body>
<div id="top"> </div>
<form id="login" name="login" method="post">
  <div id="center">
    <div id="center_left"></div>
    <div id="center_middle">
      <div class="user">
        <label>用户名：
        <input type="text" name="user" id="user" />
        </label>
      </div>
      <div class="user">
        <label>密　码：
        <input type="password" name="pwd" id="pwd" />
        </label>
      </div>
      <div class="chknumber">
        <label>验证码：
        <input name="chknumber" type="text" id="chknumber" maxlength="4" class= "chknumber_
```

```
input" />
                </label>
                <img src="images/checkcode.png" id="safecode" />
            </div>
        </div>
        <div id="center_middle_right"></div>
        <div id="center_submit">
          <div class="button"> <img src="images/dl.gif" width="57" height="20"> </div>
          <div class="button"> <img src="images/cz.gif" width="57" height="20"> </div>
        </div>
        <div id="center_right"></div>
    </div>
</form>
<div id="footer"></div>
</body>
</html>
```

至此，后台管理登录页面制作完毕，读者可以在此基础上根据自己的喜好修改相关的 CSS 规则，进一步美化页面。

12.2 制作查询新闻页面

当管理员成功登录后台管理系统后，就可以执行后台管理常见的操作。例如，查询新闻、添加新闻、修改新闻以及会员管理等。

查询新闻页面是管理员在搜索栏中输入关键字后，通过系统搜索找出符合条件的新闻列表页面。查询新闻页面的效果如图 12-5 所示，布局示意图如图 12-6 所示。

图 12-5　查询新闻页面

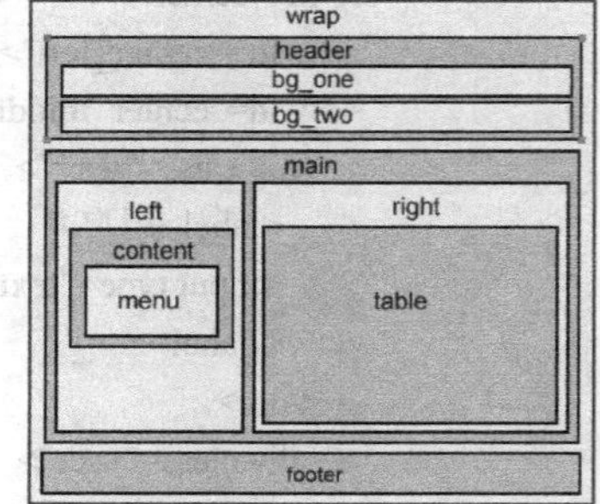

图 12-6　布局示意图

1．前期准备

打开 css 目录下新建的样式表文件 style.css，准备添加查询新闻页面使用的 CSS 规则。

2．制作页面

（1）页面整体的制作

页面整体样式包括页面 body、图像、浮动及清除浮动、wrapper 容器的 CSS 定义，CSS 代码如下。

```
body {                              /*页面整体样式*/
        font:12px Arial, Helvetica, sans-serif;
        color: #000;                /*黑色文字*/
        background-color: #EEF2FB;/*浅色背景*/
        width:1002px;               /*页面宽 1002px*/
        margin:0px auto;            /*页面自动居中对齐*/
}
img{
    border:none;                    /*图像无边框*/
}
img.valign{
    vertical-align:bottom           /*图像和文字垂直对齐方式为底端对齐*/
}
.float_r{
    float:right;                    /*向右浮动*/
}
.float_l{
    float:left;                     /*向左浮动*/
}
#wrapper{                           /*页面容器的样式*/
    width:1002px;                   /*容器宽 1002px*/
}
```

（2）页面顶部区域的制作

页面顶部区域分为上、下两部分，上面部分包括标题文字及右对齐的功能链接，下面部分包括横向导航菜单，如图 12-7 所示。

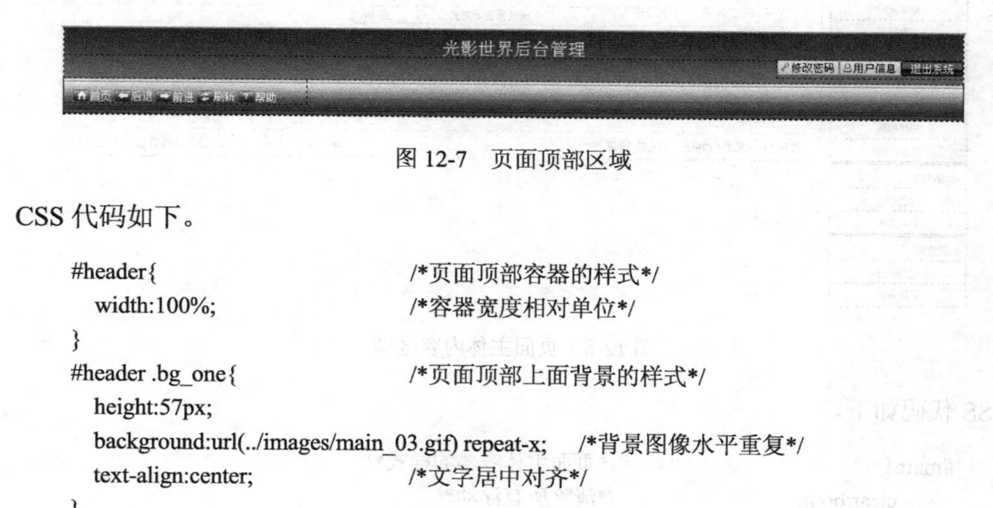

图 12-7　页面顶部区域

CSS 代码如下。

```
#header{                            /*页面顶部容器的样式*/
    width:100%;                     /*容器宽度相对单位*/
}
#header .bg_one{                    /*页面顶部上面背景的样式*/
    height:57px;
    background:url(../images/main_03.gif) repeat-x;     /*背景图像水平重复*/
    text-align:center;              /*文字居中对齐*/
}
```

```
.main_title{                        /*页面顶部标题的样式*/
      padding:10px 0 0 0;           /*上、右、下、左的内边距依次为 10px,0px,0px,0px*/
      color:#fff;                   /*白色文字*/
      font-family:"华文细黑";
      font-size:20px;
}
.right_button{                      /*右侧功能按钮区域的样式*/
      padding:0px 10px 0 0;         /*上、右、下、左的内边距依次为 0px,10px,0px,0px*/
}
#header .bg_two{                    /*页面顶部下面背景的样式*/
   height:40px;
   background:url(../images/main_10.gif) repeat-x      /*背景图像水平重复*/
}
.left_button{                       /*左侧导航按钮区域的样式*/
      width:260px;
      padding:12px 0 0 10px;        /*上、右、下、左的内边距依次为 12px,0px,0px,10px*/
}
#header a{                          /*页面顶部容器中超链接的样式*/
      color:#fff;                   /*白色文字*/
      text-decoration:none          /*链接无修饰*/
}
#header a:hover{                    /*页面顶部容器中悬停链接的样式*/
      text-decoration:underline     /*加下画线*/
}
```

（3）页面主体内容区域的制作

页面主体内容区域放置在名为 main 的 Div 容器中，包括左侧的导航菜单和右侧的相关信息两部分。导航菜单放置在名为 left 的 Div 容器中，右侧的相关信息放置在名为 right 的 Div 容器中，如图 12-8 所示。

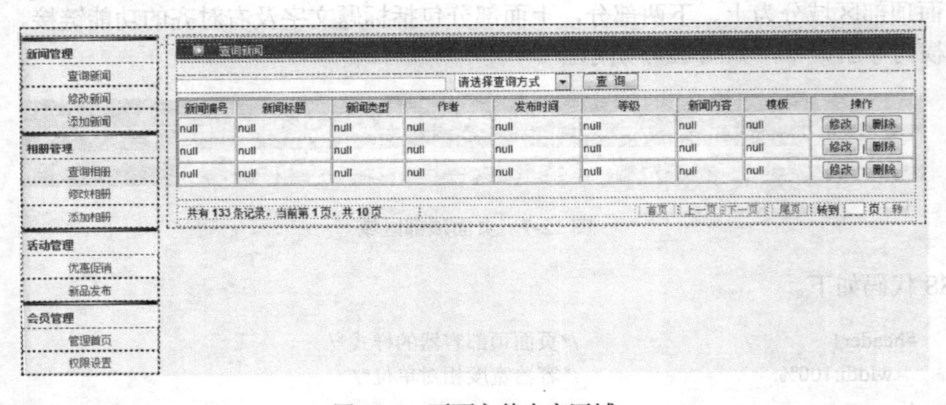

图 12-8　页面主体内容区域

CSS 代码如下。

```
#main{                              /*页面主体容器的样式*/
      clear:both;                   /*清除所有浮动*/
```

```
        padding:10px 0px;              /*上、右、下、左的内边距依次为10px,0px,10px,0px*/
}
#left{/*主体容器左侧区域的样式*/
        width: 150px;                  /*左侧宽度为150px*/
        float:left;                    /*向左浮动*/
        border:1px solid #c5c5c5;      /*边框为1px浅灰色实线*/
}
.content{                              /*左侧区域内容的样式*/
        width: 150px;
}
.menu {                                /*左侧菜单的样式*/
        width: 150px;                  /*菜单宽度为150px*/
        margin: 0px;                   /*外边距0px*/
        padding: 0px;                  /*内边距0px*/
}
.menu ul {                             /*菜单列表的样式*/
        list-style-type: none;         /*不显示项目符号*/
        margin: 0px;
        padding: 0px;
        display: block;                /*块级元素*/
}
.menu li {                             /*菜单列项表的样式*/
        font-family: Arial, Helvetica, sans-serif;
        font-size: 12px;
        line-height: 26px;             /*行高26px*/
        color: #333333;                /*深灰色文字*/
        list-style-type: none;         /*不显示项目符号*/
        display: block;                /*块级元素*/
        text-decoration: none;         /*无修饰*/
        height: 26px;
        width: 150px;
        padding-left: 0px;
        background-image: url(../images/menu_bg1.gif);         /*背景图像*/
        background-repeat: no-repeat;                          /*背景图像不重复*/
}
li.title{                              /*顶级菜单项的样式*/
        width: 145px;                  /*设置宽度145px是为了预留左内边距5px*/
        padding:0 0 0 5px;             /*左内边距5px*/
        text-align:left;               /*文字左对齐*/
        font-weight:bold;              /*字体加粗*/
        background-image: url(../images/menu_bg1.gif);         /*背景图像*/
        background-repeat: no-repeat;                          /*背景图像不重复*/
}
.menu a:link {                         /*菜单链接的样式*/
        font-family: Arial, Helvetica, sans-serif;
        font-size: 12px;
```

```
    line-height: 26px;                  /*行高 26px*/
    color: #333333;                     /*深灰色文字*/
    height: 26px;
    width: 150px;
    display: block;                     /*块级元素*/
    text-align: center;                 /*文字居中对齐*/
    margin: 0px;
    padding: 0px;
    overflow: hidden;                   /*溢出隐藏*/
    text-decoration: none;              /*链接无修饰*/
}
.menu a:visited {                       /*菜单访问过链接的样式*/
    font-family: Arial, Helvetica, sans-serif;
    font-size: 12px;
    line-height: 26px;
    color: #333333;                     /*深灰色文字*/
    display: block;                     /*块级元素*/
    text-align: center;                 /*文字居中对齐*/
    margin: 0px;
    padding: 0px;
    height: 26px;
    width: 150px;
    text-decoration: none;              /*链接无修饰*/
}
.menu a:active {                        /*菜单激活链接的样式*/
    font-family: Arial, Helvetica, sans-serif;
    font-size: 12px;
    line-height: 26px;
    color: #333333;                     /*深灰色文字*/
    height: 26px;
    width: 150px;
    display: block;                     /*块级元素*/
    text-align: center;
    margin: 0px;
    padding: 0px;
    overflow: hidden;                   /*溢出隐藏*/
    text-decoration: none;              /*链接无修饰*/
}
.menu a:hover {                         /*菜单悬停链接的样式*/
    font-family: Arial, Helvetica, sans-serif;
    font-size: 12px;
    line-height: 26px;
    font-weight: bold;                  /*字体加粗*/
    color: #006600;                     /*绿色文字*/
    text-align: center;
    display: block;                     /*块级元素*/
```

```
        margin: 0px;
        padding: 0px;
        height: 26px;
        width: 150px;
        text-decoration: none;          /*链接无修饰*/
    }
    #right{                             /*主体容器右侧区域的样式*/
        width: 832px;                   /*宽度 832px*/
        float:left;                     /*向左浮动*/
        padding:0 3px;                  /*上、右、下、左的内边距依次为 0px,3px, 0px,3px*/
        margin:0 0 0 10px;              /*上、右、下、左的外边距依次为 0px,0px, 0px,10px*/
        border:1px solid #c5c5c5;       /*边框为 1px 浅灰色实线*/

    }
    #right form{                        /*右侧区域表单的样式*/
        margin:15px 0;                  /*上、右、下、左的外边距依次为 15px,0px,15px,0px*/
    }
    #right .title{                      /*右侧区域上端标题的样式*/
        color:#fff;                     /*白色文字*/
    }
    table.line_table{                   /*右侧区域细线表格的样式*/
        border:1px solid #5c5c5c;       /*边框为 1px 浅灰色实线*/
        margin-top:5px;                 /*上外边距 5px*/
        padding:3px;                    /*四周内边距 3px*/
    }
```

（4）页面底部区域的制作

页面底部区域的内容放置在名为 footer 的 Div 容器中，用来显示版权信息，如图 12-9 所示。

版权 © 2017 光影世界 ICP备10011111号

图 12-9　页面底部区域

CSS 代码如下。

```
    #footer{                            /*页面底部容器的样式*/
        clear:both;                     /*清除所有浮动*/
        width:100%;
        float:left;                     /*向左浮动*/
        margin:8px 0 0 0;               /*上、右、下、左的外边距依次为 8px,0px,0px,0px*/
        height:50px;
        text-align:center;              /*文字居中对齐*/
        border:1px solid #c5c5c5;       /*设置上边框为 1px 实线*/
    }
    #footer p{                          /*页面底部容中段落器的样式*/
        padding:5px 0 0 0               /*上、右、下、左的内边距依次为 5px,0px,0px,0px*/
    }
```

（5）页面结构代码

为了使读者对页面的样式与结构有一个全面的认识，最后说明整个页面（search.html）的结构代码，具体代码如下。

```
<!doctype html>
<html>
<head>
<meta charset="gb2312">
<title>光影世界后台 - 查询新闻</title>
</head>
<link type="text/css" href="css/style.css"    rel="stylesheet" />
<body>
  <div id="wrapper">
    <div id="header">
      <div class="bg_one">
        <div class="main_title">光影世界后台管理</div>
        <div class="float_r">
          <span class="right_button">
            <a href="#"><img src="images/pass.gif" width="69" height="17" /></a>
            <a href="#"><img src="images/user.gif" width="69" height="17" /></a>
            <a href="#"><img src="images/quit.gif" width="69" height="17" /></a>
          </span>
        </div>
      </div>
      <div class="bg_two">
        <div class="float_l">
          <span class="float_l left_button">
            <a href="#"><img src="images/main_13.gif" class="valign"/>首页</a>
            <a href="#"><img src="images/main_15.gif" class="valign"/>后退</a>
            <a href="#"><img src="images/main_17.gif" class="valign"/>前进</a>
            <a href="#"><img src="images/main_19.gif" class="valign"/>刷新</a>
            <a href="#"><img src="images/main_21.gif" class="valign"/>帮助</a>
          </span>
        </div>
      </div>
    </div>
    <div id="main">
      <div id="left">
       <div class="content">
        <img src="images/menu_topline.gif" width="150" height="5" />
        <ul class="menu">
          <li class="title">新闻管理</li>
          <li><a href="search.html">查询新闻</a></li>
          <li><a href="update.html">修改新闻</a></li>
          <li><a href="add.html">添加新闻</a></li>
        </ul>
```

```
</div>
<div class="content">
  <img src="images/menu_topline.gif" width="150" height="5" />
  <ul class="menu">
    <li class="title">相册管理</li>
    <li><a href="#">查询相册</a></li>
    <li><a href="#">添加相册</a></li>
    <li><a href="#">修改相册</a></li>
  </ul>
</div>
<div class="content">
  <img src="images/menu_topline.gif" width="150" height="5" />
  <ul class="menu">
    <li class="title">活动管理</li>
    <li><a href="#">优惠促销</a></li>
    <li><a href="#">新品发布</a></li>
  </ul>
</div>
<div class="content">
  <img src="images/menu_topline.gif" width="150" height="5" />
  <ul class="menu">
    <li class="title">会员管理</li>
    <li><a href="#">管理首页</a></li>
    <li><a href="#">权限设置</a></li>
  </ul>
</div>
</div>
<div id="right">
 <table width="820" border="0" align="center" cellpadding="0" cellspacing="0">
  <tr>
    <td height="30">
      <table width="100%" border="0" cellspacing="0" cellpadding="0">
        <tr>
          <td height="24" bgcolor="#353c44">
            <table width="100%" border="0" cellspacing="0" cellpadding="0">
              <tr>
                <td>
                  <table width="100%" border="0" cellspacing="0" cellpadding="0">
                    <tr>
                      <td width="6%" height="19" valign="bottom">
                        <div align="center">
                          <img src="images/tb.gif" width="14" height="14" />
                        </div>
                      </td>
                      <td width="94%" valign="bottom">
                        <span class="title">查询新闻</span>
```

```
                </td>
              </tr>
            </table>
          </td>
        </tr>
      </table>
    </td>
  </tr>
</table>
</td>
</tr>
<tr>
  <td>
    <form>
      <table   width="100%" border="0" cellpadding="0" cellspacing="0" >
        <tr>
          <td><input type="text" name="textfield" width="300"/>  
                <select name="" style="border-width:3px;">
                  <option value="" selected> 请选择查询方式 </option>
                  <option value="0">---新闻类型---</option>
                  <option value="1">---标题查询---</option>
                  <option value="2">---作者---</option>
                  <option value="3">---等级---</option>
                </select>   
                <input type="button" value="  查  询  " />
          </td>
        </tr>
      </table>
      <table width="100%" border="1" class="line_table">
          <tr style="background:#d3eaef">
            <td width="8%" align="center">新闻编号</td>
            <td width="13%" align="center">新闻标题</td>
            <td width="10%" align="center">新闻类型</td>
            <td width="12%" align="center">作者</td>
            <td width="12%" align="center">发布时间</td>
            <td width="13%" align="center">等级</td>
            <td width="9%" align="center">新闻内容</td>
            <td width="9%" align="center">模板</td>
            <td width="14%" align="center">操作</td>
          </tr>
          <tr style="background:#fff">
            <td width="8%">null</td>
              ……（其余 8 个单元格的定义代码类似，此处省略）
              <input name="submit" type="button" value="修改" />
             |<input name="submit" type="button" value="删除" />
            </td>
```

```
                        </tr>
                        <tr style="background:#fff">
                          <td width="8%">null</td>
                           ……（其余 8 个单元格的定义代码类似，此处省略）
                            <input name="submit" type="button" value="修改" />
                           |<input name="submit" type="button" value="删除" />
                          </td>
                        </tr>
                        <tr style="background:#fff">
                          <td width="8%">null</td>
                           ……（其余 8 个单元格的定义代码类似，此处省略）
                            <input name="submit" type="button" value="修改" />
                           |<input name="submit" type="button" value="删除" /></td>
                        </tr>
                    </table>
                  </form>
                </td>
              </tr>
              <tr>
                <td height="30">
                  <table width="100%" border="0" cellspacing="0" cellpadding="0">
                    <tr>
                      <td  width="33%"><div  align="left"><span>     共 有
<strong> 133</strong> 条记录，当前第<strong> 1</strong> 页，共 <strong>10</strong> 页</span></div>
                      </td>
                      <td width="67%">
                        <table width="312" border="0" align="right" cellpadding="0" cellspacing="0">
                          <tr>
                            <td width="49"><div align="center"><img src="images/main_54.gif" width=
"40" height="15" /></div></td>
                            <td width="49"><div align="center"><img src="images/main_56.gif" width=
"45" height="15" /></div></td>
                            <td width="49"><div align="center"><img src="images/main_58.gif" width=
"45" height="15" /></div></td>
                            <td width="49"><div align="center"><img src="images/main_60.gif" width=
"40" height="15" /></div></td>
                            <td width="37"><div align="center">转到</div></td>
                            <td width="22">
                              <div align="center">
                                <input type="text" name="textfield" id="textfield"  style="width:20px;
height:12px; font-size:12px; border:solid 1px #7aaebd;"/>
                              </div>
                            </td>
                            <td width="22"><div align="center">页</div></td>
                            <td width="35">
                              <img src="images/main_62.gif" width="26" height="15" />
```

```
                                </td>
                            </tr>
                        </table>
                    </td>
                </tr>
            </table>
        </td>
    </tr>
    </table>
  </div>
</div>
<div id="footer">
  <p>版权 &copy; 2017 光影世界 ICP 备 10011111 号</p>
</div>
</div>
</body>
</html>
```

【说明】在前面的章节中，已经讲到表格布局仅适用于页面中数据规整的局部布局。在本页面主体内容右侧相关信息区域就用到了表格的布局，读者一定要明白表格布局的适用场合，即只适用于局部布局，而不适用于全局布局。

12.3 制作添加新闻页面

添加新闻页面是管理员通过表单输入新的新闻数据，然后提交到网站数据库中的页面。添加新闻页面的效果如图 12-10 所示，布局示意图如图 12-11 所示。

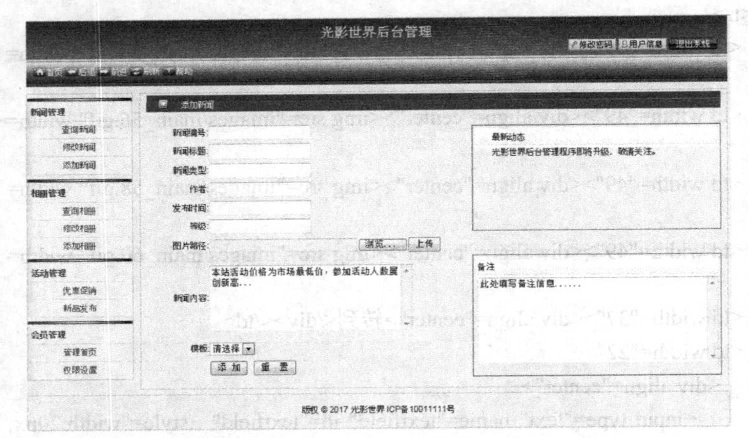

图 12-10　添加新闻页面

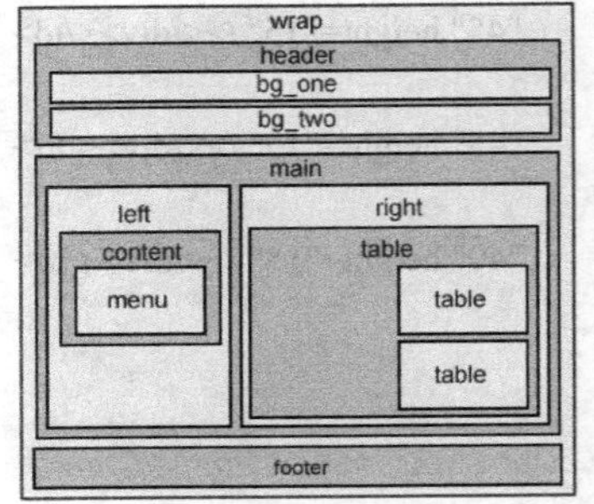

图 12-11　布局示意图

1．前期准备

当用户需要根据日期来查询新闻情况时，如果直接在日期输入框中输入日期操作起来比较麻烦，这里采用 JavaScript 脚本来解决这个问题。用户只需要单击日期输入框就可以弹出一个选择日期的小窗口，进而方便选择日期。实现这个功能的操作将在本页的制作过程中讲解，由于该脚本的代码较长，这里采用链接 JavaScript 脚本到页面中的方法来实现这一功能。

在建立网站首页的准备工作中，用户曾经在网站根目录中建立了一个专门存放 JavaScript 脚本的目录 js，这里提前将添加新闻页面中需要用到的脚本文件 calender.js 复制到目录 js 中。

2．制作页面

添加新闻页面的布局与查询新闻页面非常相似，这里不再赘述相同部分的实现过程，而是重点讲解页面不同部分的制作。

上述两个页面的不同之处在于页面主体内容右侧相关信息的内容不同，右侧的相关信息放置在名为 right 的 Div 容器中，如图 12-12 所示。

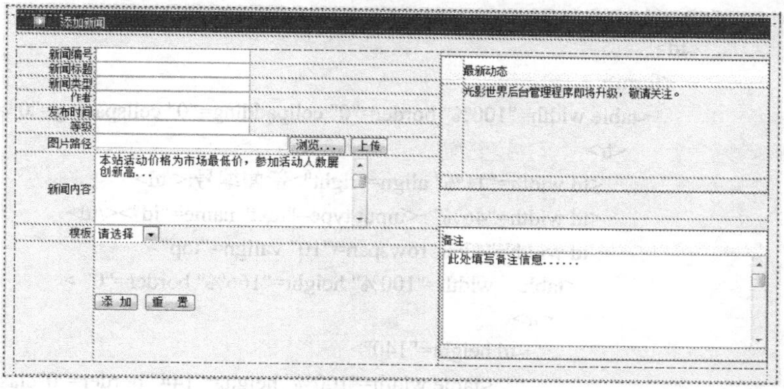

图 12-12　添加新闻页面右侧相关信息

（1）页面结构代码

右侧相关信息的页面结构代码如下。

```
<div id="right">
        <table width="820" border="0" align="center" cellpadding="0" cellspacing="0">
          <tr>
            <td height="30">
              <table width="100%" border="0" cellspacing="0" cellpadding="0">
                <tr>
                  <td height="24" bgcolor="#353c44">
                    <table width="100%" border="0" cellspacing="0" cellpadding="0">
                      <tr>
                        <td>
                          <table width="100%" border="0" cellspacing="0" cellpadding="0">
                            <tr>
                              <td width="6%" height="19" valign="bottom">
                                <div align="center">
                                  <img src="images/tb.gif" width="14" height="14" />
                                </div>
                              </td>
                              <td width="94%" valign="bottom">
                                <span class="title">添加新闻</span>
```

```
                    </td>
                  </tr>
                </table>
              </td>
            </tr>
          </table>
        </td>
      </tr>
    </table>
  </td>
</tr>
<tr>
  <td>
    <form>
      <table width="100%" border="0" cellpadding="0" cellspacing="0">
        <tr>
          <td width="11%" align="right">新闻编号:</td>
          <td width="46%"><input type="text" name="id"></td>
          <td width="43%" rowspan="10" valign="top">
            <table   width="100%" height="166%" border="0" >
              <tr>
                <td height="140">
                    <table width="100%" height="144" border="0"class="line_table">
                      <tr>
                  <td width="7%" height="27" background="images/news-title-bg.gif">
                          <img src="images/news-title-bg.gif" width="2" height="27">
                        </td>
              <td width="93%" background="images/news-title-bg.gif">最新动态</td>
                      </tr>
                      <tr>
                        <td height="102" valign="top"> </td>
                        <td height="102" valign="top">
                          光影世界后台管理程序即将升级，敬请关注。
                        </td>
                      </tr>
                      <tr>
                        <td height="5" colspan="2"> </td>
                      </tr>
                    </table>
                </td>
              </tr>
              <tr>
                <td height="30"> </td>
              </tr>
              <tr>
                <td height="171">
```

```
<table width="100%" height="144" class="line_table">
 <tr>
<td width="7%" height="27" background="images/news-title-bg.gif">
   <img src="images/news-title-bg.gif" width="2" height="27">
 </td>
<td width="93%" background="images/news-title-bg.gif">备注</td>
 </tr>
 <tr>
   <td height="102" valign="top"> </td>
   <td height="102" valign="top">
     <textarea name="textarea" cols="48" rows="8">
      此处填写备注信息......
     </textarea>
   </td>
 </tr>
 <tr>
   <td height="5" colspan="2"> </td>
 </tr>
</table>
</td>
</tr>
</table>
</td>
</tr>
<tr><td width="11%" align="right">新闻标题:</td><td width="46%"><input
type="text" name="title"></td></tr>
<tr><td width="11%" align="right">新闻类型:</td><td width="46%"><input
type="text" name="type"></td></tr>
<tr><td width="11%" align="right"> 作 者 :</td><td width="46%"><input
type="text" name="author"></td></tr>
<tr><td width="11%" align="right">发布时间:</td><td width="46%"><input
type="text" name="date"></td></tr>
<tr><td width="11%" align="right"> 等 级 :</td><td width="46%"><input
type="text" name="grade"></td></tr>
<tr><td width="11%" align="right">图片路径:</td>
  <td width="46%"><input type="file" name="file" size="30"><input
type="button" name="upload" value="上传"></td>
</tr>
<tr><td width="11%" align="right">新闻内容:</td>
   <td width="46%"><textarea name="textarea" rows="6" cols="40">本站活
动价格为市场最低价，参加活动人数屡创新高...</textarea></td>
</tr>
<tr><td width="11%" align="right">模板:</td>
   <td width="46%"><select>
       <option value="" selected>请选择</option>
       <option value="模板一">模板一</option>
       <option value="模板二">模板二</option>
```

```
                                </select>
                            </td>
                        </tr>
                        <tr>
                            <td width="11%"> </td>
                            <td width="46%"><input type="submit" value="添  加">  <input
type="reset" value="重    置"></td>
                        </tr>
                    </table>
                </form>
            </td>
        </tr>
    </table>
</div>
```

（2）添加 JavaScript 脚本实现网页特效

以上制作过程完成了网页的结构和布局，接下来可以在此基础上添加 JavaScript 脚本实现日期输入框的简化输入。

1）链接外部 JavaScript 脚本文件到页面中。在页面的<head>和</head>代码之间添加以下代码：

```
<script type="text/javascript" src="../js/calender.js"></script>
```

2）定位到日期输入框的代码，增加日期输入框获得焦点时的 onFocus 事件代码，调用 calender.js 中定义的设置日期函数 HS_setDate()。代码如下。

```
<input type="text" name="date" onFocus="HS_setDate(this)">
```

需要注意的是，函数 HS_setDate()的大小写一定要正确。

以上操作完成后，重新打开页面预览，当浏览者单击日期输入框时就可以看到弹出的选择日期窗口，进而便捷地选择日期，如图 12-13 所示。

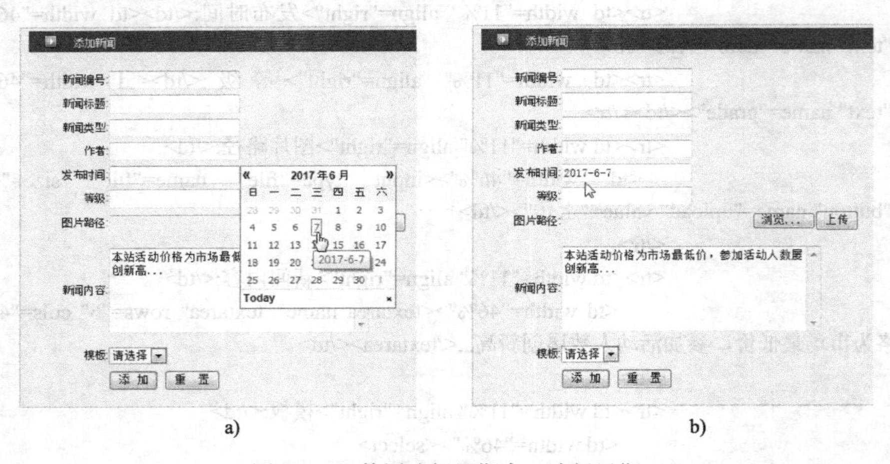

图 12-13　使用选择日期窗口选择日期

至此，添加新闻页面制作完毕，读者可以在此基础上根据自己的喜好修改相关的 CSS 规则，进一步美化页面。

12.4 制作修改新闻页面

在修改新闻页面中，管理员可以选择要修改的新闻，然后在修改新闻表单中重新定义新闻的各项内容。修改新闻页面的效果如图 12-14 所示，布局示意图如图 12-15 所示。

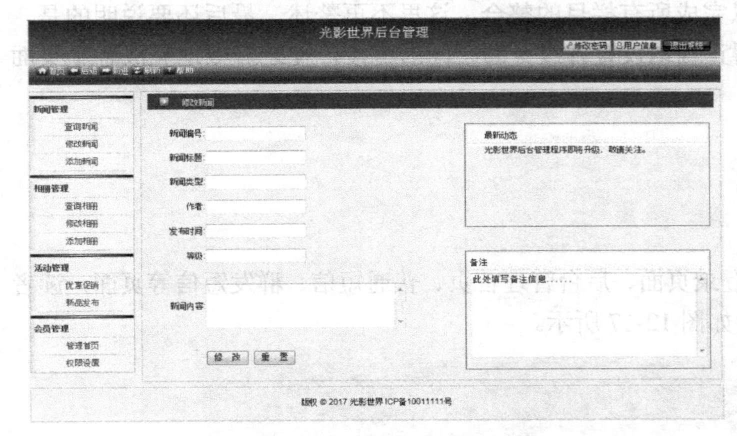

图 12-14 修改新闻页面

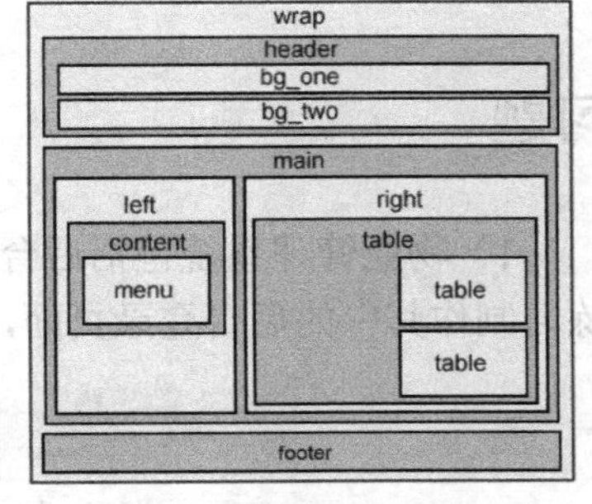

图 12-15 布局示意图

修改新闻页面的布局与添加新闻页面非常相似，这里不再赘述相同部分的实现过程，而是重点讲解页面不同部分的制作。

上述两个页面的不同之处在于页面主体内容右侧相关信息的内容不同，右侧的相关信息放置在名为 right 的 Div 容器中，如图 12-16 所示。

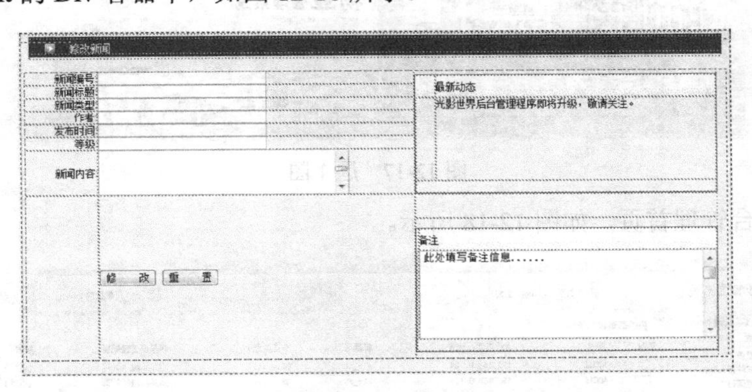

图 12-16 修改新闻页面右侧相关信息

右侧相关信息的页面结构代码与添加新闻页面非常相似，这里不再列出其结构代码，读者可以参考配套资料中完整的网站代码。

12.5 网站的整合

在前面讲解的光影世界的相关示例中，都是按照某个栏目进行页面制作的，并未将所有的页面整合在一个统一的站点之下。读者完成光影世界所有栏目的页面之后，需要将这些栏目页面整合在一起形成一个完整的站点。

这里以光影世界环保社区页面为例，讲解一下整合栏目的方法。由于在最后两章的综合案例中建立了网站的站点，其对应的文件夹是 D:\web\ch11，因此可以按照栏目的含义在 D:\web\ch11 下建立环保社区栏目的文件夹 environment，然后将前面章节中做好的环保社区页面及素材一起复制到文件夹 environment 中。

采用类似的方法，读者可以完成所有栏目的整合，这里不再赘述。最后还要说明的是，当这些栏目整合完成之后，记得正确地设置各级页面之间的链接，使之有效地完成各个页面的跳转。

习题

1）物业管理系统包括后台登录页面、后台管理首页、普通短信、群发短信等页面，读者练习制作其中的后台登录页面，如图 12-17 所示。

图 12-17　题 1 图

2）制作后台管理首页，如图 12-18 所示。

选择	序号	运行机器ip地址	机器名	节点类型	服务器进程配置	编辑	删除
☐	A0012	192.168.0.124	wtz_fh	DBserver	服务器进程配置	[编辑]	[删除]
☐	A0012	192.168.0.124	wtz_fh	DBserver	服务器进程配置	[编辑]	[删除]
☐	A0012	192.168.0.124	wtz_fh	DBserver	服务器进程配置	[编辑]	[删除]
☐	A0012	192.168.0.124	wtz_fh	DBserver	服务器进程配置	[编辑]	[删除]
☐	A0012	192.168.0.124	wtz_fh	DBserver	服务器进程配置	[编辑]	[删除]
☐	A0012	192.168.0.124	wtz_fh	DBserver	服务器进程配置	[编辑]	[删除]
☐	A0012	192.168.0.124	wtz_fh	DBserver	服务器进程配置	[编辑]	[删除]
☐	A0012	192.168.0.124	wtz_fh	DBserver	服务器进程配置	[编辑]	[删除]
☐	A0012	192.168.0.124	wtz_fh	DBserver	服务器进程配置	[编辑]	[删除]
☐	A0012	192.168.0.124	wtz_fh	DBserver	服务器进程配置	[编辑]	[删除]
☐	A0012	192.168.0.124	wtz_fh	DBserver	服务器进程配置	[编辑]	[删除]
☐	A0012	192.168.0.124	wtz_fh	DBserver	服务器进程配置	[编辑]	[删除]
☐	A0012	192.168.0.124	wtz_fh	DBserver	服务器进程配置	[编辑]	[删除]
☐	A0012	192.168.0.124	wtz_fh	DBserver	服务器进程配置	[编辑]	[删除]

共120条纪录，当前第1/10页，每页10条纪录

今天是：2007年08月15日 星期三

图 12-18　题 2 图